Jürgen Nicolai/Detlef Singer
Konrad Wothe

GU Naturführer

Vögel

Die wichtigen Vogelarten Europas erkennen und bestimmen

Zeichnungen: Hermann Kacher

GU GRÄFE UND UNZER

Vögel bestimmen – leicht gemacht

Dieser neue Vogelführer ist für Naturfreunde maßgeschneidert. Sein handliches Einsteck-Format, die einmalig schönen Naturfarbfotos, die informativen Zeichnungen und Verbreitungskarten machen ihn zum idealen Begleiter für alle, die auf Streifzügen durch die Natur, auf Wanderungen und Spaziergängen Vögel bestimmen wollen.
Abgebildet und beschrieben sind alle wichtigen Vogelarten Europas: 340 Farbfotos – aufgenommen in freier Natur – zeigen die Vögel mit ihren wichtigsten Bestimmungsmerkmalen.
250 Vogelzeichnungen zeigen die charakteristische Haltung und arttypische Verhaltensweisen der Vögel.
320 Verbreitungskarten für Europa zeigen auf einen Blick, wo die Vögel zu welcher Jahreszeit anzutreffen sind.
Die Erfahrung lehrt, daß sich Ungeübte beim Bestimmen von Vögeln oft schwertun. Deshalb haben Autoren und Verlag für diesen neuen Vogelführer ein Bestimmungssystem ausgedacht, das ebenso einfach wie hilfreich ist: Die vorgestellten Vogelarten sind in 5 Gruppen gegliedert, jede Vogelgruppe hat ihre eigene Kennfarbe (→ Übersicht auf der gegenüberliegenden Seite); Farbfoto und Beschreibungstext, einander auf einer Doppelseite zugeordnet und mit der gleichen Nummer ausgewiesen, stehen in entsprechenden Farbfonds. Signalfarbene Griffmarken, die auch außen am Buch deutlich sichtbar sind, erleichtern das Auffinden der Vogelgruppen.
Als zusätzliche Bestimmungshilfen enthält der »GU-Naturführer VÖGEL« gezeichnete Vogelsilhouetten, Flugbilder, Weibchen- und Winterkleider, die auf Bildtafeln übersichtlich zusammengestellt sind. Mit ihrer Hilfe lernt der noch Ungeübte, ähnliche Arten voneinander zu unterscheiden.
Über seine Aufgabe als Bestimmungsbuch hinaus soll dieser Vogelführer Kenntnisse über die Lebensweise unserer Vögel vermitteln und dazu beitragen, bei uns allen ein Gefühl von Mitverantwortlichsein für diese Geschöpfe zu wecken. Nur wer sich mitverantwortlich fühlt, wird sich für den Schutz und damit für die Erhaltung unserer Vogelwelt einsetzen.

Die Farbfotos auf dem Umschlag:

Vorderseite:
oben: Steinkauz (links), Brillengrasmücke (Mitte), Rotkehlchen (rechts)
Mitte: Pirol ♀ und ♂ am Nest
unten: Braunkehlchen (links), Wintergoldhähnchen (Mitte), Weißstorch (rechts)
ganz unten: Blaumeise
Buchrücken:
oben: Waldohreule
unten Kuckuck ♀

Rückseite:
oben: Graureiher (links), Lachmöwe (Mitte), Mandarinente (rechts)
Mitte: Haubentaucher
unten: Eisvogel (links), Rotfußfalke (Mitte), Buntspecht (rechts)
ganz unten: Blaukehlchen

Kolbenente
Tafelente
Bergente
Reiherente
Moorente
Schellente
Pfeifente
Krickente
Löffelente
Knäkente
Spießente
Schnatterente
Stockente

Die Vogelgruppen und ihre Kennfarben

Kenn-farbe	Vogelgruppe	Seiten von–bis
	Unter der blauen Kennfarbe finden Sie Taucher, Sturmvögel, Tölpel, Kormorane, Pelikan, Reiher, Löffler, Störche, Flamingo, Schwäne, Gänse, Enten – Vögel, die am und auf dem Wasser leben.	10–49
	Unter der roten Kennfarbe finden Sie Greifvögel wie Milane, Sperber, Bussarde, Adler, Geier, Weihen, Falken, außerdem Eulen und Käuze.	50–83
	Unter der gelben Kennfarbe finden Sie Trappen, Rallen, Kranich, Strandvögel (Regenpfeiferartige, Raubmöwen, Möwen, Seeschwalben), Alken, Flughühner – Vögel, die vorwiegend am Strand, auf dem Watt oder in steppenartigen Gebieten leben.	84–139
	Unter der grauen Kennfarbe finden Sie Ziegenmelker, Segler, Hühnervögel, Tauben, Kuckuck, Eisvogel, Blauracke, Bienenfresser, Wiedehopf, Wendehals und Spechte.	140–164
	Unter der grünen Kennfarbe finden Sie die Singvögel wie Lerchen, Schwalben, Grasmükken, Meisen, Zaunkönige, Ammern, Finken, Sperlinge, Rabenvögel.	165–249

Bei dieser Einteilung wurde die systematische Ordnung bis auf wenige Ausnahmen eingehalten.

So gehen Sie beim Bestimmen vor

Ordnen Sie den Vogel, den Sie bestimmen wollen, einer der fünf Kennfarben zu. Mit Hilfe der im Farbfoto gezeigten und im Text beschriebenen Merkmale können Sie unter den Arten einer Familie den von Ihnen gesuchten Vogel auffinden.

Die Auswahl der Vogelarten

In diesem Vogelführer finden Sie alle wichtigen Vögel, die in dem rund 10 Millionen Quadratkilometer großen Gebiet brüten, das sich von der Atlantikküste im Westen bis zum Ural im Osten, von Grönland und Skandinavien im Norden bis zum Mittelmeer im Süden erstreckt. Einige nur in Randgebieten Europas brütende und in Europa lediglich in kleinen Populationen vorkommende Arten wurden nicht berücksichtigt.

Erläuterungen

Die **Farbfotos** sind in freier Natur aufgenommen; sie zeigen die Vögel mit ihren wichtigsten Bestimmungsmerkmalen und in typischer Haltung. In der Regel ist das Männchen im Brutkleid abgebildet. In vielen Fällen, in denen sich Männchen und Weibchen deutlich voneinander unterscheiden, finden Sie Farbfotos beider Geschlechter. Vögel, die in Mitteleuropa vorwiegend im Ruhekleid anzutreffen sind, werden meistens in diesem Kleid gezeigt.

Die **Beschreibungstexte** der vorgestellten Vogelarten enthalten wichtige Angaben, die Ihnen als Ergänzung zum Farbfoto die Bestimmung erleichtern – so über die Gefiedermerkmale, das Flugverhalten oder den Gesang, durch den man oft erst auf den Vogel aufmerksam wird. Nach dem deutschen Namen des Vogels steht der wissenschaftliche, in Klammern jener der Vogelfamilie. Alle in ihrem Bestand europaweit gefährdeten Vogelarten sind durch das Symbol ∇ gekennzeichnet – gemäß der vom Internationalen Rat für Vogelschutz (IRV) 1970 herausgegebenen Roten Liste. Die römischen Ziffern I bis XII in den Texten weisen aus, in welchen Monaten die Vogelart in Mitteleuropa

Körperteile und Gefiederpartien eines Vogels: In den Steckbriefen sind bestimmte Gefiederpartien und wichtige Teile des Vogelkörpers beschrieben. Die folgende Zeichnung soll Ihnen den Umgang mit diesen Fachbegriffen erleichtern.

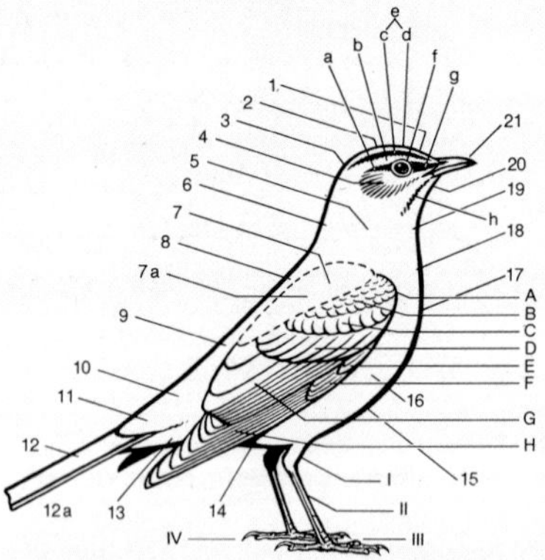

A Flügelbug
B kleine } Flügel-
C mittlere } decken
D große }
E Daumenfittich
F Handdecken
G Armschwingen
H Handschwingen

I Unterschenkel/Ferse
II Lauf
III Zehen und Krallen
IV Hinterzehe

1 Stirn
2 Oberkopf/Scheitel
3 Hinterkopf/Nacken
4 Wange (Ohrdecken)
5 Halsseite
6 Nacken
7 Schulter
7a Schulterfedern
8 Vorderrücken
9 Hinterrücken
10 Bürzel
11 Oberschwanzdecken

12 Schwanz
12a äußere Schwanzfeder
13 Unterschwanzdecken
14 Hinterbauch
15 Vorderbauch
16 Flanke/Seite
17 Brust
18 Kropfgegend
19 Kehle
20 Kinn
21 Schnabel

a Augenstreif
b Überaugenstreif
c Kopfstreif
d Scheitelstreif
e Kopfkappe/Kopfplatte
f Augenring
g Zügelstreif
h Bartstreif

anzutreffen ist. Kennzeichen: Als erstes sind die Größe des erwachsenen Vogels in Zentimetern (von der Schnabel- bis zur Schwanzspitze) und das durchschnittliche Gewicht in Gramm angegeben. Bei auffälligem Größen- oder Gewichtsunterschied der Geschlechter finden Sie Angaben über Männchen (♂) und Weibchen (♀). Danach werden charakteristische Gefiederpartien und Details des Vogelkörpers sowie typische Verhaltensweisen beschrieben. Die Zeichnung auf Seite 6 soll Sie mit der Topographie des Vogels vertraut machen. Flug: Angaben hierüber sind bei Arten gemacht, deren Flugbild und Flugverhalten als Bestimmungshilfe wichtig ist. Stimme, Gesang: Die häufigsten Rufe und der Gesang des Vogels, der vor allem während der Brutzeit in der Regel vom Männchen vorgetragen wird, sind hier beschrieben. Lebensraum: Beschreibung von Typ und Struktur der Landschaft, in der die Art brütet (Brutbiotop). Nahrung: Angaben darüber, wovon der beschriebene Vogel sich ernährt. Brut: Die Brutperiode der meisten Vögel Europas erstreckt sich über mindestens zwei Monate (ausgewiesen in römischen Ziffern). Die meisten Vogelarten ziehen im Jahr nur eine Brut auf; von einer zweiten spricht man, wenn die Jungen der ersten Brut bis zur Selbständigkeit aufgezogen werden und die Eltern dann ein zweites Mal brüten. Bei der aufgeführten Eizahl handelt es sich um die durchschnittliche Gelegegröße; Brutdauer (B) und Nestlingszeit (N) sind in Tagen angegeben, in Wochen oder Tagen das Alter, in dem die Jungvögel selbständig oder flugfähig sind, außerdem Standort und Bauart des Nestes.
Ähnliche Arten unterscheiden sich von den abgebildeten manchmal nur geringfügig; die Unterschiede in Färbung, Größe und Lebensraum sind aufgeführt.
Bei den **Zeichnungen** handelt es sich zum einen um Vogelsilhouetten jener Arten, die man leicht miteinander verwechseln kann; mit Hilfe der für diesen Vogelführer speziell erarbeiteten Darstellungen können Sie das Typische in Gestalt und Haltung eines Vogels und die Größenunterschiede dieser Arten besser erkennen. Zum anderen handelt es sich um Flugbilder der Greifvögel, um Weibchenkleider der Säger und Meeresenten und um Winterkleider der Taucher. Die Zeichnungen, auf Bildtafeln zusammengestellt, sind den jeweiligen Kennfarben zugeordnet oder stehen auf den Umschlaginnenseiten.
Die Zeichnungen in den Steckbriefen zeigen die Vögel in charakteristischer Haltung oder bei arttypischen Verhaltensweisen; sie stellen wichtige Bestimmungsmerkmale oder die Unterscheidungsmerkmale ähnlicher Arten heraus.

Symbole und Zeichen auf einen Blick

▽	=	in ihrem Bestand europaweit gefährdete Vogelarten
I bis XII	=	die römischen Ziffern stehen für die Monate im Jahr
cm	=	Größe des ausgewachsenen Vogels (von der Schnabel- bis zur Schwanzspitze)
g/kg	=	Gewicht des erwachsenen Vogels
♂	=	Männchen
♀	=	Weibchen
B	=	Brutdauer
N	=	Nestlingszeit
≈	=	etwa

Die **Verbreitungskarten** zeigen Ihnen auf einen Blick, in welchen Gebieten Europas die Vögel brüten und wo sie sich die übrige Zeit des Jahres aufhalten, sofern sie im Herbst Europa nicht verlassen.

Die verschiedenen Rastertöne zeigen an:

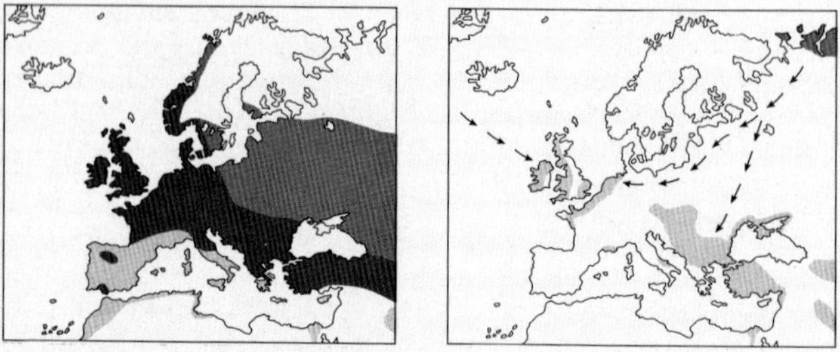

Raster dunkelgrau = die Gebiete, in denen die beschriebene Vogelart das ganze Jahr über lebt;

Raster mittelgrau = die Gebiete, in denen die beschriebene Vogelart nur zur Brutzeit vorkommt;

Raster hellgrau = die Gebiete, in denen die beschriebene Vogelart nur im Winter anzutreffen ist;

→→ Pfeile = Hauptzugrichtungen jener Vogelarten, deren Brutgebiete im hohen Norden Europas oder Asiens liegen; in diesen Fällen ist also hauptsächlich die Winterverbreitung eingezeichnet.

Zum Nachschlagen

Auf der gegenüberliegenden Seite finden Sie Adressen, die weiterhelfen. Das Arten-Register (Seite 250) ermöglicht Ihnen das Auffinden jener Vogelarten, deren Namen Sie schon kennen; es enthält außerdem die Namen aller Vogelfamilien.

Die Autoren

Professor Dr. Jürgen Nicolai, Direktor des Instituts für Vogelforschung in Wilhelmshaven, Professor für Zoologie an der Universität Hamburg.

Detlef Singer, Biologe, freier Mitarbeiter des Lehrstuhls für Landschaftsökologie in Weihenstephan, Dozent an der Münchner Volkshochschule.

Konrad Wothe, Biologe, Naturfotograf, Filmarbeiten für das Institut für den Wissenschaftlichen Film, für Heinz Sielmann und das ZDF.

Hermann Kacher, Grafiker, Tierillustrator, wissenschaftliche Bild-Dokumentation und -Illustration am Max-Planck-Institut Seewiesen.

Adressen, die weiterhelfen

Ornithologische Gesellschaften
Wenn Sie sich intensiver mit der Vogelkunde befassen wollen, sollten Sie einer ornithologischen Gesellschaft beitreten. Die größten Vereinigungen im deutschsprachigen Raum:

Deutsche Ornithologen-Gesellschaft
Natur-Museum Senckenberg
6000 Frankfurt/M.
Zeitschrift: Journal für Ornithologie

Schweizerische Gesellschaft für Vogelkunde (ALA)
Kernstraße 27
CH-8406 Winterthur
Zeitschrift: Der ornithologische Beobachter

Österreichische Gesellschaft für Vogelkunde
Naturhistorisches Museum
A-1014 Wien,
Zeitschrift: Egretta

Luxemburger Landesverband für Vogelkunde und Vogelschutz
Henri Rinnen
32 rue de la Forêt
Luxembourg-Cessingen
Zeitschrift: Regulus

Deutscher Bund für Vogelschutz
Diese mitgliederstarke Vereinigung unterhält in jedem Bundesland einen Landesverband, dazu noch Kreisverbände und Ortsgruppen in allen größeren Städten. Anschrift: DBV, Achalmstraße 33, 7014 Kornwestheim
Zeitschrift: Wir und die Vögel

Landesbund für Vogelschutz in Bayern
Johann-Friedrich-Straße 12
8543 Hilpoltstein
Zeitschrift: Vogelschutz

Bund für Umwelt und Naturschutz
Anliegen dieser Vereinigung sind Schutz und Pflege von Natur und Umwelt als Grundlage allen Lebens. Die Anschrift der Bundesgeschäftsstelle, über die Sie die Adressen aller Landesgeschäftsstellen erhalten: Bund für Umwelt und Naturschutz Deutschland e. V. (BUND)
Reuterstraße 241, 5300 Bonn 1.
Zeitschrift: Natur und Umwelt

Vogelwarten und Vogelschutzwarten
Staatliche Vogelschutzwarte
Hamburg
Steindamm 14–22
2000 Hamburg 1

Staatliche Vogelschutzwarte
Schleswig-Holstein
Olshausenstraße 40–60
2300 Kiel

Institut für Vogelforschung
»Vogelwarte Helgoland«
An der Vogelwarte 21
2940 Wilhelmshaven-Rüstersiel

Staatliche Vogelschutzwarte
Niedersachsen
Richard-Wagner-Straße 22
3000 Hannover

Staatliche Vogelschutzwarte
Nordrhein-Westfalen
Aegidiusstraße 94
4300 Essen-Bredeney

Staatliche Vogelschutzwarte
Hessen, Rheinland-Pfalz und Saarland
Steinauerstraße 44
6000 Frankfurt/M.-Fechenheim

Staatliche Vogelschutzwarte
Rapperswörth
Baden-Württemberg
Hermann-Schneider-Allee 47
7500 Karlsruhe 21

Vogelwarte Radolfzell
Schloß Möggingen
7760 Radolfzell 16

Institut für Vogelkunde
Gsteigstraße 43
8100 Garmisch-Partenkirchen

Schweizerische Vogelwarte
6204 Sempach/Schweiz

1 Haubentaucher

Podiceps cristatus
(Lappentaucher)

In Mitteleuropa: I–XII. Kennzeichen: 48 cm/1100 g. Größter europäischer Lappentaucher; sehr langer Hals, schlanker Kopf mit langem, dunklem Schnabel; im Brutkleid unverwechselbar durch aufstellbare Federohren und rostroten, dunkel eingefaßten Backenbart; Oberseite schwarzbraun. Im Winter ohne Kopf- und Halsschmuck, viel hellerer, weißlicher Überaugenstreif. ♀ wie ♂. Jungvögel mit gestreiftem Kopf. Flug schnell und geradlinig mit raschen Flügelschlägen; im Frühjahr eindrucksvolle Balzspiele, außerhalb der Brutzeit oft in kleinen Trupps. Stimme: Ein rauhes »gröck gröck«; im Frühjahr »arrr«, »k'pkk'p«, »ktik«.

Lebensraum: Seen, Stauseen und Teiche mit Schilfbereichen; im Winter häufig an Küsten. Nahrung: Kleine Fische, Insekten, Krebstiere. Brut: V–VII, 4–5 Eier, B 25–29 Tage, Jungvögel mit 10–11 Wochen selbständig. Schwimmnest.

2 Rothalstaucher

Podiceps grisegena
(Lappentaucher)

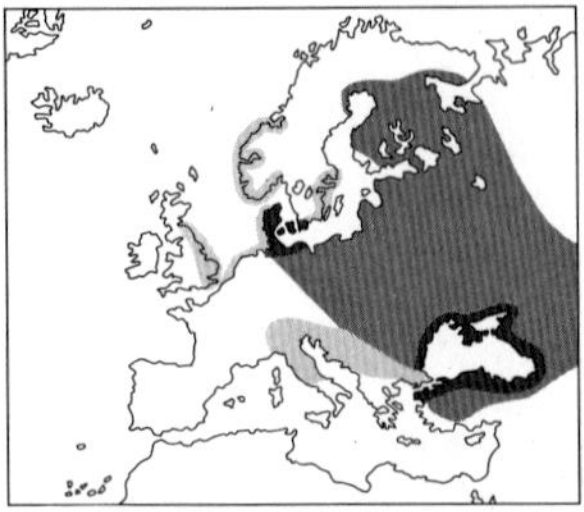

In Mitteleuropa: I–XII. Kennzeichen: 43 cm/750 g. Kleiner und gedrungener als Haubentaucher, mit kürzerem, dickerem, rostrotem Hals; Wangen und Kehle weiß; Schnabel dunkel mit gelber Basis. Im Winterkleid Oberseite und Hals dunkelgrau, Kehle und Wangen hell, deutlich abgesetzt, kein heller Überaugenstreif. ♀ wie ♂. Bei der Nahrungssuche meist im Schilfbereich und zwischen Wasserpflanzen; brütet häufig im Schutz einer Lachmöwenkolonie. Stimme: Im Frühjahr sehr rufaktiv, 5- bis 10fach wiederholtes, wieherndes »uööh«, stockentenartiges »akakaakaakaakak-aakak«; bei Beunruhigung kurzes »äk«. Lebensraum: Verlandende Seen und Teiche mit breiter Schilfzone, oft mit nur kleiner freier Wasserfläche. Nahrung: Wasserinsekten und deren Larven, Molche, Frösche, Schnecken, kleine Fische. Brut: IV–VII, 4–5 Eier, B 22–25 Tage, Junge nach 8–10 Wochen selbständig. Schwimmnest.

1

2

1 Schwarzhalstaucher

Podiceps nigricollis
(Lappentaucher)

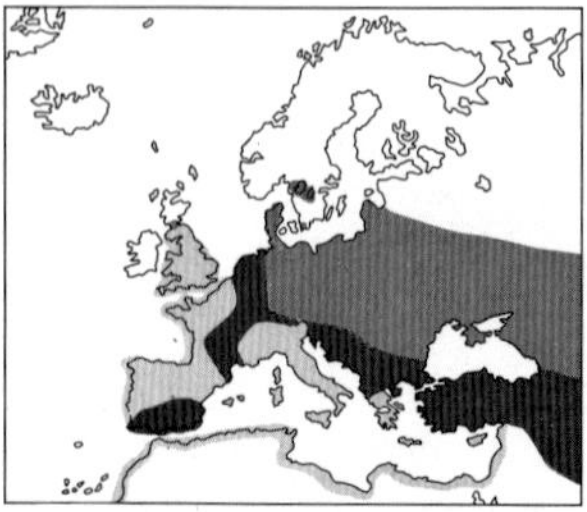

In Mitteleuropa: I–XII. Kennzeichen: 30 cm/350 g. Oberseite, Kopf und Hals schwarz, Flanken rotbraun, goldgelbe Federbüschel an den Kopfseiten; leuchtend rote Augen; kurzer, schwarzer, etwas aufgeworfener Schnabel. Im Winterkleid oberseits dunkelgrau, unterseits weißlich. ♀ wie ♂. Sehr gesellig, häufig mehrere Brutpaare im Schutz einer Lachmöwenkolonie. Stimme: Flötend-klagendes »huid«, »chrüi«; im Frühjahr gereihtes Bibbern »wrib-bib«. Lebensraum: Dicht bewachsene Teiche und Seen. Nahrung: Insekten, Schnecken, Kaulquappen, Krebstiere. Brut: IV–VI, 3–4 Eier, B 20–21 Tage, Junge mit 5 Wochen selbständig. Schwimmnest.

2/3 Zwergtaucher

Tachybaptus ruficollis
(Lappentaucher)

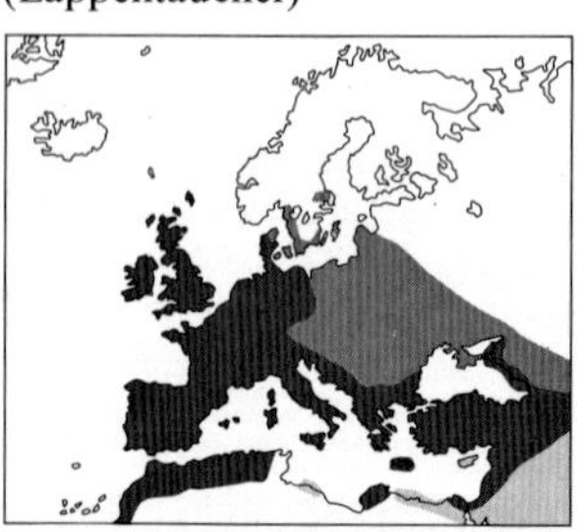

In Mitteleuropa: I–XII. Kennzeichen: 27 cm/200 g. Kleinster europäischer Taucher, wirkt rundlich; kurzer Schnabel mit heller Spitze, gelbe Schnabelwinkel; Kopfseiten und Hals kastanienbraun, Oberkopf und Rükken dunkelbraun (Bild 2). Im Winterkleid (Bild 3) unauffällig graubraun, Flanken heller. ♀ wie ♂. Im Winter gesellig. Stimme: Im Frühjahr lange, abfallende Trillerreihen, oft von ♂ und ♀ im Duett; bei Störung »pit«. Lebensraum: Dicht bewachsene Tümpel, Teiche, Seen, Flußufer. Nahrung: Insekten, kleine Krebse, Kaulquappen. Brut: IV–VII, 4–6 Eier, B 19–25 Tage, Junge mit 42 Tagen flugfähig; meist 2 Bruten/Jahr. Schwimmnest.

4 Prachttaucher

Gavia arctica (Seetaucher)

In Mitteleuropa: X–III. Kennzeichen: 58–68 cm/2000–3000 g. Größer und gedrungener als Haubentaucher (Seite 10); Kopf und Hinterhals grau, aufgebläht wirkend; Rücken schwarz mit weißer Fensterung. Winterkleid oberseits einfarbig dunkel graubraun. ♀ wie ♂. Schwimmt mit meist horizontal gehaltenem Kopf; taucht bis zu 3 Minuten lang. Stimme: Im Frühjahr ansteigendes, jammerndes »a-uuua, auuqui auuihuuih«; weithin hörbares, bellendes »wau-a«. Lebensraum: Große, klare Seen. Nahrung: Fische. Brut: V–VII, 2 Eier, B 28 bis 30 Tage, Junge mit 2 Monaten flugfähig. Nest am Ufer.

1

2|3

4

1 Sterntaucher

Gavia stellata (Seetaucher)

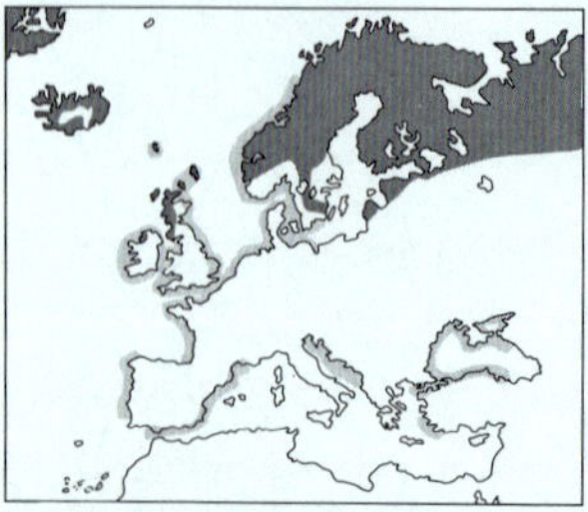

In Mitteleuropa: X–III. Kennzeichen: 53–58 cm/1000–2000 g. Wenig größer als Haubentaucher (Seite 10); Schnabel aufgeworfen; Rücken dunkel, ungemustert, Kopf und Halsseiten aschgrau; zur Brutzeit roter, ekkiger Fleck am Vorderhals; Augen rot. Im Winterkleid ähnlich wie Prachttaucher (Seite 12), aber etwas heller, Rücken weiß gepunktet. ♀ wie ♂. Schwimmt mit schräg nach oben gehaltenem Kopf. Stimme: Rauh »grä-grä-grä«; zur Brutzeit »okokkär«, »miao«, »auua«; im Flug »gak gak«. Lebensraum: Seen, auch Tundraseen. Nahrung: Fische, Krebse, Frösche. Brut: V–VII, 2 Eier, B 24–29 Tage, Junge mit 6 Wochen flugfähig. Nest am Ufer.

2 Schwarzschnabel-Sturmtaucher

Puffinus puffinus (Sturmvögel)

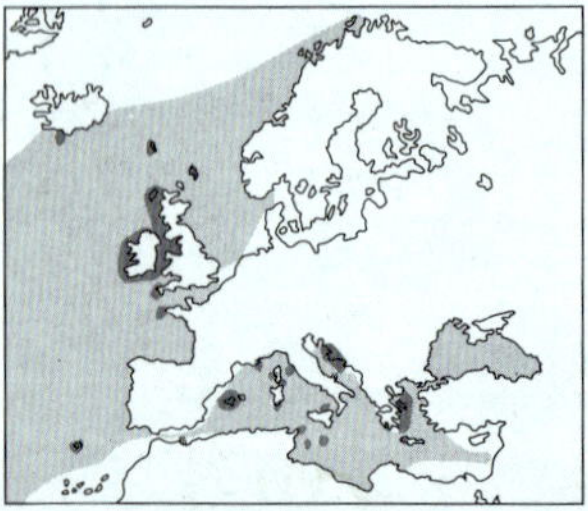

Kennzeichen: 35 cm/440 g. Fast lachmöwengroß; schwarzer Schnabel; Nominatrasse (Bild) sehr kontrastreich schwarzweiß gefärbt, Oberseite und Kopfkappe schwarz. Rasse des westlichen Mittelmeeres Oberseite braun, Unterseite grauweiß. ♀ wie ♂. Flug: Gedrungener Rumpf, sehr schmale Flügel; bei der Nominatrasse Unterflügeldecken weiß. Gleitet mit starrer Flügelhaltung knapp über dem Wasser. Stimme: Am Brutplatz laute krähende und quäkende Rufe. Lebensraum: Hochsee, zur Brutzeit Klippen. Nahrung: Fische, Krebse, Weichtiere, Aas, Abfälle. Brut: III-IX, 1 Ei, B 52–54 Tage, N 72–73 Tage. Koloniebrüter.

3 Eissturmvogel

Fulmarus glacialis (Sturmvögel)

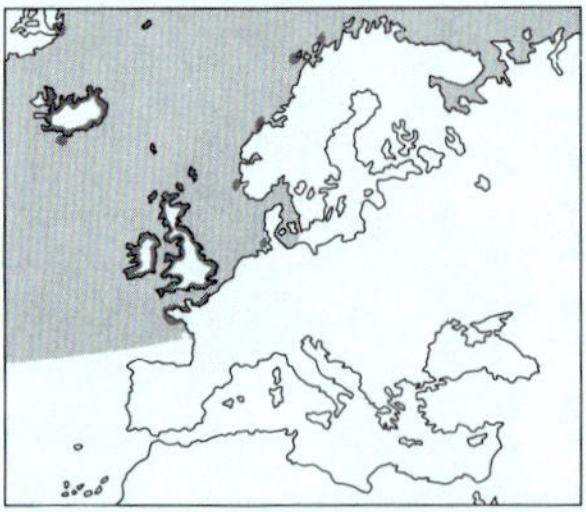

In Mitteleuropa: I–XII. Kennzeichen: 48 cm/750 g. Ähnlich wie Silbermöwe (Seite 128), aber Kopf und Hals dicker; kurzer Schnabel mit Röhrenaufsatz; bis auf silbergraue Oberseite, hellgrauen Bürzel und hellgrauen Schwanz überwiegend weiß. ♀ wie ♂. Folgt häufig Schiffen. Flug: Lange, schmale Flügel, Flügelspitzen ohne Schwarz; fliegt mit starr gehaltenen Flügeln in großen Kurven dicht über den Wellen. Stimme: Gakkernde und grunzende Laute. Lebensraum: Hochsee, zur Brutzeit steile Klippen. Nahrung: Tote Fische, Quallen, Kadaver von Meeressäugern. Brut: V–IX, 1 Ei, B 55–57 Tage, N 46–51 Tage. Koloniebrüter.

1

2

3

1 Baßtölpel

Sula bassana (Tölpel)

In Mitteleuropa: I–XII (selten). Kennzeichen: 91 cm/3000 g. Gänsegroßer, weißer Seevogel mit schwarzen Handschwingen und kräftigem, langem, spitzem Schnabel; Kopf und Hals cremegelb. ♀ wie ♂. Jungvögel dunkelbraun, oberseits fein gepunktet. Stürzt sich beim Fischfang aus bis zu 40 m Höhe senkrecht ins Meer. Flug: Zigarrenförmiger Körper, lange Flügel mit schwarzen Spitzen, langer, keilförmiger Schwanz. Stimme: Am Brutplatz rauh, kehlig »kirra kirra«; bellend »arräh«, hart »arr«. Lebensraum: Meer im Küstenbereich. Nahrung: Fische. Brut: IV–VI, 1 Ei, B 43–45 Tage, N 70–80 Tage. Kolonienbrüter an steilen Klippen.

2 Krähenscharbe

Phalacrocorax aristotelis (Kormorane)

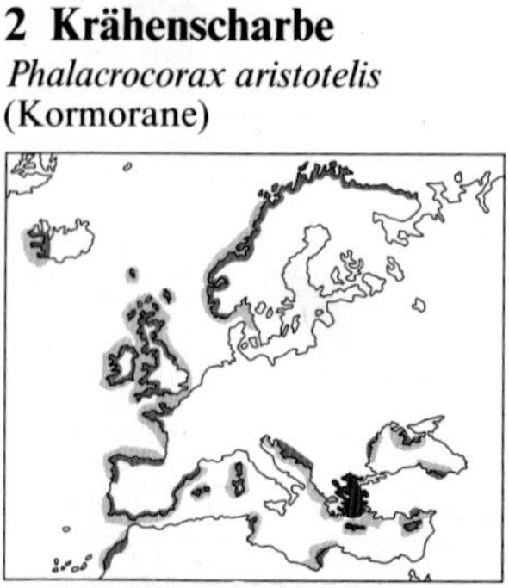

In Mitteleuropa: Seltener Gast an der Nordseeküste. Kennzeichen: 76 cm/1850 g. Kleiner als Kormoran, Hals dünner und kürzer; Schnabel schwarz mit gelbem Grund; Gefieder schwarz, grünlich schillernd; zur Brutzeit nach vorn aufstellbare Federhaube. ♀ wie ♂. Jungvögel glanzlos braun. Taucht beim Fischfang vom Wasser aus. Flug: Wie Kormoran, aber Flügelschlag schneller. Stimme: Knarrend »k-arr«, »arck arck«, »kroack-kraik-kroack«. Lebensraum: Meer in Küstennähe, zur Brutzeit Klippen. Nahrung: Meist Heringe, Sandaale. Brut: III–V, 3–5 Eier, B 30 Tage, N 55 Tage. Koloniebrüter an Klippen.

3 Kormoran

Phalacrocorax carbo (Kormorane)

In Mitteleuropa: I–XII. Kennzeichen: 90 cm/2500 g. Großer, schwarzer Wasservogel mit weißen Wangen und weißem Kinn; Schnabel groß, mit Haken an der Spitze; Gefieder bronzefarben schimmernd; zur Brutzeit weißer Fleck am Beinansatz (Brutfleck). ♀ wie ♂. Jungvögel oberseits braun. Schwimmt tief eingetaucht, Kopf und Schnabel schräg nach oben haltend. Flug: Lange, schmale Flügel, weit ausgestreckter Hals, keilförmiger, langer Schwanz. Stimme: Am Brutplatz »chro chro«, »krao«. Lebensraum: Große Seen, Meeresküste. Nahrung: Fische. Brut: IV–VI, 3–5 Eier, B 23–29 Tage, N 47–50 Tage. Baum- und Felsbrüter; in Kolonien.

1

2|3

1 Rosapelikan

Pelecanus onocrotalus
(Pelikane)

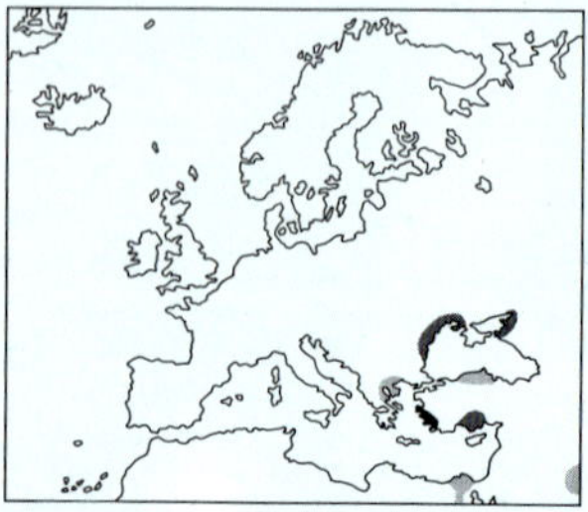

Kennzeichen: 140–180 cm/10 bis 11 kg. Sehr großer, weißer Wasservogel; Hals und Schnabel lang, mit dehnbarem, gelbem Kehlsack; zur Brutzeit Gefieder mit rötlichem Anflug. ♀ kleiner als ♂. Jungvögel braun, später schmutzigweiß. Segelt häufig und ausdauernd, oft sehr hoch und in geordnetem Verband. Flug: Lange, breite Flügel mit schwarzen Spitzen und breitem, schwarzem Hinterrand. Stimme: Am Brutplatz Stöhn-, Grunz- und Brummlaute. Lebensraum: Weite Sumpflandschaften, Flußdeltas. Nahrung: Fische. Brut: V–VII, 1–3 Eier, B 29–30 Tage, N 14 Tage. Koloniebrüter.

2 Purpurreiher

Ardea purpurea (Reiher)

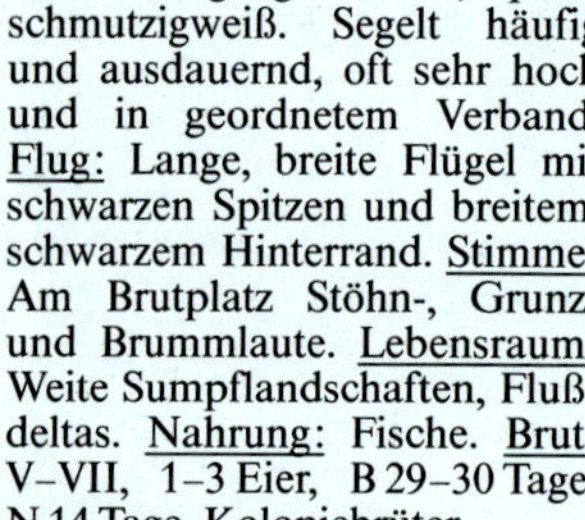

In Mitteleuropa: IV–IX. Kennzeichen: 79 cm/950 g. Kleiner, schlanker und dunkler als Graureiher; Hals sehr dünn, kastanienbraun mit breiten, schwarzen Längsstreifen; vom Rücken herabhängende, weißliche und rostrote Schmuckfedern. ♀ wie ♂. Sitzt meist im Schilf versteckt. Flug: Schnellere Flügelschläge als Graureiher, wirkt dunkler. Stimme: Wenig ruffreudig; Flugruf »kreck«. Lebensraum: Weite Sumpfgebiete mit dichten Schilfbereichen. Nahrung: Kleine Fische, Frösche, Kleinsäuger, Insekten. Brut: IV–VI, 4–5 Eier, B 25–28 Tage, N 42 Tage. Koloniebrüter.

3 Graureiher

Ardea cinerea (Reiher)

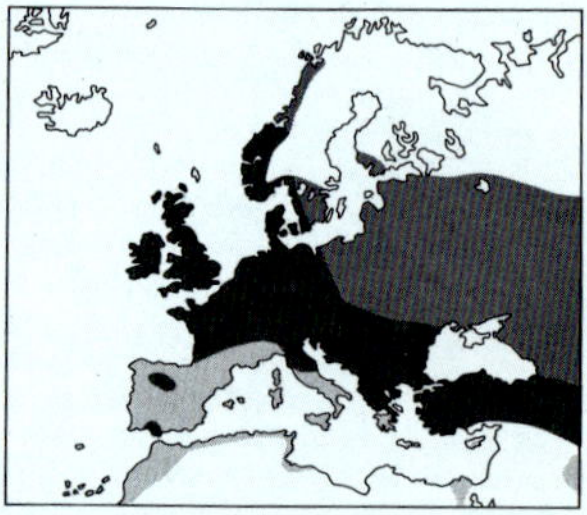

In Mitteleuropa: I–XII. Kennzeichen: 91 cm/1600 g. Knapp storchengroß, überwiegend grau; Schnabel gelblich, im Frühjahr orange; schwarzer Überaugenstreif; am Hinterkopf lange, dünne, schwarze Schmuckfedern. ♀ wie ♂. Jungvögel verwaschengrau. Nahrungssuche an Ufern seichter Gewässer, auf Wiesen und Feldern. Flug: Langsame, weit ausholende Flügelschläge, Hals S-förmig eingezogen; kein Segelflug wie die Störche. Stimme: Rauh krächzend »kraak« oder »chroä«; im Flug oft »kräik«. Lebensraum: Gewässerufer, Feuchtwiesen. Nahrung: Fische, Amphibien, Würmer, Kleinsäuger, Insekten. Brut: III–V, 3–5 Eier, B 25–28 Tage, N 50–55 Tage. Koloniebrüter; Reisighorst auf hohen Bäumen, gelegentlich Schilfnester.

1

2|3

1 Kuhreiher

Ardeola ibis (Reiher)

Kennzeichen: 51 cm/350 g. Kleiner, weißer Reiher, gedrungener als Seidenreiher; Schnabel kurz, gelb; zur Brutzeit ockergelbe Schmuckfedern an Oberkopf, Rücken und Brust, rötliche Beine (Bild: Ruhekleid). Häufig zwischen Weidevieh, fängt die von den Tieren aufgescheuchten Insekten; sitzt auf Großtieren und sucht nach Hautparasiten. Stimme: Zur Brutzeit rabenartig krächzende Laute. Lebensraum: Sumpfgebiete, Wiesengelände; nicht so eng an Wasser gebunden wie andere Reiher. Nahrung: Großinsekten (vor allem Heuschrecken, Libellen), Wasserkäfer, Schnecken, Frösche. Brut: IV–VI, 4–5 Eier, B 21–25 Tage, N 30 Tage. Koloniebrüter; Nest auf Büschen und Bäumen.

2 Seidenreiher

Egretta garzetta (Reiher)

In Mitteleuropa: IV–X. Kennzeichen: 56 cm/500 g. Kleiner, weißer Reiher; Schnabel und Beine schwarz, Füße gelb; zur Brutzeit lange Schmuckfedern an Hinterkopf, Brust und Rücken. ♀ wie ♂. Nahrungssuche in seichtem Wasser, häufig auch zwischen weidendem Vieh. Stimme: Am Brutplatz krächzende und schnarrende Laute. Lebensraum: Mit Bäumen und Büschen bestandene Sumpfgebiete, dicht bewachsene Ufer großer Flüsse; Reisfelder. Nahrung: Kleine Fische, Frösche, Krebstiere, Wasserinsekten. Brut: IV–VI, 3–5 Eier, B 21–25 Tage, N 30 Tage. Koloniebrüter; Nest in Bäumen oder Büschen.

3 Silberreiher

Casmerodius albus (Reiher)

In Mitteleuropa: III–X. Kennzeichen: 89 cm/1500 g. Graureihergroßer, schlanker, schneeweißer Reiher; zur Brutzeit vom Rücken über die Flügel herabhängende Schmuckfedern; Hals sehr lang und dünn; Schnabel im Brutkleid schwarz mit gelber Wurzel, im Ruhekleid (Bild) gelb. Beine und Füße grünlichschwarz. ♀ wie ♂. Schreitet bei der Nahrungssuche langsam durchs Wasser. Stimme: Am Brutplatz krächzendes »rhä« oder »rha«. Lebensraum: Große Schilfbestände an Gewässern. Nahrung: Fische, Amphibien, Wasserinsekten. Brut: IV–VI, 3–4 Eier, B 25–26 Tage, N 40–44 Tage. Koloniebrüter; Nest in Schilf oder Büschen.

1|2

3

1 Rallenreiher

Ardeola ralloides (Reiher)

In Mitteleuropa: Gelegentlich umherstreifend. Kennzeichen: 46 cm/280 g. Kleiner, gedrungener Reiher mit dickem Hals; Gefieder hell ockergelb; Unterseite, Flügel und Schwanz weiß; Oberkopffedern verlängert, dunkel längsgestreift, hängen bis über die Schultern; Beine gelblichgrün. Im Winterkleid Kopf und Hals fein dunkel längsgestreift. ♀ wie ♂. Jungvögel an Kopf, Hals, Brust und Rücken graubraun gestreift. Hauptsächlich dämmerungsaktiv; deckungsliebend, hält sich meist in dichtem Gebüsch an Sümpfen auf; sitzt gelegentlich wie Rohrdommel im Schilf. Flug: Vogel wirkt fast weiß. Stimme: Zur Brutzeit heiseres »karrr« oder »kärrr«; quakende Laute. Lebensraum: Mit Büschen bestandene, ausgedehnte Sumpfgebiete der Niederungen, Verlandungszonen von Seen, Flußdeltas. Nahrung: Wasserinsekten, Egel, Krebstiere, Kaulquappen, kleine Fische. Brut: V–VII, 4–6 Eier, B 22–24 Tage. Koloniebrüter; Nest auf Büschen und Bäumen, im Schilf.

2 Nachtreiher

Nycticorax nycticorax (Reiher)

In Mitteleuropa: III–X. Kennzeichen: 61 cm/550 g. Kleiner, untersetzter, kurzhalsiger Reiher; Oberkopf und Rücken blauschwarz, Flügel grau, Unterseite schmutzigweiß; im Nacken lange, weiße, fadenförmige Schmuckfedern; Schnabel relativ kurz und schwarz; Augen rubinrot. ♀ wie ♂. Jungvögel dunkelbraun, oberseits weiß gefleckt. Vorwiegend dämmerungs- und nachtaktiv, sitzt tagsüber versteckt auf Bäumen; Nahrungssuche auf Feuchtwiesen und an Wassergräben. Flug: Relativ kurze, abgerundete Flügel; fliegt eulenartig weich mit weit ausholenden Flügelschlägen. Stimme: Bei Störung und im Flug »ark« oder »quok«; am Brutplatz heisere, krächzende Laute. Lebensraum:

Weite Sumpflandschaften mit Baumgruppen und Büschen; Flußauen mit stillen Altwässern und urwaldartiger Vegetation. Nahrung: Kleine Fische, Frösche, Kaulquappen, Wasserinsekten, Egel, Kleinsäuger. Brut: IV–VI, 3–4 Eier, B 21 Tage, N 40–44 Tage. Koloniebrüter; Nest in Weidengebüsch, Bäumen oder Schilf.

1

2

1 Große Rohrdommel

Botaurus stellaris (Reiher)

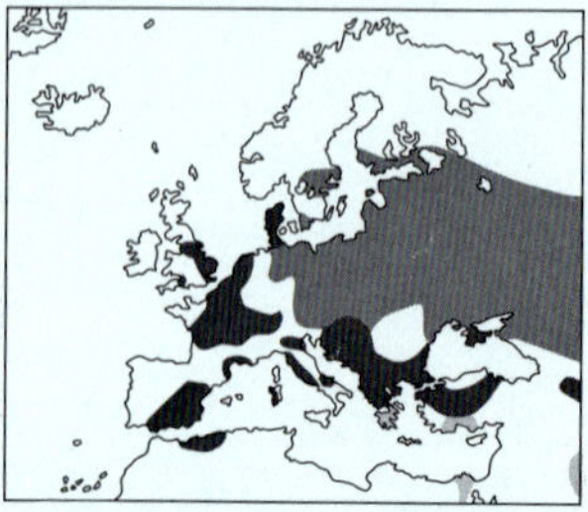

In Mitteleuropa: I–XII. Kennzeichen: 76 cm/1200 g. Großer, gedrungener Reiher mit dickem Hals; Gefieder überwiegend gelbbraun (schilffarben) längsgebändert; Kopfplatte schwarz, Kehle weiß. ♀ wie ♂. Klettert langsam schleichend im Schilf; verharrt bei Gefahr unbeweglich, Kopf und Schnabel steil nach oben gerichtet (Pfahlstellung). Flug: Breite, runde Flügel, eingezogener Hals. Stimme: An fernes Nebelhorn erinnerndes, dumpfes »ü-wump«; Flugruf »ahrk«. Lebensraum: Ausgedehnte Schilfwälder. Nahrung: Fische, Amphibien, Egel, Wasserinsekten. Brut: III–V, 3–6 Eier, B 25–26 Tage, N 14–20 Tage. Flaches Nest im Schilf.

2 Zwergrohrdommel

Ixobrychus minutus (Reiher)

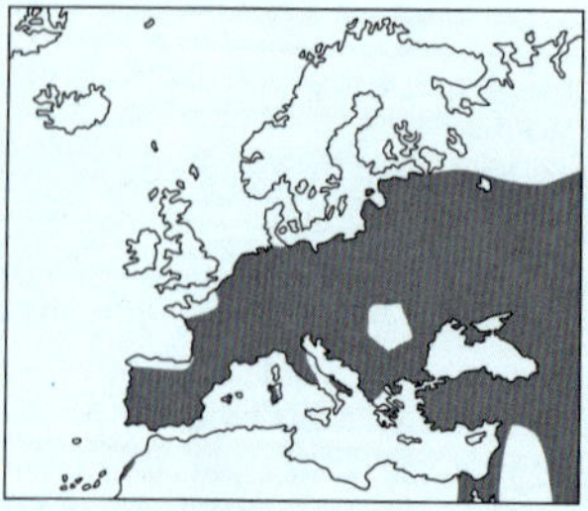

In Mitteleuropa: IV–XI. Kennzeichen: 35 cm/140 g. Sehr kleiner Reiher mit dickem Hals und langen, grünen Zehen; Scheitel, Rücken und Schwingen grünlichschwarz, Flügeldecken ockergelb, Unterseite gelblich; ♀ schilffarben, oberseits braun gefleckt, unterseits streifig. Bei Gefahr oft minutenlange »Pfahlstellung«; dämmerungsaktiv. Stimme: An fernes Hundegebell erinnernder Balzruf »wu« oder »wug«; Flugruf »ker«. Lebensraum: Verlandungszonen mit dichtem Schilfbestand. Nahrung: Kleine Fische, Frösche, Kaulquappen, Wasserinsekten. Brut: V–VII, B 16–19 Tage, N 7–9 Tage. Trichterförmiges Nest im Schilf.

3 Löffler

Platalea leucorodia (Ibisse)

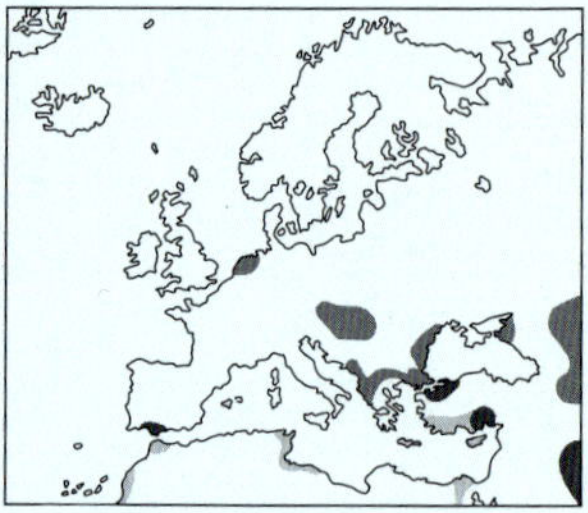

In Mitteleuropa: IV–IX. Kennzeichen: 86 cm/2000 g. Graureihergroßer, weißer Ibis; langer, schwarzer, spatelförmiger Schnabel mit gelber Spitze; gelbes Brustband; zur Brutzeit gelblicher Federschopf im Nacken. ♀ wie ♂. Durchseiht bei der Nahrungssuche das Wasser mit pendelnden Kopfbewegungen; Formationsflug. Im Flug ausgestreckter, etwas durchhängender Hals. Stimme: Am Brutplatz grunzende Laute. Lebensraum: Ausgedehnte Sumpfgebiete mit Flachwasserbereichen und Schilf. Nahrung: Kleine Fische, Muscheln, Schnecken, Kaulquappen, Wasserinsekten. Brut: IV–VII, 4–5 Eier, B 21 Tage, N 28–30 Tage. Koloniebrüter; Nest meist im Schilf.

1

2

3

1 Weißstorch

Ciconia ciconia (Störche)

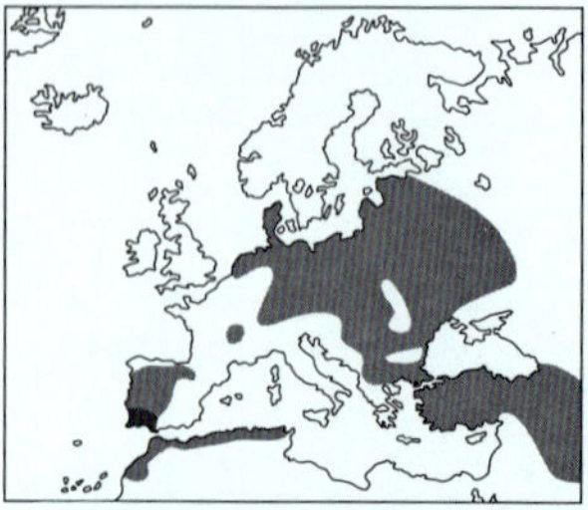

In Mitteleuropa: III–IX. Kennzeichen: 102 cm/3400 g. Großer, weißer Stelzvogel mit schwarzen Arm- und Handschwingen, langem, rotem Schnabel und langen, glänzendroten Beinen. ♀ wie ♂. Jungvögel mit bräunlichem Schnabel. Segelt ausdauernd, oft in großer Höhe; bei der Nahrungssuche majestätisch schreitend. Flug: Ausgestreckter Hals, weit über den Schwanz ragende Beine. Stimme: Schnabelklappern (Begrüßung). Lebensraum: Feuchtgebiete, Wiesen, Flußtäler mit Baumgruppen. Nahrung: Frösche, Mäuse, Insekten, Regenwürmer. Brut: III–VI, 3–5 Eier, B 31–34 Tage, N 55 Tage. Großes Reisignest auf Gebäuden, Bäumen.

2 Schwarzstorch

Ciconia nigra (Störche)

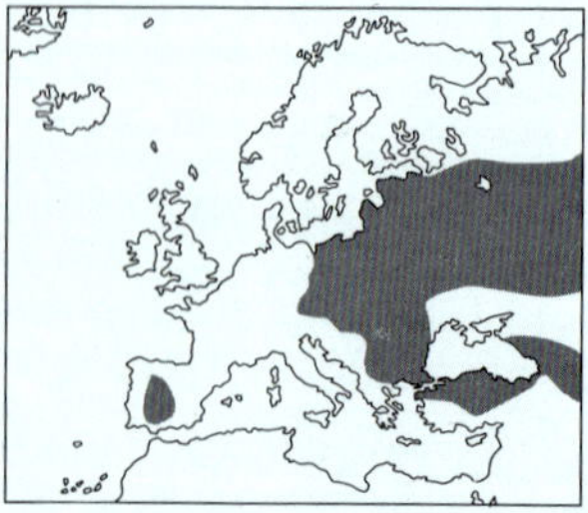

In Mitteleuropa: IV–IX. Kennzeichen: 97 cm/3000 g. Überwiegend schwarz mit metallisch grünem und purpurnem Glanz; Bauch und Unterschwanzdecken weiß; Schnabel und Beine rot. ♀ wie ♂. Segelt oft stundenlang in großer Höhe im Aufwind; sehr scheu. Flug: Hals und Flügel schwarz, Bauch und Achseln weiß; Hals ausgestreckt. Stimme: Flugruf »vüüo«; bei Erregung »fiehch«. Lebensraum: Urwüchsige Laub- und Nadelwälder mit Bächen, Tümpeln, Altwässern. Nahrung: Fische, Molche, Frösche. Brut: IV–VII, 4 Eier, B 30–35 Tage, N 62–69 Tage. Großer Reisighorst auf Bäumen.

3 Flamingo

Phoenicopterus ruber (Flamingos)

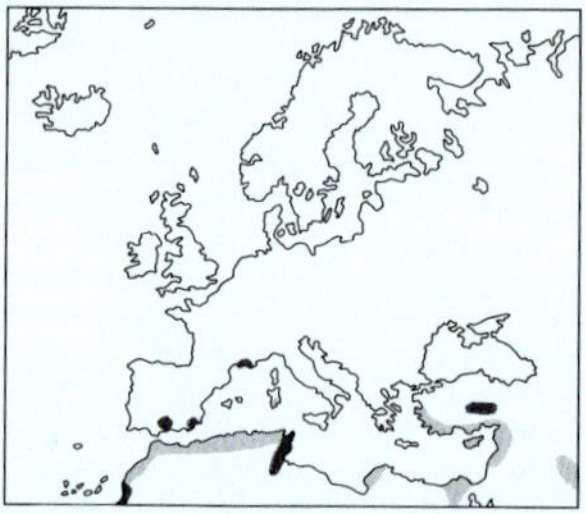

Kennzeichen: 127 cm/♂ 3,5 kg, ♀ 2,5 kg. Groß, sehr schlank; Hals und Beine überlang; Gefieder weiß mit rosa Anflug; rosaroter, in der Mitte nach unten gebogener Schnabel, Schnabelspitze schwarz. ♀ kleiner als ♂. Oft in dichten Scharen. Flug: Flügeldecken scharlachrot, schwarze Schwingen; Trupps fliegen in Keilformation oder in unregelmäßigen Ketten. Stimme: Gänseartig »kakak« oder »gragra«, außerdem trompetende, kehlige Laute. Lebensraum: Salzige oder brackige Flachseen, Küstenlagunen. Nahrung: Kleinkrebse, Wasserinsekten, Insektenlarven, Würmer, Weichtiere. Brut: IV–VII, 1 Ei, B 28–32 Tage, N 4 Tage. Koloniebrüter; kegelförmiges Bodennest.

1

2

3

1 Höckerschwan

Cygnus olor (Entenvögel)

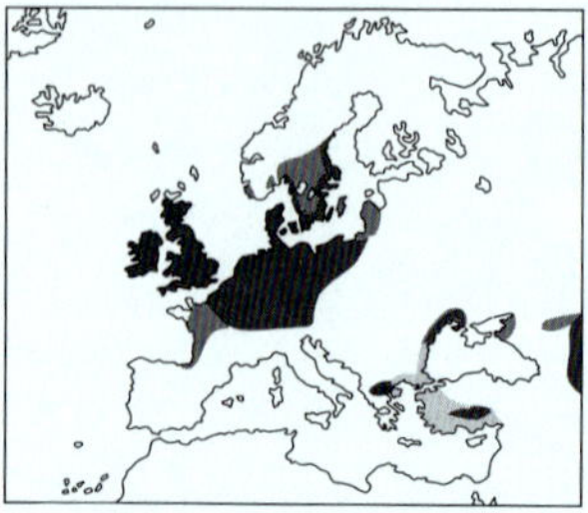

In Mitteleuropa: I–XII. Kennzeichen: 152 cm/10–22 kg. Schneeweiß mit orangerotem Schnabel und schwarzem Hökker. Auf allen größeren Parkgewässern in halbzahmem Zustand. ♀ wie ♂. Stimme: Fast völlig stumm, nur in der Abwehr gelegentlich heiseres Zischen. Lebensraum: Binnenseen und Teiche mit flacher, vegetationsreicher Uferzone und großer, freier Wasserfläche. Nahrung: Hauptnahrung sind Unterwasserpflanzen. Brut: IV–VI, 5–7 Eier, B 34–38 Tage, Jungvögel mit 4–5 Monaten flugfähig. Bodennest.

2 Singschwan

Olor cygnus (Entenvögel)

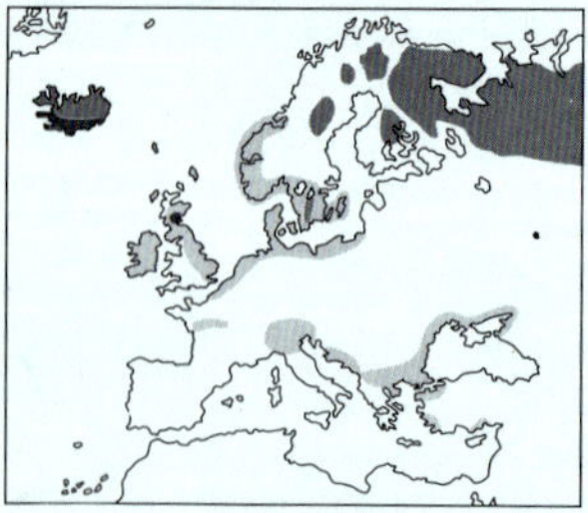

In Mitteleuropa: IX–III; Durchzügler und Wintergast. Kennzeichen: 152 cm/7–12 kg. Wie Hökkerschwan, aber Schnabel gelb mit schwarzem Spitzenteil, kein Schnabelhöcker, Hals noch länger und aufrecht getragen. Kein auffälliges Fluggeräusch. ♀ wie ♂. Stimme: Ruffreudig; im Schwimmen gänseartiges »ang«, im Flug 2silbig »ang hö«. Lebensraum: Nordische Tundra und Taiga; im Winter regelmäßig an der Nordseeküste. Nahrung: Unterwasserpflanzen, junges Getreide, Gras. Brut: V–VI, 5–6 Eier, B 35–42 Tage, Jungvögel mit 4 Monaten flugfähig. Bodennest.

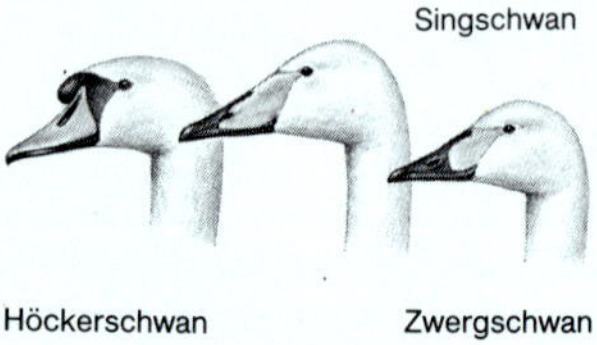

3 Zwergschwan

Olor bewickii (Entenvögel)

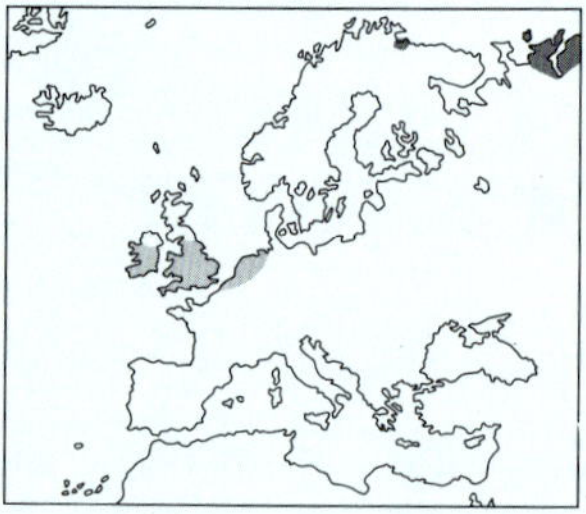

In Mitteleuropa: IX–III; Durchzügler und Wintergast. Kennzeichen: 122 cm/5–7 kg. Dem Singschwan sehr ähnlich, aber kleiner, Hals kürzer, Gelb am Schnabel weniger weit ausgedehnt, nach vorne zu stumpf auslaufend. Stimme: Rufe tiefer und leiser als beim Singschwan, »huh huh« oder »kuru«. Lebensraum: Tundra nördlich der Baumgrenze; im Winter seichte Süßwasserseen und überschwemmte Wiesen. Nahrung: Wasserpflanzen, Gras, Getreidesaat. Brut: VI–VII, 4–5 Eier, B 29–30 Tage, Jungvögel mit 8 Wochen flugfähig. Bodennest.

1

2

3

1 Graugans

Anser anser (Entenvögel)

In Mitteleuropa: III–X; die vielerorts eingebürgerten Graugans-populationen überwintern im Brutgebiet. Kennzeichen: 76–89 cm/2300–3500 g. Silbergraues Gefieder, Schnabel orangefarben, Füße fleischfarben. Die östliche Rasse mit fleischfarbenem Schnabel. Stammform der Hausgans. Zur Brutzeit paarweise, sonst im Familienverband oder (auf dem Zug) in größeren Wanderscharen; fliegen in Keilformation. Stimme: Ähnlich wie Hausgans, doch weniger laut und aufdringlich, in allen Lautäußerungen sparsamer; ruft im Flug ein gedehntes »aahng-ong-ong«; Stimmfühlungslaut »gagaga«. Lebensraum: Große Gewässer mit dichter Randvegetation (Schilf, Binsen) und angrenzenden Wiesen und Weiden, ausgedehnte Moorgebiete. Nahrung: Rein pflanzlich; Gräser, junges Getreide, Blätter und junge Triebe von Klee, Löwenzahn, Gänsedistel. Nahrungssuche am Land, nicht im Wasser. Brut: IV–VI, 5–6 Eier, B 28–29 Tage, Jungvögel mit 8 Wochen flugfähig. Bodennest.

2 Saatgans

Anser fabalis (Entenvögel)

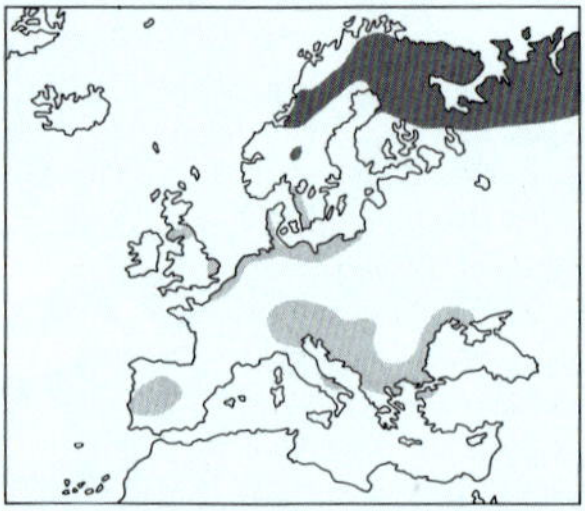

In Mitteleuropa: X–V; Durchzügler und Wintergast. Kennzeichen: 71–89 cm/3000–4100 g. Größe wie Graugans, Gefieder stärker bräunlich (nicht grau) getönt und viel dunkler an Kopf, Hals und Rücken; Kopf und Schnabel länger; Schnabel schwarz mit orangefarbener Binde; Beine orangegelb. Im Flug von Graugans durch viel dunklere Färbung und abweichende Rufe zu unterscheiden. Stimme: Nicht so stimmfreudig wie Graugans; ruft im Flug hastig »kajak kajak« oder tief trompetend »ang ang«. Lebensraum: Gewässer der lichten Taiga; im Winter Felder, Weiden und ausgedehnte Wiesenflächen. Nahrung: Wie Graugans; Gräser, junges Getreide, krautige Pflanzen. Brut: V–VI, 4–6 Eier, B 27–29 Tage, Jungvögel mit 8 Wochen flugfähig. Bodennest.

1

2

1 Bläßgans

Anser albifrons (Entenvögel)

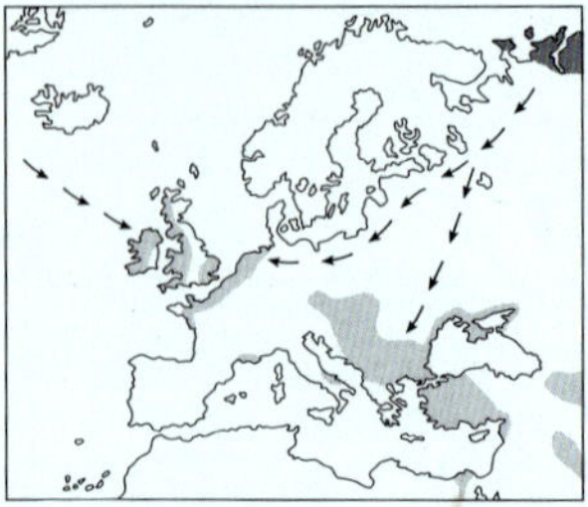

In Mitteleuropa: X–V; Durchzügler und Wintergast (Holland). Kennzeichen: 68–76 cm/1400–3300 g. Kleiner als Grau- und Saatgans (Seite 30); weißes Stirnschild (Name), unregelmäßige, schwarze Querbänderung auf der Unterseite; Schnabel hellrötlich; Beine orangefarben. Stimme: Weithin hörbare, helle, 2- oder 3silbige Rufe wie »klie-klie« oder »klik-klik-klik«. Lebensraum: Nordische Tundra; im Winter Wiesen in Küstennähe. Nahrung: Gräser und Grassamen; im Winterquartier auch Salzpflanzen. Brut: VI–VII, 5–6 Eier, B 27–28 Tage, Jungvögel mit 7 Wochen flugfähig. Bodennest.

2 Zwergbläßgans

Anser erythropus (Entenvögel)

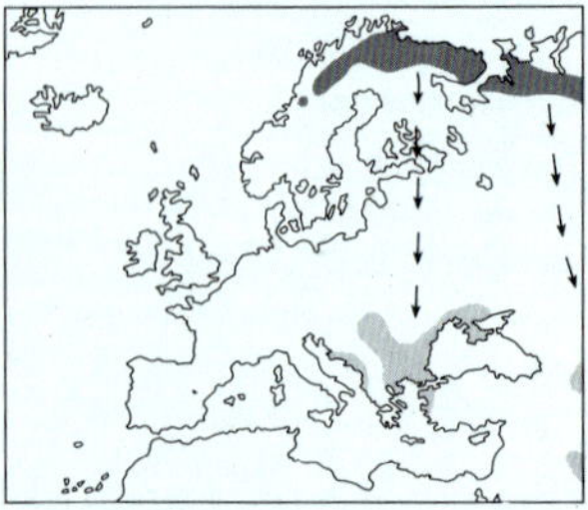

In Mitteleuropa: IX–X, IV–V; seltener Durchzügler. Kennzeichen: 53–68 cm/1400–2000 g. Der Bläßgans sehr ähnlich, aber kleiner, kurzhalsiger und kurzschnäbeliger; schmaler, leuchtendgelber Augenring. Stimme: Ruft höher als Bläßgans, sehr schnelles »kju-lit kju-lit« oder »klick-klu-klick-klu«. Lebensraum: Nördliche Taiga bis südliche Tundrenzone. Nahrung: Blätter und Triebe der Krautweide (Salix herbacea), Gräser. Brut: V–VI, 4–5 Eier, B 25–28 Tage, Jungvögel mit 5 Wochen flugfähig. Bodennest.

3 Kanadagans

Branta canadensis (Entenvögel)

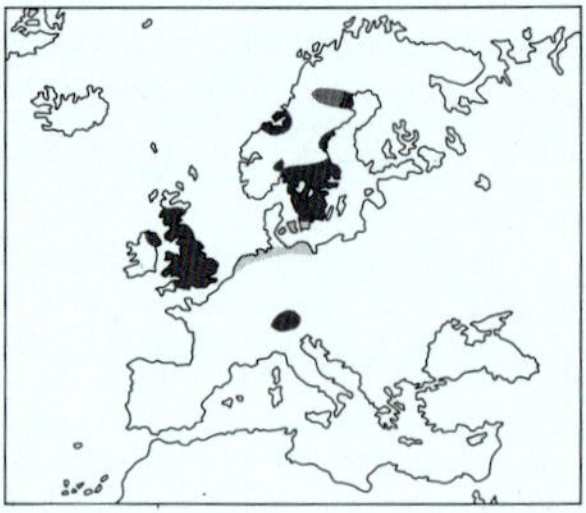

In Mitteleuropa: I–XII; eingebürgert. Kennzeichen: 92–102 cm/3600–5400 g. Sehr große, langhalsige Gans; Kopf und Hals schwarz, Wangen und Kehle weiß. ♀ wie ♂. Stimme: Weithin hörbares, trompetendes »ahhonk«, klangvollste aller Gänsestimmen. Lebensraum: Süßwasserseen und -teiche; im Winter auch im Küstenbereich. Nahrung: Gräser und Kräuter, Wasserpflanzen. Brut: III–VI, 5–6 Eier, B 28–30 Tage, Jungvögel mit 9 Wochen flugfähig. Bodennest.

1

2

3

1 Nonnengans

Branta leucopsis (Entenvögel)

In Mitteleuropa: X–IV; Wintergast an der Nordseeküste. Kennzeichen: 58–69 cm/1400–2400 g. Kleiner als Bläßgans (Seite 32), auffällige Schwarzweißzeichnung des Kopfes weithin sichtbar; Rücken blaugrau, Unterseite weißlich. ♀ wie ♂. Stimme: Heisere, mehrsilbige Rufe wie »grägrägrä«, erinnert an entferntes Hundebellen. Lebensraum: Nördliche Tundra; im Winter im Wattenmeer und Flutrasenbereich der Küsten. Nahrung: Gräser; Triebe und Kätzchen der Polarweide; im Winter auch Seegras. Brut: V–VI, 3–5 Eier, B 24–25 Tage, Jungvögel mit 7 Wochen flugfähig. Nest auf Felsbändern.

2 Ringelgans

Branta bernicla (Entenvögel)

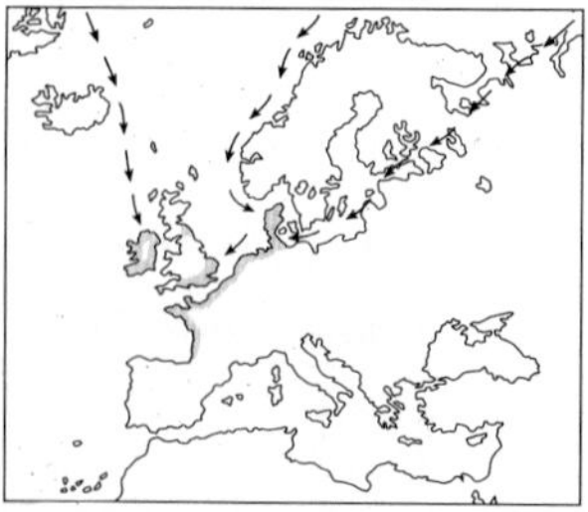

In Mitteleuropa: IX–V; Wintergast an der Nordseeküste. Kennzeichen: 56–61 cm/1100–1700 g. Kleinste Gänseart Europas; sehr dunkel, weißer Fleck an jeder Halsseite, weißes »Heck«. Die an der Nordseeküste überwinternden (russischen) Ringelgänse mit dunklem Bauch. Stimme: Weithin hörbares »rott-rott-rott«. Lebensraum: Arktische Tundra; im Winter Seegras- und Grünalgenbänke im Wattenmeer. Nahrung: Gräser, Moose, Flechten; im Winter Seegras und Grünalgen. Brut: VI–VII, 3–5 Eier, B 24–26 Tage. Bodennest.

3 Brandgans

Tadorna tadorna (Entenvögel)

In Mitteleuropa: I–XII. Kennzeichen: 61 cm/800–1400 g. Auffällige schwarzweißrote Färbung; Schnabel korallenrot, zur Brutzeit ♂ mit Höcker. ♀ wie ♂, aber in allen Farben matter, Schnabel ohne Höcker. Stimme: Sehr stimmfreudig; ♂ pfeift hoch »huiiih«; ♀ ruft schnell und hart »ak ak ak«. Lebensraum: Meeresküsten. Nahrung: Herzmuscheln, Wattschnecken, Ringelwürmer und Kleinkrebse. Brut: IV–VII, 8–12 Eier, B 28–30 Tage, Jungvögel mit 8 Wochen flugfähig. Nest in Erdhöhlen.

♀ im Flug

1

2

3

1 Stockente

Anas platyrhynchos
(Entenvögel)

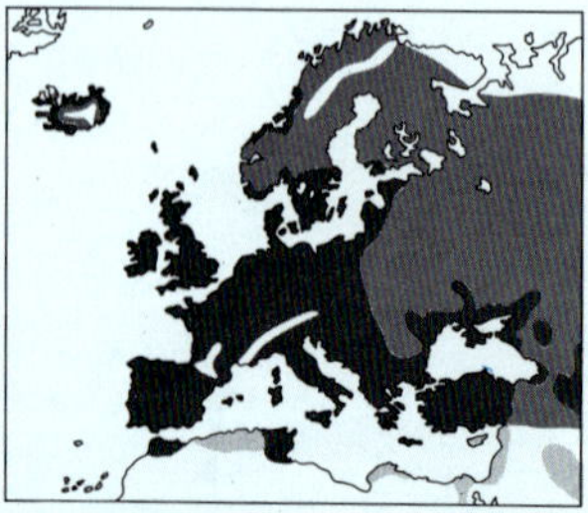

In Mitteleuropa: I–XII. Kennzeichen: 58 cm/900–1500 g. Häufigste Ente Europas; ♂ mit flaschengrünem Kopf, weißem Halsring, brauner Brust und perlgrauer Ober- und Unterseite; ♀ unscheinbar bräunlich; Junge wie ♀. Stimme: ♂ heiseres »räb räb«; ♀ ruft laut »ahk ahk ahk«. Lebensraum: Flache, stehende Gewässer, Teiche in Parkanlagen. Nahrung: Wasserpflanzen und Wassergetier, Getreide. Brut: III–VII, 6–10 Eier, B 26–29 Tage, Jungvögel mit 7 Wochen flugfähig. Nest am Boden, auch auf Kopfweiden, flachen Dächern.

2 Schnatterente

Anas strepera (Entenvögel)

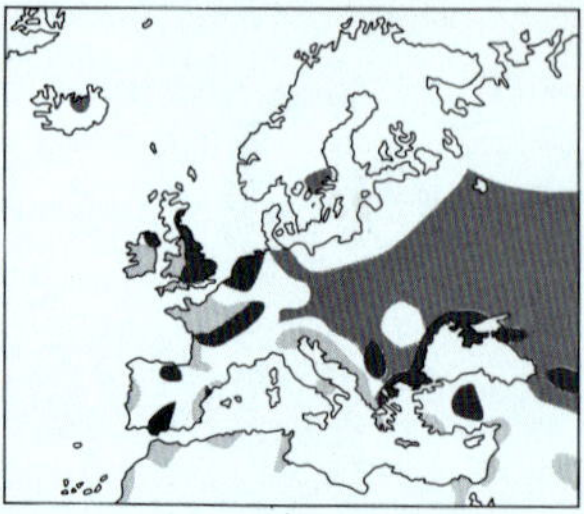

In Mitteleuropa: I–XII. Kennzeichen: 51 cm/600–1300 g. Etwas kleiner als Stockente, schlanker; ♂ vorwiegend grau, Flügeldecken braun, »Heck« schwarz, Flügelspiegel weiß; ♀ wie Stockenten-♀, aber Schnabel gelblich, Flügelspiegel weiß; Jungvögel wie ♀. Stimme: ♂ nasales, tiefes »tö tö«; ♀ ruft schnatternd »räck räck räck«. Lebensraum: Stehende oder langsam fließende Gewässer mit reicher Ufervegetation. Nahrung: Wasserpflanzen und Samen von Laichkräutern, Kleingetier. Brut: V–VII, 8–12 Eier, B 25–27 Tage, Jungvögel mit 7 Wochen flugfähig. Bodennest.

3 Spießente

Anas acuta (Entenvögel)

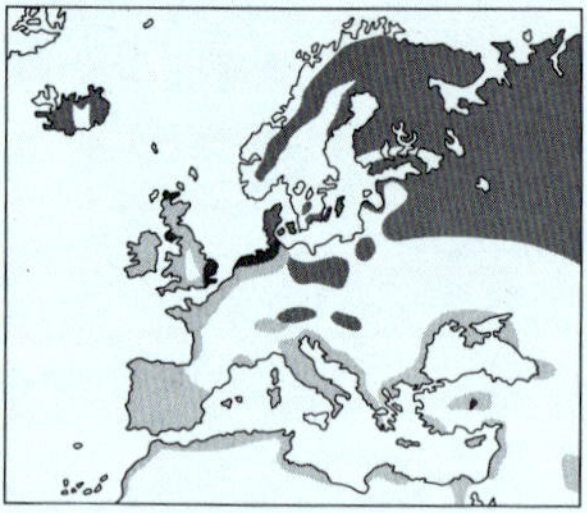

In Mitteleuropa: IV–X; gebietsweise I–XII. Kennzeichen: 66 cm/600–1100 g. Schlanker als Stockente mit langem, dünnem Hals und langem Schwanzspieß; ♂ Kopf und Oberhals dunkelbraun, weißer Längsstreif an den Halsseiten; ♀ rötlichbraun. Stimme: ♂ bei der Balz »krück« oder pfeifend »pfüb«; ♀ knarrendes Quaken. Lebensraum: Nordische Tundra, Moore und Sümpfe. Nahrung: Vorwiegend Wasserpflanzen, auch Wasserkleingetier. Brut: IV–VI, 7–11 Eier, B 21–23 Tage, sonst wie Schnatterente.

1

2

3

1 Krickente

Anas crecca (Entenvögel)

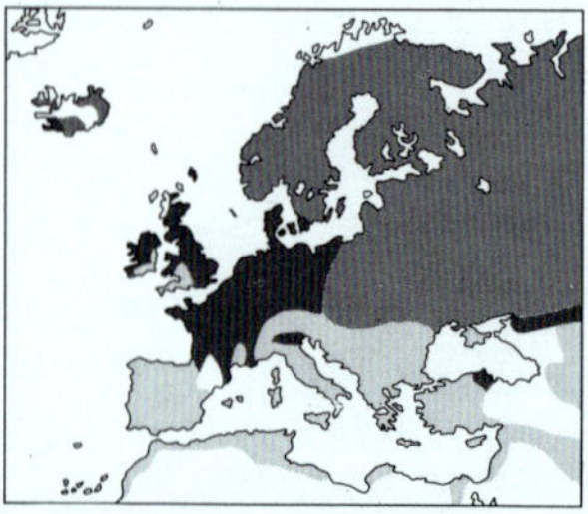

In Mitteleuropa: III–X; West- und Süddeutschland I–XII. Kennzeichen: 36 cm/250–350 g. Kleinste Ente Europas; ♂ Kopf braun mit breitem, grünem Seitenstreif; ♀ braungefleckt. Sehr gesellig. Stimme: ♂ ruft balzend ein hohes, pfeifendes »krück«; ♀ ruft hastig »gägägä«. Lebensraum: Stehende oder langsam fließende Gewässer, Moore. Nahrung: Im Sommer vorwiegend Insektenlarven, Muscheln, Schnecken, im Winter Wasserpflanzen, Samen. Brut: V–VI, 6–10 Eier, B 21–25 Tage, Jungvögel mit 6 Wochen flugfähig. Bodennest.

2 Knäkente

Anas querquedula (Entenvögel)

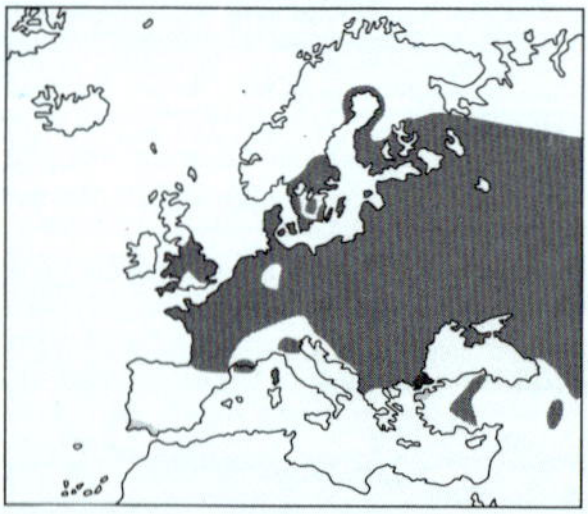

In Mitteleuropa: III–X. Kennzeichen: 38 cm/300–450 g. Etwas größer als Krickente; ♂ Kopf, Hals und Brust braun, auffälliger, weißer Überaugenstreif, Vorderflügel blaugrau, Bauch weiß; ♀ wie Krickenten-♀, aber kontrastreichere Kopfzeichnung und längerer Schnabel. Stimme: ♂ ruft balzend ein knarrendes »klerrreb«; ♀ ruft stockentenähnlich, aber höher »knääk«. Lebensraum: Stehende oder langsam fließende Binnengewässer mit üppigem Pflanzenwuchs. Nahrung: Wie Krickente. Brut: V–VI, 8–11 Eier, B 23 Tage, Jungvögel mit 6 Wochen flugfähig. Bodennest.

3 Pfeifente

Anas penelope (Entenvögel)

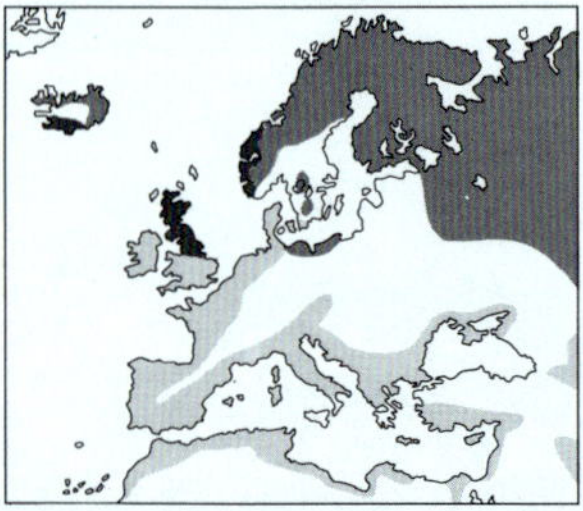

In Mitteleuropa: IX–IV; Brutvogel nur noch in Mecklenburg. Kennzeichen: 46 cm/450–850 g. Kleiner und schlanker als Stockente (Seite 36); ♂ Kopf rotbraun, Scheitel hellgelb, Flügel mit weißem Band, Körpergefieder perlgrau; ♀ rotbräunlich; Jungvögel wie ♀. Stimme: ♂ ruft pfeifend (Name) »huituh«; ♀ schnarrend »terrr«. Lebensraum: Nordische Tundra, Moore, im Winter häufig im Wattenmeer. Nahrung: Vorwiegend Sumpf- und Wasserpflanzen, weidet gänseartig Gras. Brut: V–VI, 7–10 Eier, B 22–25 Tage, Jungvögel mit 6 Wochen flugfähig. Bodennest.

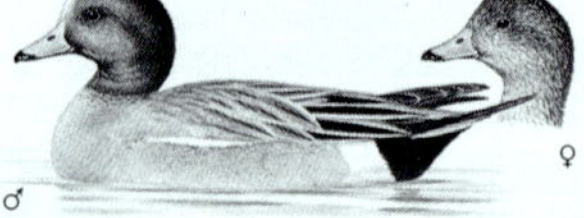

1

2

3

1 Löffelente

Anas clypeata (Entenvögel)

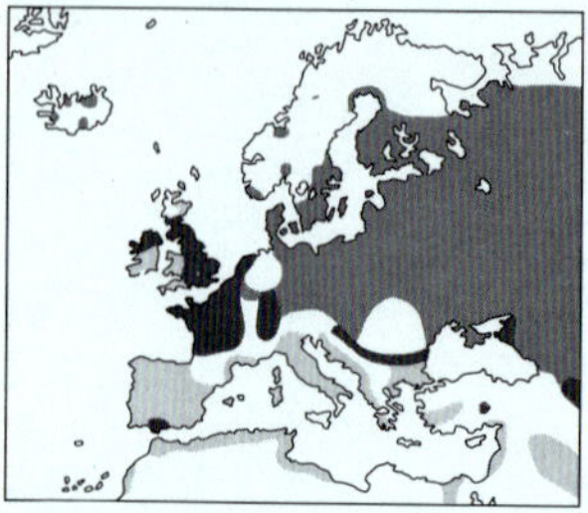

In Mitteleuropa: III–X. Kennzeichen: 51 cm/500–800 g. Schnabel lang und an der Spitze löffelartig verbreitert; ♂ Kopf grünglänzend, Bauch und Flanken rostrot, Brust weiß, Vorderflügel blau; ♀ bräunlich wie Stockente (Seite 36), doch blauer Vorderflügel. Stimme: ♂ ruft tief und rauh »tuk-tuk«; ♀ stockentenähnlich »woak-woak«. Lebensraum: Flache Binnengewässer mit reicher Vegetation. Nahrung: Auf der Wasseroberfläche treibende feinste Nahrungsteilchen (Samen, Kleingetier). Brut: V–VI, 8–12 Eier, B 25–27 Tage, Jungvögel mit 6–7 Wochen flugfähig. Bodennest.

2 Kolbenente

Netta rufina (Entenvögel)

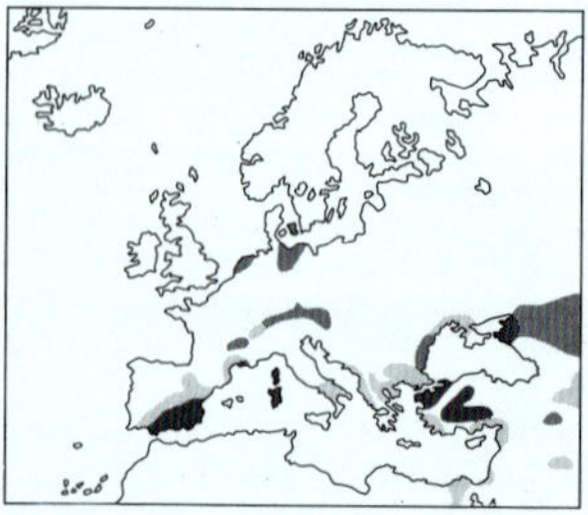

In Mitteleuropa: III–X. Kennzeichen: 56 cm/800–1200 g. ♂ Kopf fuchsrot, mit hochstehendem Stirn- und Scheitelgefieder, Brust schwarz, Oberseite braun, Schultern und Flanken weiß, Schnabel karminrot; ♀ graubraun mit hellen Wangen. Stimme: ♂ ruft rauh »bät«; ♀ knarrend »körr«. Lebensraum: Flache, warme Seen und Teiche mit dichter Ufervegetation und großen, freien Wasserflächen. Nahrung: Vorwiegend pflanzlich (Laichkräuter, Armleuchteralgen). Brut: V–VI, 6–12 Eier, B 26–28 Tage, Jungvögel mit 6–7 Wochen flugfähig. Bodennest.

3 Tafelente

Aythya ferina (Entenvögel)

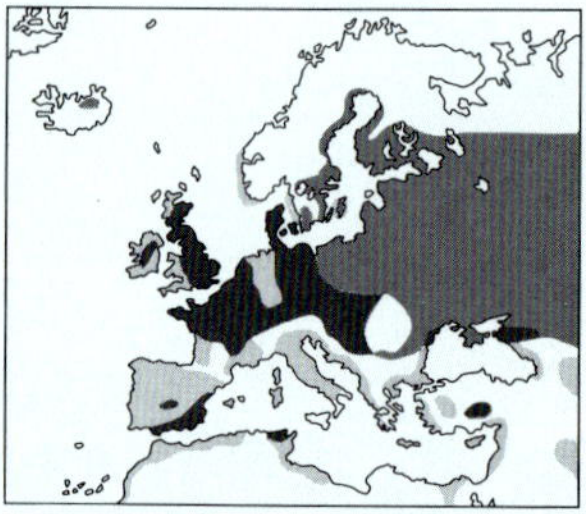

In Mitteleuropa: I–XII. Kennzeichen: 46 cm/600–1100 g. Etwas größer als Reiherente (Seite 42), gedrungen, lang- und großköpfig; ♂ Kopf und Hals kastanienbraun, Brust und Schwanz schwarz, Rumpf hellgrau; ♀ dunkelbraun. Stimme: ♂ bei der Balz leise gezogene Pfeiflaute; ♀ ruft schnarrend »charr-charr«. Lebensraum: Großflächige Süßwasserseen mit reicher Ufervegetation, Brackwasserseen. Nahrung: Vorwiegend Wasserpflanzen. Brut: V–VI, 8–11 Eier, B 24–26 Tage, Jungvögel mit 7 Wochen flugfähig. Bodennest.

1

2

3

1 Reiherente

Aythya fuligula (Entenvögel)

In Mitteleuropa: I–XII. Kennzeichen: 43 cm/600–1000 g. Kleine, gedrungene Tauchente; ♂ tiefschwarz, Flanken und Bauch weiß, Kopf mit violettem Schimmer, langer Federschopf, Auge gelb; ♀ einfarbig braun mit kurzem Schopf, oft schmaler, weißer Ring um die Schnabelwurzel. Stimme: ♂ bei der Balz zartes Pfeifen wie »gü gü«; ♀ knarrend »karr karr«. Lebensraum: Stehende oder langsam fließende Gewässer mit Ufervegetation und freien Flächen. Nahrung: Vorwiegend animalisch (Muscheln, Schnecken, Insektenlarven). Brut: V–VIII, 8–10 Eier, B 23–25 Tage, Jungvögel mit 9 Wochen flugfähig. Bodennest.

2 Bergente

Aythya marila (Entenvögel)

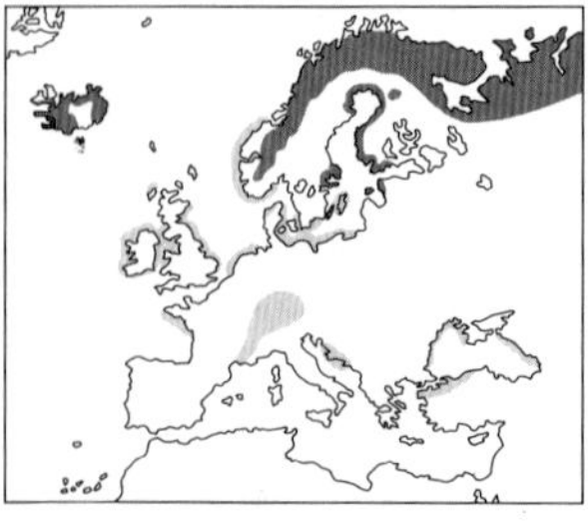

In Mitteleuropa: X–III. Kennzeichen: 48 cm/700–1300 g. Etwas größer als Reiherente; ♂ Kopf schwarz, grünglänzend, Hals, Brust und Schwanz mattschwarz, Rücken hellgrau, Unterseite weiß, Auge gelb; ♀ wie Reiherenten-♀, doch weißer Ring um die Schnabelwurzel ausgedehnter. Stimme: ♂ leise gurrende Rufe zur Balzzeit; ♀ ruft tief »karr-karr«. Lebensraum: Seen und Teiche der Tundra und Taiga; im Winter auf dem Meer. Nahrung: Muscheln, Schnecken, Würmer. Brut: V–VI, 6–9 Eier, B 24–28 Tage, Jungvögel mit 6 Wochen flugfähig. Bodennest.

3 Moorente

Aythya nyroca (Entenvögel)

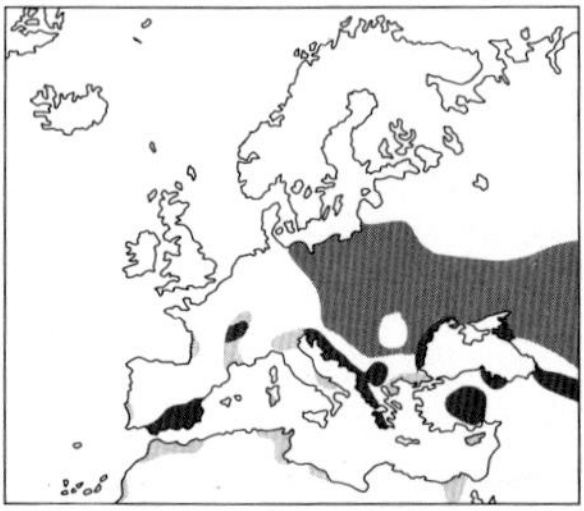

In Mitteleuropa: I–XII (selten). Kennzeichen: 41 cm/450–650 g. Kleine Tauchente mit Schwimmentengestalt, weniger kompakt als Reiher- und Tafelente (Seite 40). ♂ dunkel kastanienbraun, Unterschwanz leuchtendweiß, Auge weiß; ♀ dunkelbraun mit rötlichem Schimmer, Auge dunkel. Stimme: ♂ schnarrendes »körr körr körr«; ♀ in höherer Stimmlage »gerr gerr«. Lebensraum: Stehende Binnengewässer mit reichem Pflanzenwuchs, kleine Waldseen. Nahrung: Wasserpflanzen (Wasserlinsen, Armleuchteralgen). Brut: V–VI, 8–10 Eier, B 25–27 Tage, Jungvögel mit 8 Wochen flugfähig. Bodennest.

1

2

3

1/2 Eiderente

Somateria mollissima
(Entenvögel)

In Mitteleuropa: I–XII. Kennzeichen: 58 cm/1300–2800 g. Fast gänsegroße, schwere Meeresente mit charakteristischem Kopfprofil; ♂ Oberseite weiß, Unterseite schwarz, Hinterkopf und Halsseiten hellgrün, Oberkopf schwarz; ♀ (Bild 2) wie Stockenten-♀ (Seite 36) gefärbt, doch Brust gebändert, durch klobige Gestalt und langes Kopfprofil leicht zu unterscheiden. Stimme: ♂ ruft klangvoll »uhuuuhuu«; ♀ tief »korr korr«. Lebensraum: Meeresküsten. Nahrung: Muscheln, Schnecken, Krebse, Seesterne. Brut: V–VI, 4–9 Eier, B 25–26 Tage, Jungvögel mit 8–10 Wochen flugfähig. Bodennest.

3 Samtente

Melanitta fusca (Entenvögel)

In Mitteleuropa: XI–III. Kennzeichen: 56 cm/1100–1900 g. Größer als Trauerente; ♂ reinschwarz bis auf weißen Flügelspiegel und weißen Fleck unter dem Auge, Schnabel orangegelb, Füße rot; ♀ schwarzbraun mit 2 hellen Flecken an den Kopfseiten. Stimme: ♂ ruft »kju« oder »kjuorr«; ♀ vibrierend »braaa braaa«. Lebensraum: Zur Brutzeit auf Gewässern der Taiga und Tundra; im Winter auf dem Meer. Nahrung: Fast ausschließlich Schnecken und Muscheln. Brut: V–VII, 7–10 Eier, B 27 Tage, Jungvögel mit 6–7 Wochen flugfähig. Bodennest.

4 Trauerente

Melanitta nigra (Entenvögel)

In Mitteleuropa: XI–IV. Kennzeichen: 48 cm/700–1400 g. Einzige Ente von reinschwarzer Farbe (♂), Schnabel mit orangefarbenem Fleck; ♀ dunkelbraun mit auffällig hellen Wangen. Von der größeren Samtente durch das Fehlen weißer Gefiederpartien zu unterscheiden. Stimme: ♂ flötende und gurrende Rufe; ♀ knarrende Laute. Lebensraum: Zur Brutzeit auf Gewässern der Tundra und Taiga; im Herbst und Winter auf dem Meer. Nahrung: Fast ausschließlich Muscheln und Schnecken. Brut: V–VI, 6–9 Eier, B 27–31 Tage, Jungvögel mit 6–7 Wochen flugfähig. Bodennest.

1|2

3

4

1 Schellente

Glaucionetta clangula
(Entenvögel)

In Mitteleuropa: I–XII. Kennzeichen: 46 cm/500–1100 g. Gedrungene Tauchente mit hohem, dickem, 3eckig wirkendem Kopf; ♂ Kopf schwarz, grünglänzend, rundlicher, weißer Fleck hinter dem Schnabel, Oberseite schwarz, Unterseite weiß, breite, weiße Schulterstreifen; ♀ Kopf braun, Oberseite hellgrau. Stimme: ♂ ruft knarrend »krrah« oder balzend »knirr«; ♀ leiser »körr«. Lebensraum: Binnengewässer mit freier Wasserfläche in Waldnähe. Nahrung: Schnecken, Würmer, Kleinkrebse, Wasserinsekten. Brut: IV–VII, 6–11 Eier, B 27–32 Tage, Jungvögel mit 8 Wochen flugfähig. Höhlenbrüter.

2/3 Eisente

Clangula hyemalis (Entenvögel)

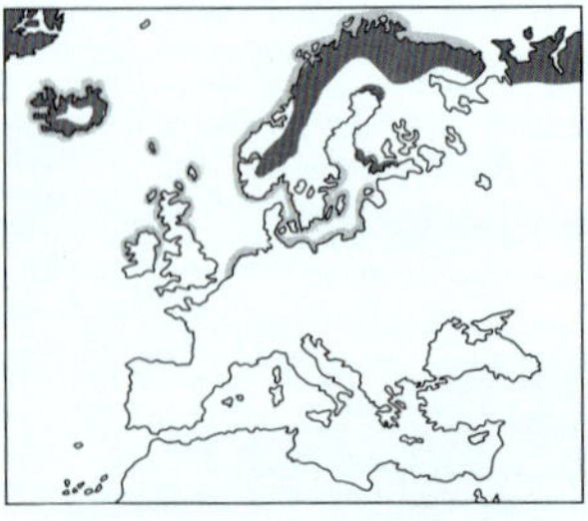

In Mitteleuropa: X–IV. Kennzeichen: 53 cm (♂), 41 cm (♀)/ 600–900 g. ♂ in Sommerkleid (Bild 2 rechts) und Winterkleid (Bild 3) mit langen Schwanzspießen; ♀ im Winterkleid weißer Kopf, dunkle Kopfplatte, grauer Ohrfleck, Rücken und Brust dunkel, Unterseite weiß; ♀ im Sommerkleid Oberseite bräunlichgrau, weißer Streifen vom Auge zum Hinterkopf, weißer Halsring, heller Bauch. Stimme: ♂ ruft weithin hörbar 4silbig »aulick-a-a-aulick«; ♀ hetzend »ark ark ark äng äng äng guu«. Lebensraum: Gewässer der Tundra; im Winter auf dem Meer. Nahrung: Muscheln, Schnecken, Krebse. Brut: V–VI, 5–9 Eier, B 23–25 Tage, Jungvögel mit 5 Wochen flugfähig. Bodennest.

Mandarinente

Dendronessa galericulata
(Entenvögel)

In Mitteleuropa: I–XII; in England, Holland, Süddeutschland brütend (verwilderte Parkvögel).

Kennzeichen: 43 cm. Kleine Ente mit bunter, kontrastreicher Kopffärbung, langer Haube und orangefarbenen, aufgestellten Schmuckfedern im Flügel (Bild U 4); ♀ graubraune Oberseite und hell marmorierte Unterseite; weißer, zum Nacken ausgezogener Augenring. Stimme: ♂ pfeifender Flugruf »wrrick«, ♀ »ack-ack«. Lebensraum: Flüsse und Seen in Parklandschaften. Nahrung: Samen, Früchte, Nüsse, Würmer, Insekten. Brut: IV–VI, 9–12 Eier, B 28–30 Tage. Höhlenbrüter.

1

2

3

1 Gänsesäger

Mergus merganser (Entenvögel)

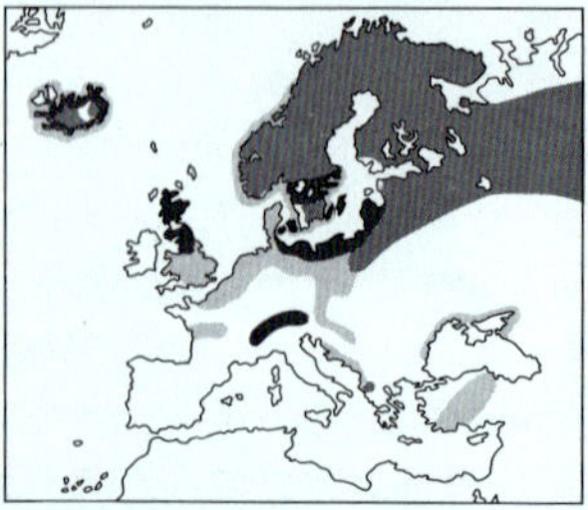

In Mitteleuropa: I–XII. Kennzeichen: 66 cm/1200–2000 g. Größte Sägerart; ♂ weiß mit lachsrotem Anflug, Rücken schwarz, Kopf und Oberhals schwarz mit dunkelgrünem Glanz, mähnenartiger Nackenschopf, Schnabel rot; ♀ Kopf und Oberhals braun, deutliche Grenze zum grauen Körpergefieder, Nackenschopf struppig. Stimme: ♂ ruft bei der Balz metallisch »körr korr-körr körr korr«; ♀ »äckäckäckäck«. Lebensraum: Flüsse und Seen mit klarem Wasser und baumbestandenen Ufern. Nahrung: Fische bis zu 15 cm Länge. Brut: III–VI, 8–12 Eier, B 32–35 Tage, Jungvögel mit 6 Wochen flugfähig. Höhlenbrüter.

2 Mittelsäger

Mergus serrator (Entenvögel)

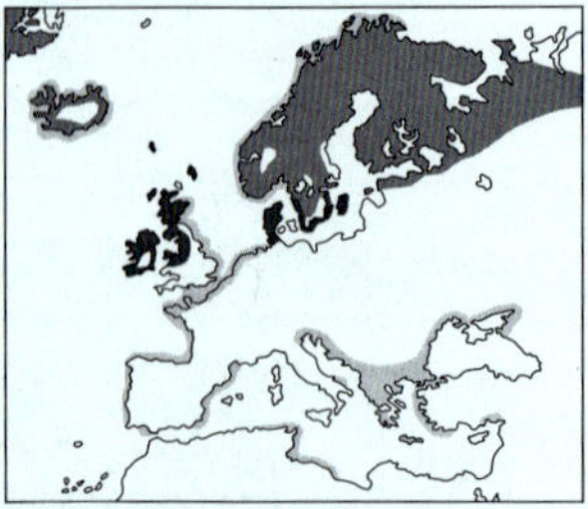

In Mitteleuropa: I–XII. Kennzeichen: 58 cm/800–1300 g. Nur knapp stockentengroß, Schnabel noch dünner und feiner als beim Gänsesäger; 2zackige Kopfhaube, Brust braun, Flanken hellgrau; ♀ sehr ähnlich wie Gänsesäger-♀, aber das Braun von Kopf und Oberhals geht fließend in das Grau des Körpergefieders über. Stimme: ♂ katzenartig »jiuw« oder härter »orrr«; ♀ »rokrokrokrok«. Lebensraum: Flachwasserzonen der Meeresküsten, Fjorde, Binnenseen. Nahrung: Fische und Krebstiere. Brut: V–VII, 5–12 Eier, B 29–35 Tage, Jungvögel mit 8–9 Wochen flugfähig. Bodennest.

3 Zwergsäger

Mergellus albellus (Entenvögel)

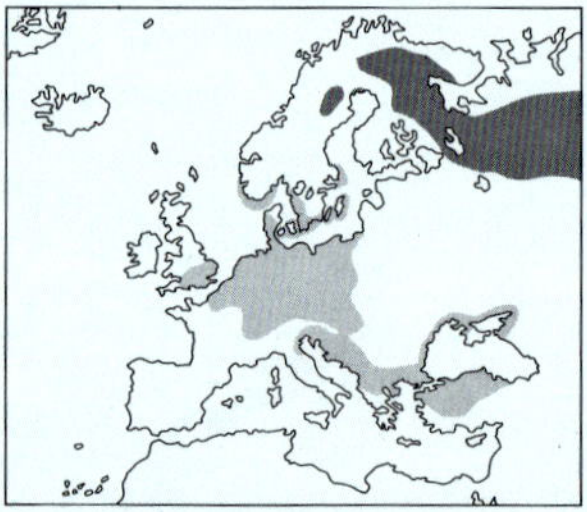

In Mitteleuropa: IX–IV. Kennzeichen: 42 cm/550–900 g. Viel kleiner als Mittelsäger, nur reiherentengroß; ♂ vorwiegend weiß mit einigen schwarzen Abzeichen; ♀ Oberkopf und Nacken rotbraun, Kopfseiten weißlich, Oberseite schiefergrau. Stimme: ♂ balzt hoch knarrend »krr-eck«; ♀ ruft 1silbig »gräg«. Lebensraum: Süßwasserseen und Teiche in waldreicher Landschaft, überschwemmte Waldgebiete. Nahrung: Kleine Fische und Wasserinsekten. Brut: V–VI, 6–9 Eier, B 30 Tage, Jungvögel mit 9–11 Wochen flugfähig. Höhlenbrüter.

1

2

3

Bildtafel Greifvögel

Flugbilder Habicht, Sperber und Falken.
Flugbilder Bussarde, Milane und Weihen.

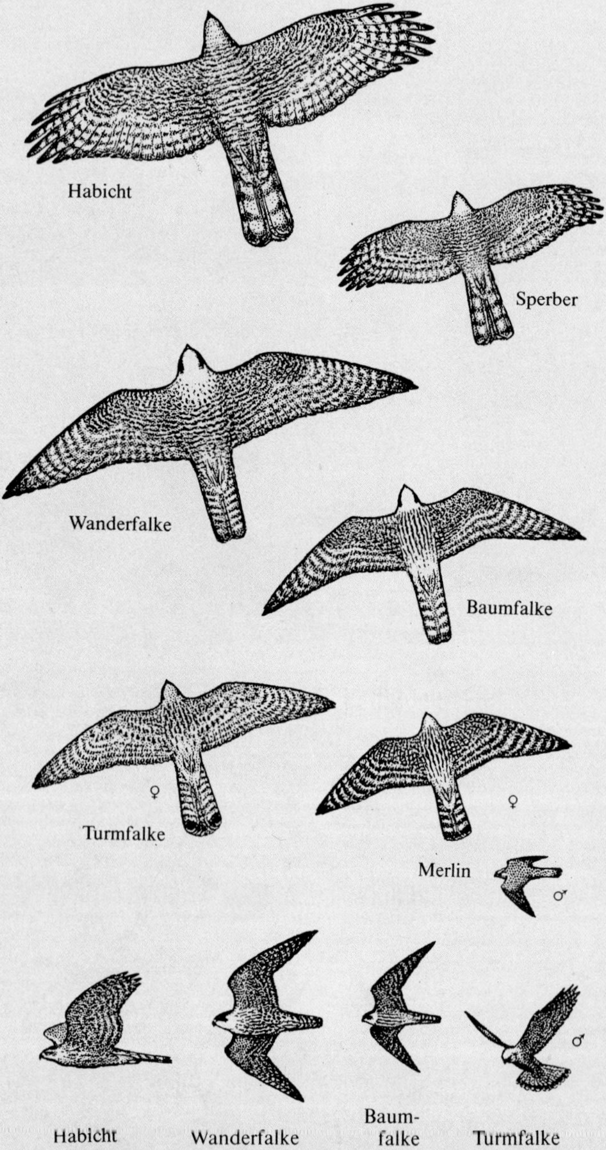

Mäusebussard
Wespenbussard
Schwarzmilan
Rotmilan
Rohrweihe
♂
♀
♂
♀
Wiesenweihe

1 Fischadler

Pandion haliaetus (Greife)

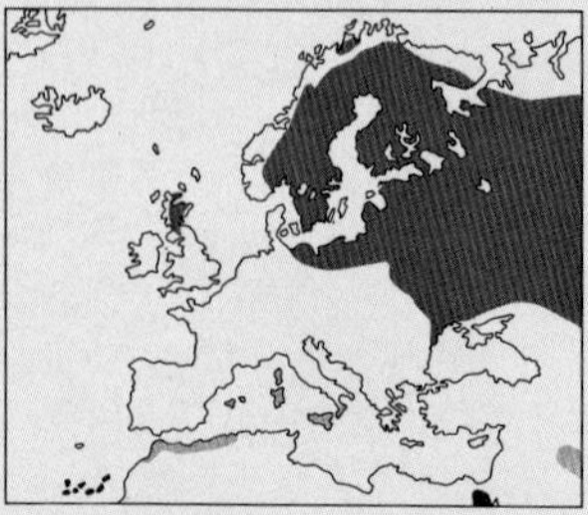

In Mitteleuropa: III–IX. Kennzeichen: 51–58 cm/1200–2000 g. Kleiner Adler mit weißer Unterseite, schwarzbrauner Oberseite und weißem Kopf. ♀ wie ♂. Jungvögel Scheitel und Nacken dunkler, stärker gestreift, Steuerfedern stärker gebändert. Flug: Durch seine schlanke Gestalt, die langen und schmalen Schwingen, die – außer beim Segelflug – stets gewinkelt gehalten werden, und seine blendend weiße Unterseite ist der Fischadler unverwechselbar. Auf Nahrungssuche fliegt er mit langsamen, weichen Flügelschlägen über Seen und Flüssen. Rüttelt häufig. Stimme: Ruft im Brutgebiet meist kurze, gegen Ende in der Höhe absinkende Tonreihen wie »tjipp-tjipp-tjipp-tjüpp-tjöpp-tjöpp«. Lebensraum: Seenreiche Waldlandschaft, Flußauen, Meeresküsten. Nahrung: Ausschließlich Fische bis 2 kg Gewicht. Brut: IV–VII, 2–4 Eier, B 38 Tage, N 50–59 Tage. Baumhorst.

2 Seeadler

Haliaeetus albicilla (Greife)

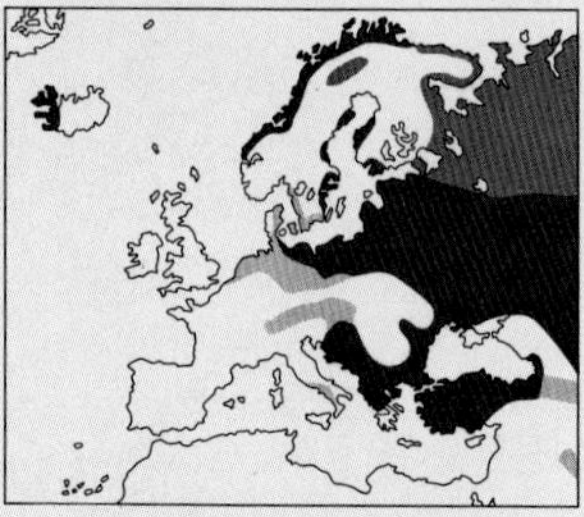

In Mitteleuropa: I–XII. Kennzeichen: 69–91 cm/4000–7500 g. Sehr großer, blockig-gedrungen wirkender Adler mit auffälligem, gelbem Schnabel und kurzem Schwanz. Altvögel graubraun mit hellem Kopf und weißem Schwanz. ♀ wie ♂. Jungvögel dunkler, ohne Farbkontrast zwischen Kopf und Körper, dunkler Schwanz. Flug: Breite, brettartige Schwingen, weit vorgestreckter Kopf und kurzer, keilförmiger Schwanz kennzeichnen das Flugbild des segelnden Seeadlers. Ruderflug wuchtig mit weitausholenden Flügelschlägen. Stimme: Während der Balz im Flug ruft das ♂ gereiht »krick-rick-rick-rick«, das ♀ tiefer »ra-rack-rack-rack«; auch andere Rufe wie »krau« oder »gä-gä-gä«. Lebensraum: Meeresküsten, große Seen und Flüsse. Nahrung: Bevorzugt große Fische und Wasservögel (Bläßhühner, Enten, Gänse, Taucher), auch Säuger und häufig Aas. Brut: II–VII, 1–3 Eier, B 34–42 Tage, N 80–90 Tage. Baumhorst.

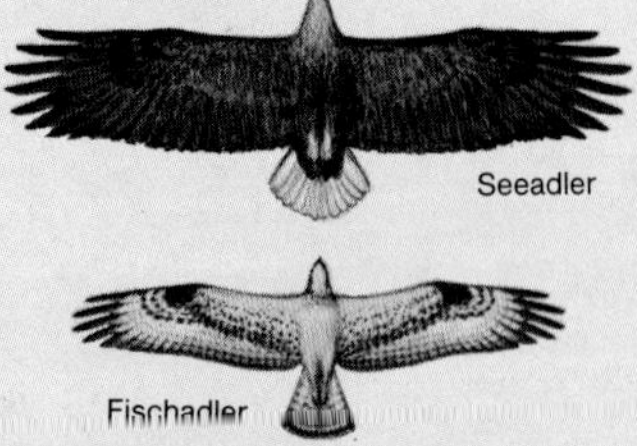

1

2

1 Rotmilan

Milvus milvus (Greife)

In Mitteleuropa: III–IX; überwintert gebietsweise. Kennzeichen: 61 cm/900–1200 g. Größer und viel schlanker als Mäusebussard (Seite 58); tief gegabelter, rostroter Schwanz; Gefieder rotbraun mit hellgrauem Kopf. ♀ wie ♂. Flug: Ruderflug möwenartig leicht, segelt ausdauernd mit angewinkelten Schwingen. Stimme: Ruf jammernd »hiä-hij-hij-hij-hiä«. Lebensraum: Alte Laubwälder in Gewässernähe. Nahrung: Kleinnager, Vögel, tote und kranke Fische, Aas. Brut: III–VI, 2–3 Eier, B 28–32 Tage, N 45–50 Tage. Baumhorst.

2 Schwarzmilan

Milvus migrans (Greife)

In Mitteleuropa: III–VIII. Kennzeichen: 56 cm/700–1000 g. Kleiner und gedrungener als Rotmilan, viel dunkler (schwarzbraun), Schwanz nur schwach gegabelt. Gesellig. Flug: Fliegt weniger schwerelos als Rotmilan, von

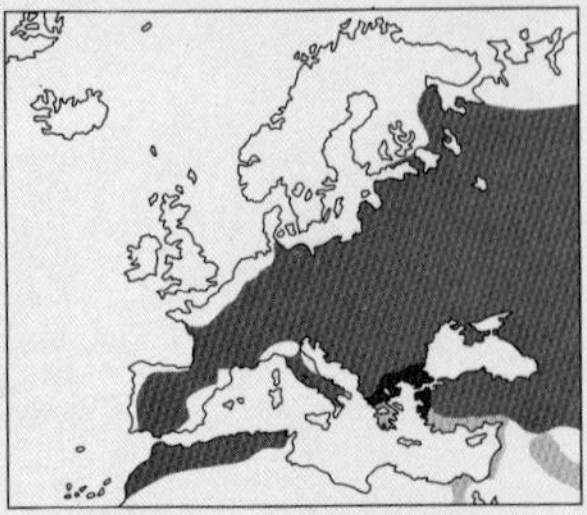

dem er sich durch seinen nur schwach gegabelten Schwanz unterscheidet. Stimme: Ruft bussardartig »hiäh«; zur Brutzeit wieherndes, dünnes Trillern. Lebensraum: Wald- und seenreiche Landschaft. Nahrung: Kranke und tote Fische, Jungvögel, Kleinsäuger, Aas. Brut: IV–VI, 2–3 Eier, B 28–32 Tage, N 40–45 Tage. Baumhorst.

3 Schlangenadler

Circaetus gallicus (Greife)

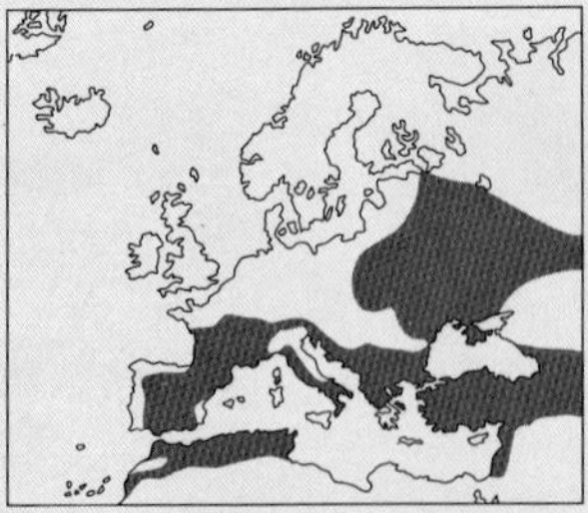

In Mitteleuropa: IV–X. Kennzeichen: 63–69 cm/1400–2100 g. Kleiner Adler mit dickem, weihenähnlichem Kopf und orangegelben Augen. ♀ wie ♂. Flug: Bussardartiges Flugbild, doch langschwänziger und mit stärker gewinkelten Schwingen. Segelt ausdauernd, rüttelt häufig. Stimme: Zur Brutzeit »kiijo« oder »kjö-kjö«. Lebensraum: Offenes, trockenes Gelände. Nahrung: Vorwiegend Schlangen, auch Eidechsen und andere Reptilien. Brut: IV–VI, 1 Ei, B 45–47 Tage, N 70–75 Tage. Baumhorst.

1|2

3

1/2 Habicht

Accipiter gentilis (Greife)

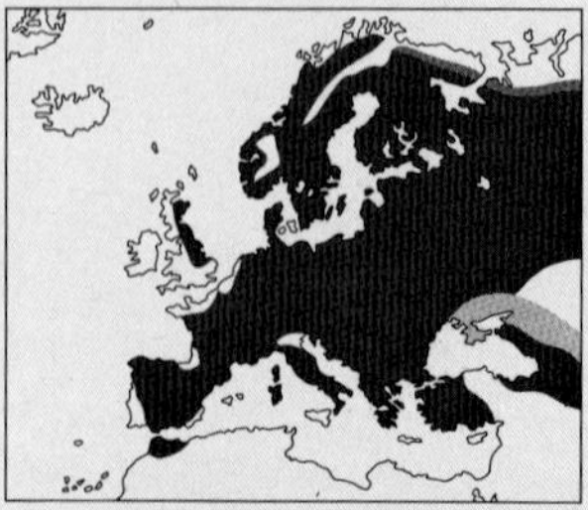

In Mitteleuropa: I–XII. Kennzeichen: 48–61 cm/700–1200 g. Bussardgroßer (♀), rundflügeliger und langschwänziger Greifvogel, ♂ ⅓ kleiner als ♀. Oberseite graubraun (♂) oder schiefergrau (♀), Unterseite bei Altvögeln (Bild 1) eng quergebändert, bei Jungvögeln (Bild 2) mit Tropfen-

fleckung. Flug: Fliegt abwechselnd schlagend und gleitend mit schnelleren Flügelschlägen als Mäusebussard (Seite 58), Segelflug nur im Frühjahr bei der Balz, dabei wird der Schwanz nur selten so stark gefächert wie beim Bussard. Bei der Jagd auf fliegende Vögel (wie Tauben) rasanter Verfolgungsflug. Stimme: Ruft bussardartig »hiääh«, beim Balzflug in auf- und absteigender Tonreihe »gigigigigigi«; wenig stimmfreudig. Lebensraum: Stark an Wald gebunden, vor allem Nadelwälder, seltener Misch- und Laubwälder. Nahrung: Säugetiere und Vögel bis zur Größe von Feldhase oder Auerhuhn; ♂ vorwiegend Vogeljäger. Brut: III–VII, 3–4 Eier, B 35–41 Tage, N 38–43 Tage. Baumhorst.

3 Sperber

Accipiter nisus (Greife)

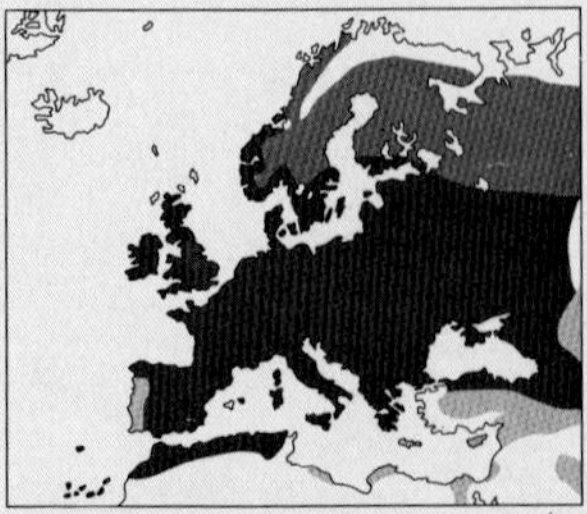

In Mitteleuropa: I–XII. Kennzeichen: 28–38 cm/130–320 g. Kleines Abbild des Habichts, ♀ turmfalkengroß, ♂ nur gut drosselgroß. Oberseite braungrau (♀) oder blaugrau (♂), Unterseite fein quergebändert. Sehr scheu und vorsichtig, sitzt aufrecht mit eingezogenem Kopf, auffälli-

ges Schwanzschütteln nach dem Aufbaumen. Flug: Fliegt abwechselnd hastig schlagend und gleitend um Büsche und zwischen Bäumen meist niedrig über dem Boden. Zum Balzflug steigen ♂ und ♀ über Baumhöhe auf und segeln für kurze Zeit im Aufwind. Stimme: Ruft beim Balzflug »gjü-gjü-gjü-gjü«. Lebensraum: Nadelwald abwechselnd mit offenem Gelände, selten Laubwald. Nahrung: Fast ausschließlich Vögel bis zur Größe von Rebhuhn oder Ringeltaube, selten Mäuse, ausnahmsweise Fledermäuse. Brut: IV–VI, 4–5 Eier, B 33–35 Tage, N 24–30 Tage. Baumhorst.

1|2

3

1 Mäusebussard

Buteo buteo (Greife)

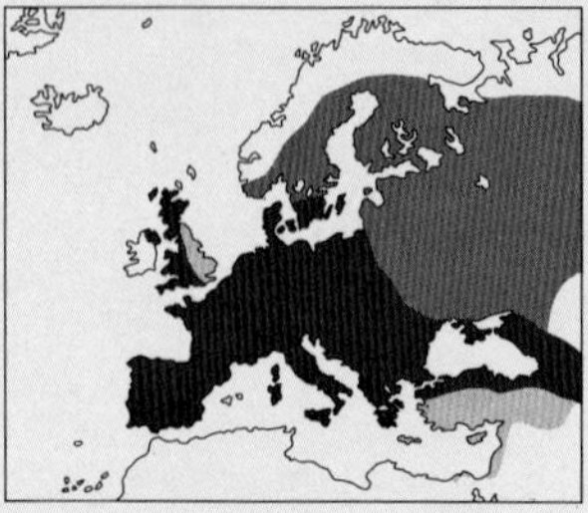

In Mitteleuropa: I–XII. Kennzeichen: 51–56 cm/600–1300 g. Färbung von dunkelbraun bis fast weiß. ♀ wie ♂. Breitflügeliger, plump wirkender Greifvogel. Flug: Langsamer Ruderflug mit schweren, steif wirkenden Flügelschlägen. Beim Segelflug sind die breiten Schwingen und der meist stark gespreizte Schwanz kennzeichnend. Stimme: Ruft katzenartig »hiäh«. Lebensraum: Laub-, Misch- und Nadelwälder. Nahrung: Mäuse und andere Kleinnager, Jungvögel, Reptilien. Brut: IV–VII, 2–3 Eier, B 33–35 Tage, N 40–49 Tage. Baumhorst.
Ähnliche Art: **Adlerbussard,** *Buteo rufinus*. Etwas größer und langbeiniger als Mäusebussard, meist zimtfarbener und ungebänderter Schwanz. Bewohnt Steppengebiete, Halbwüsten und Gebirge Südosteuropas; ernährt sich von Kleinsäugern, Eidechsen und Schlangen.

2 Rauhfußbussard

Buteo lagopus (Greife)
In Mitteleuropa: X–IV. Kennzeichen: 51–61 cm/700–1600 g. Etwas größer als Mäusebussard. Oberkopf, Nacken, Kopfseiten stets weißlich, sonst in der Färbung ähnlich variabel wie Mäusebussard. ♀ wie ♂. Flug: Flugbild ähnlich wie Mäusebussard, jedoch Schwanz hell, an der Wurzel weiß, breite, dunkle Endbinde; Flügelunterseite hell. Stimme: Wie Mäusebussard; wenig ruffreudig. Lebensraum: Nordische Tundra; in Mitteleuropa im Winter Felder und Wiesen.

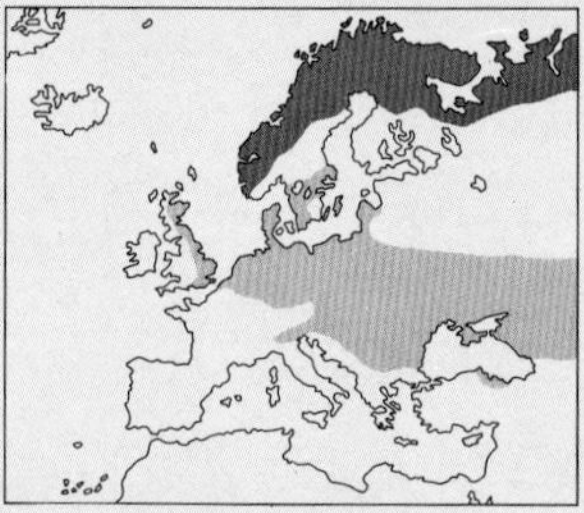

Nahrung: Vorwiegend Lemminge; im Winterquartier wie Mäusebussard. Brut: V–VI, 3–5 Eier, B 28–31 Tage, N 41–43 Tage. Baum-, Fels- oder Bodenhorst.

3 Wespenbussard

Pernis apivorus (Greife)

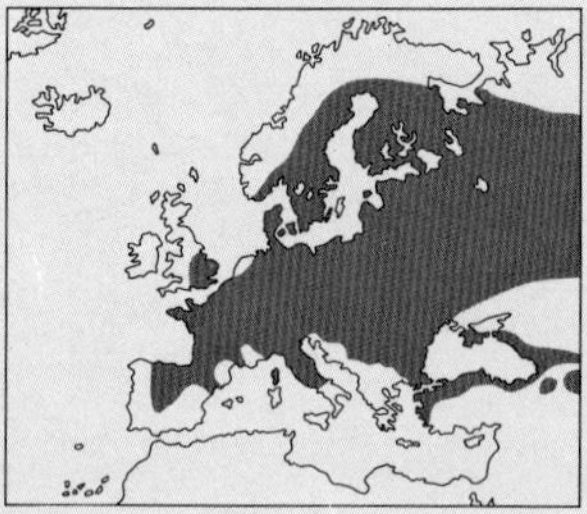

In Mitteleuropa: IV–X. Kennzeichen: 51–58 cm/600–1000 g. Größe wie Mäusebussard, aber schlanker. Oberseite dunkelbraun, Unterseite hell und oft gefleckt, sehr variabel. ♀ wie ♂. Flug: Ruderflug kräftiger, Flügel schlagen weiter nach unten durch als beim Mäusebussard; beim Segelflug durch die schmaleren Flügel und den langen Schwanz mit doppelter dunkler Binde zu unterscheiden. Stimme: Ruft klagend »hoodlüühooh«. Lebensraum: Laubwälder. Nahrung: Wespen- und Hummellarven. Brut: V–VII, 2 Eier, B 30–37 Tage, N 40–44 Tage. Baumhorst.

1

2

3

1 Schreiadler

Aquila pomarina (Greife)

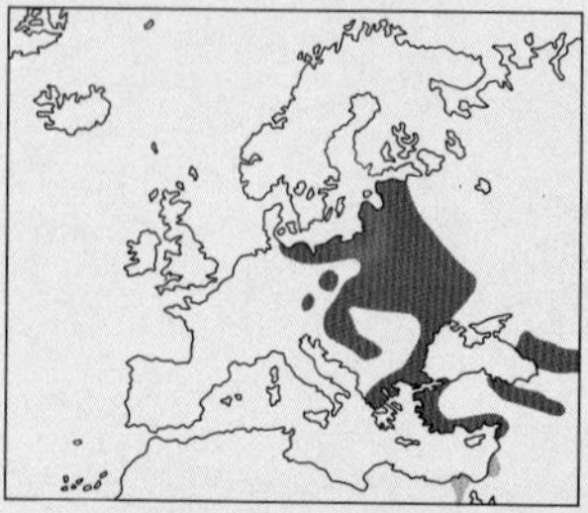

In Mitteleuropa: IV–IX. Kennzeichen: 61–66 cm/1100–2000 g. Kleiner Adler. Heller braun als der sehr ähnliche, aber größere Schelladler. ♀ wie ♂. Jungvögel einfarbig schokoladenbraun mit 2 hellen Fleckenreihen auf den Flügeln. Flug: Flugbild unverwechselbar durch brettartige, vom Körper bis zu den Spitzen gleich breite Flügel. Stimme: Sehr stimmfreudig; im Horstrevier Rufreihen wie »jüb-jüb-jüb-jübjübjibjibjib«. Lebensraum: Bruchwälder, die an feuchte Wiesen grenzen. Nahrung: Mäuse, Ratten, Maulwürfe, Frösche, Blindschleichen, Schlangen, Vögel. Brut: IV–VI, 2 Eier, B 38–41 Tage, N 50–55 Tage. Baumhorst.

2 Schelladler

Aquila clanga (Greife)

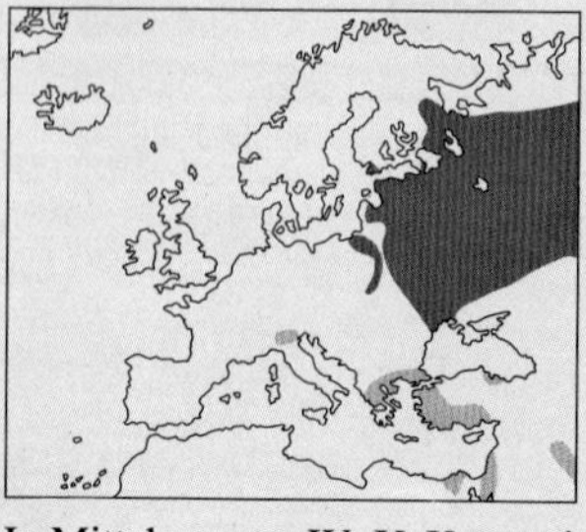

In Mitteleuropa: IV–X. Kennzeichen: 66–73 cm/1600–2300 g. Größer als Schreiadler. Einfarbig dunkelbraun. ♀ wie ♂. Jungvögel (Bild) braunschwarz mit auffälligen, hellen Flecken, helles V an der Schwanzwurzel. Flug: Wie Schreiadler, aber von unten schwarz wirkend, Basis der Handschwingen hell. Stimme: Ruft bellend »kli-kli-kli-kli«. Lebensraum: Ausgedehnte Wälder mit Mooren, Seen und Wiesen. Nahrung: Wie Schreiadler, aber auch größere Vögel (Bläßhühner, Enten, Birkhühner, Krähen), jagt häufig am und auf dem Wasser. Brut: V–VII, 2–3 Eier, B 42–44 Tage, N 60–65 Tage. Baumhorst.

3 Zwergadler

Hieraaetus pennatus (Greife)

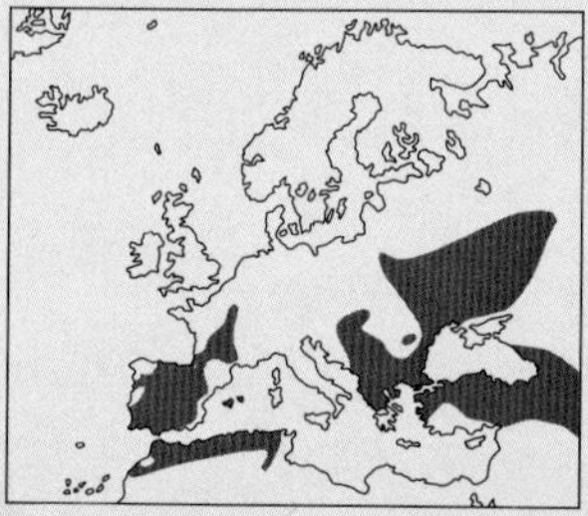

In Mitteleuropa: IV–IX. Kennzeichen: 46–53 cm/600–1100 g. Knapp bussardgroßer, kleiner Adler. Zwei Farbvarianten: helle Form oberseits graubraun, unterseits weiß oder ockerfarben (Bild); dunkle Form einfarbig dunkelbraun mit hellerem Schwanz. ♀ wie ♂. Flug: Vom Mäusebussard (Seite 58) durch die viel schmäleren Flügel und den längeren, weniger stark gefächerten, gerade abgeschnittenen Schwanz zu unterscheiden. Stimme: Limikolenartige Rufreihen; sehr stimmfreudig. Lebensraum: Bergland mit lockerem Hochwald (Eichenwälder). Nahrung: Reptilien, Vögel, Kleinsäuger bis Zieselgröße. Brut: IV–VII, 2 Eier, B 35–39 Tage, N 50–55 Tage. Baum- oder Felshorst.

1

2

3

1 Habichtsadler ▽

Hieraaetus fasciatus (Greife)

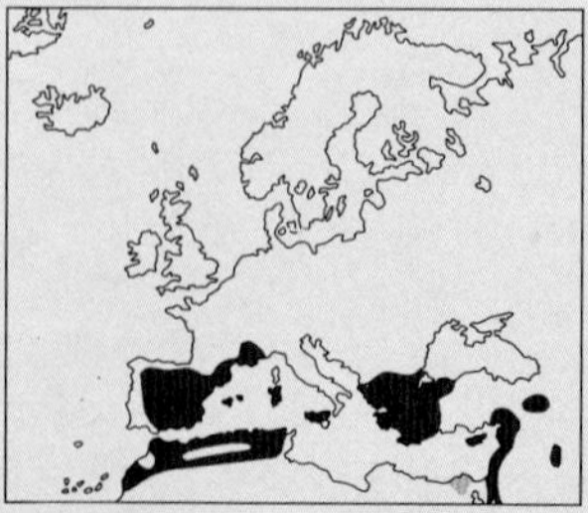

Kennzeichen: 66–74 cm/1500 bis 2100 g. Größer als Mäusebussard (Seite 58). Oberseite dunkelbraun, Unterseite weißlich mit dunkler Tropfenfleckung. ♀ wie ♂. Flug: Vom im Flugbild ähnlichen Schlangenadler, (Seite 54) durch den längeren, eckigen Schwanz und den weit vorgestreckten Kopf zu unterscheiden; dunkles Band auf der Flügelunterseite. Stimme: Wenig stimmfreudig; ruft jauchzend »gjiüöh«. Lebensraum: Trockene, gebirgige Gebiete mit lockerem Baumbestand. Nahrung: Vögel, Säuger, Reptilien. Brut: II–IV, 2 Eier, B 37–40 Tage, N 58–61 Tage. Baum- oder Felshorst.

2 Kaiseradler ▽

Aquila heliaca (Greife)

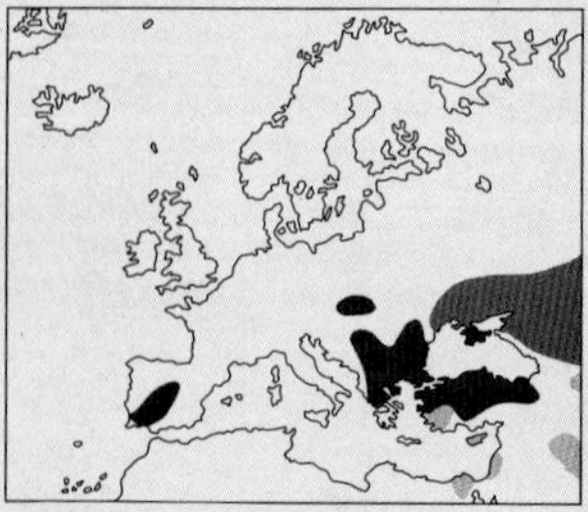

In Mitteleuropa: III–X. Kennzeichen: 78–83 cm/2500–4000 g. Etwas kleiner, gedrungener und kurzschwänziger als Steinadler. Einfarbig dunkelbraun mit weißen Schulterflecken. ♀ wie ♂. Flug: Erinnert durch breite, brettartige Schwingen an Seeadler (Seite 52). Stimme: Ruft kolkrabenartig rauh »krock-krock-krock«. Lebensraum: Offenes Gelände der Ebenen mit lockerem Baumbestand, Waldsteppen. Nahrung: Vor allem Ziesel, Hamster, Junghasen, Kleinnager, selten Vögel, oft Aas. Brut: III–V, 2–3 Eier, B 43 Tage, N 65–77 Tage. Baumhorst.

3 Steinadler

Aquila chrysaetos (Greife)

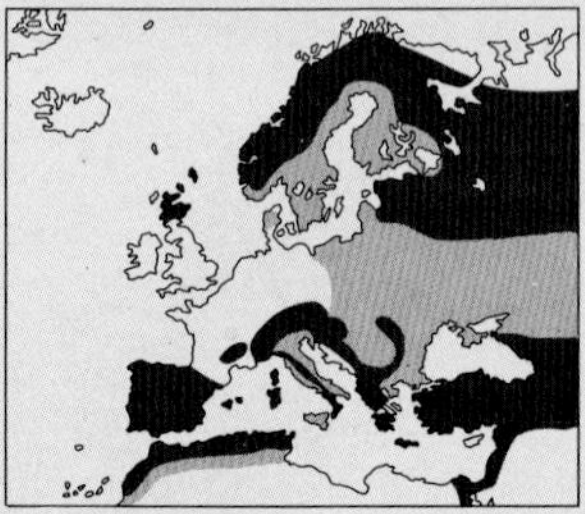

In Mitteleuropa: I–XII. Kennzeichen: 75–88 cm/3000–6600 g. Großer, kraftvoller Adler von dunkelbrauner Färbung, Oberkopf und Nacken goldgelb. ♀ wie ♂, aber größer. Jungvögel schwarzbraun mit weißen Flekken im Handwurzelbereich. Jagt in niedrigem Suchflug unter Ausnützung der Deckung. Flug: Die langen, nicht besonders breiten Flügel verengen sich zum Körper hin; Schwanz mittellang, leicht gerundet, bei Jungvögeln mit heller Wurzel. Stimme: Ruft (selten) bussardartig »hiäh«. Lebensraum: Weite, abwechslungsreiche Waldlandschaften, Bergland; in Mitteleuropa nur noch im Hochgebirge. Nahrung: Säuger bis Hirschkalbgröße, Vögel bis Auerhahngröße; Aas; in den Alpen vorwiegend Murmeltiere. Brut: III–V, 2 Eier, B 43–45 Tage, N 63–70 Tage. Fels- oder Baumhorst.

1

2|3

1 Bartgeier
Gypaetus barbatus (Greife)

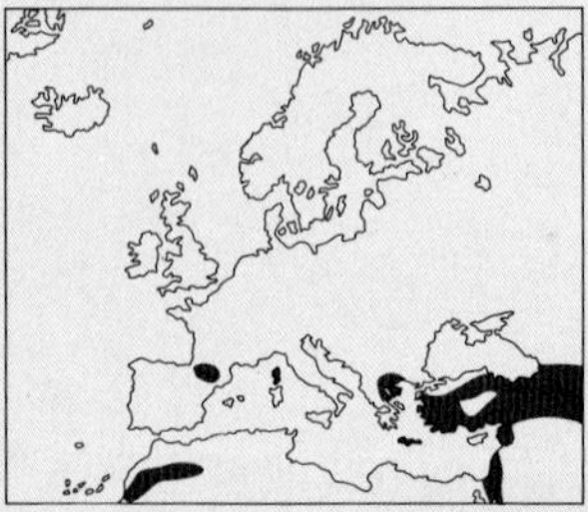

Kennzeichen: 102–114 cm/5000–7000 g. Sehr großer, langgestreckter Geier, Oberseite dunkel, Unterseite hell, Kopf und Hals rostrot, schwarzer Schnabelbart. ♀ wie ♂. Flug: Flugbild durch die langen, spitz zulaufenden, gewinkelten Schwingen falkenähnlich; Schwanz lang und keilförmig. Stimme: Während der Flugbalz hohes, pfeifendes »fiiij«. Lebensraum: Hochgebirge an und über der Baumgrenze. Nahrung: Vorwiegend Knochen und Schildkröten, die er aus der Luft auf felsigen Untergrund fallen und zerschellen läßt; Fleisch, wenig Aas. Brut: XII–III, 1–2 Eier, B 55–60 Tage, N 110 Tage. Felshorst.

2 Schmutzgeier
Neophron percnopterus (Greife)

Kennzeichen: 56–66 cm/1800–2400 g. Kleinster Geier Europas; schmutzigweiß mit schwarzen Handschwingen, Gesicht gelb. ♀ wie ♂. Jungvögel dunkelbraun. Flug: Lange, schmale, zugespitzte Flügel und Keilschwanz, dadurch im Flugbild dem Bartgeier ähnlich. Stimme: Grunzend-pfeifende Laute; selten zu hören. Lebensraum: Offenes Gelände in Ebene und Gebirge; menschliche Siedlungen. Nahrung: Aas, Fleischabfälle, Kot. Brut: III–V, 2 Eier, B 42 Tage, N 75–90 Tage. Felshorst.

3 Gänsegeier
Gyps fulvus (Greife)

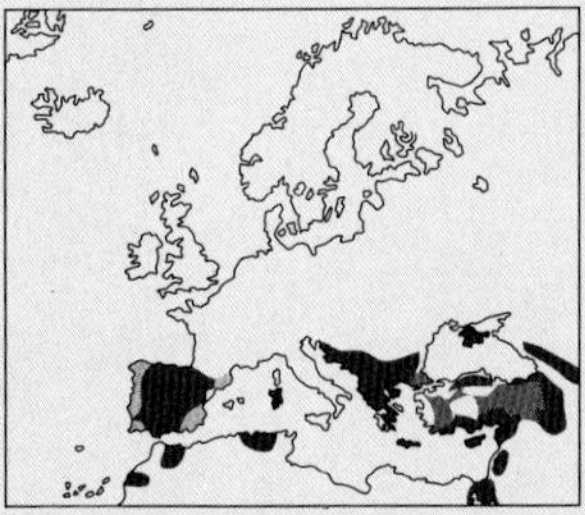

In Mitteleuropa: V–IX (Hohe Tauern). Kennzeichen: 97–104 cm/6500–8000 g. Großer Geier, hell sandfarben, Schwingen und Schwanz dunkelbraun, nackter, gänseartiger Hals, weiße Halskrause. ♀ wie ♂. Jungvögel dunkler, Halskrause braun. Flug: Breite, brettartige Flügel, Handfittich beim Segeln stark aufgefingert; Schwanz kurz und eckig. Stimme: In Erregung am Aas hartes »gegegeg«. Lebensraum: Trockene, weite Ebenen, Hochgebirge. Nahrung: Kadaver von großen Säugetieren, bevorzugt die Eingeweide. Brut: I–IV, 1 Ei, B 47–54 Tage, N 120–130 Tage. Felshorst.

Ähnliche Art: **Mönchsgeier,** *Aegypius monachus.* Wenig größer als Gänsegeier; Gefieder einfarbig dunkelbraun, Kopf hell mit nackten, bläulichen Hautstellen und dunklem Bereich um die Augen. Bewohnt in wenigen Paaren abgelegene Waldgebirge Spaniens und Südosteuropas. Schlägt auch lebende Beutetiere.

1

2

3

1 Rohrweihe

Circus aeruginosus (Greife)

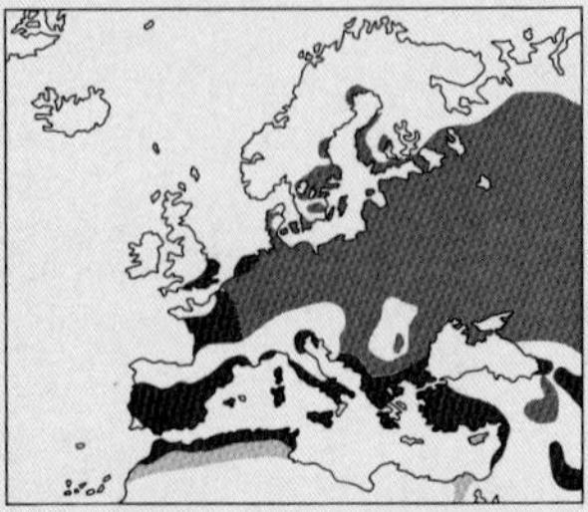

In Mitteleuropa: III–X. Kennzeichen: 48–56 cm/400–800 g. Bussardgroß, aber viel schlanker, schmalflügeliger und langschwänziger als Mäusebussard (Seite 58). ♂ überwiegend braun mit hellem Schwanz; ♀ und Jungvögel mit rahmfarbenem Kopf. Flug: Gleitflug schwankend, mit leicht V-förmig gehaltenen Flügeln. Stimme: ♂ ruft beim Balzflug kiebitzartig quäkend »kuäh«; Warnruf »kekekeke«. Lebensraum: Mit Schilf bestandene Gewässerufer. Nahrung: Fische, Frösche, Reptilien, Vögel, Kleinnager, Junghasen. Brut: IV–VI, 3–6 Eier, B 31–34 Tage, N 38–40 Tage. Bodenhorst im Schilf.

2/3 Kornweihe

Circus cyaneus (Greife)

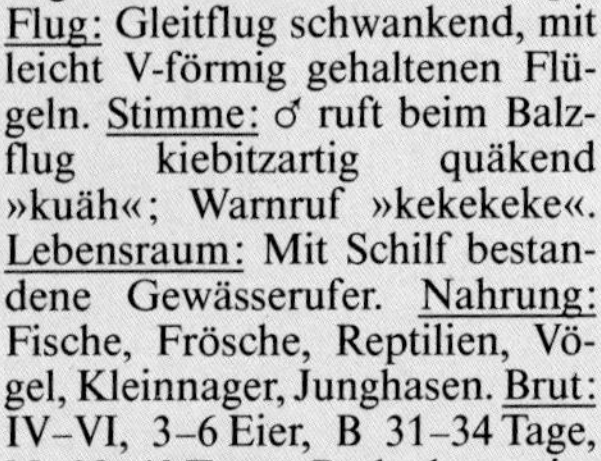

In Mitteleuropa: III–XI, gebietsweise I–XII. Kennzeichen: 43–51 cm/300–550 g. Kleiner und schlanker als Rohrweihe. ♂ (Bild 3) hellgrau mit weißem Bauch; ♀ (Bild 2) braun mit gebändertem Schwanz und weißem Bürzel. Jungvögel wie ♀. Flug: Breitflügeliger als Wiesenweihe, fliegt schwerelos niedrig über Wiesen und Moore, gleitet und segelt mit V-förmig über die Horizontale gehaltenen Flügeln. Stimme: ♂ im Balzflug »gje gje gje«; Warnlaut »keckeckeck«. Lebensraum: Offenes Gelände mit Wiesen, Feldern und Mooren. Nahrung: Kleinsäuger (Mäuse, Ratten, Spitzmäuse, Junghasen) und Vögel bis Rebhuhngröße. Brut: V–VII, 3–6 Eier, B 29–37 Tage, N 31–40 Tage. Bodenhorst.

4 Wiesenweihe

Circus pygargus (Greife)

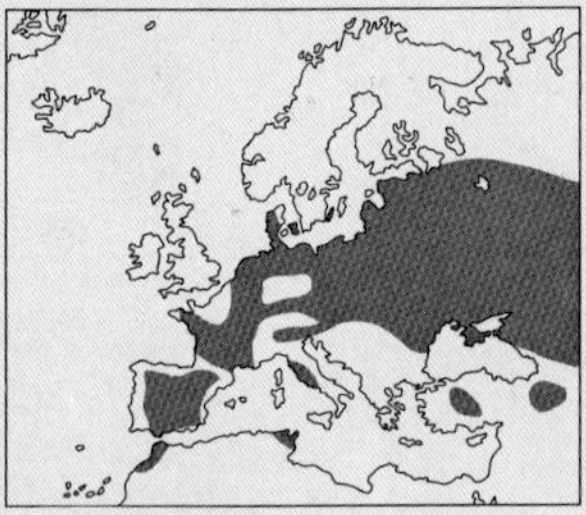

In Mitteleuropa: IV–IX. Kennzeichen: 41–46 cm/230–430 g. Kleiner und schlanker als Kornweihe. ♂ bläulich aschgrau mit schwarzer Flügelbinde und rötlicher Streifenzeichnung auf weißer Unterseite. ♀ wie Kornweihen-♀, doch kleinerer weißer Bürzelfleck, schmalflügeliger. Jungvögel wie ♀. Flug: Wie Kornweihe, aber Flügel schmaler und spitzer. Stimme: ♂ im Balzflug »kekekek«; ♀ »pi-eh«. Lebensraum: Feuchtes Gelände mit nassen Wiesen, Sümpfen und Schilf. Nahrung: Kleinsäuger und Jungvögel, auch Eidechsen und Insekten. Brut: V–VII, 3–6 Eier, B 28–30 Tage, N 35–40 Tage. Bodenhorst.

1

2|3

4

1 Wanderfalke

Falco peregrinus (Falken)

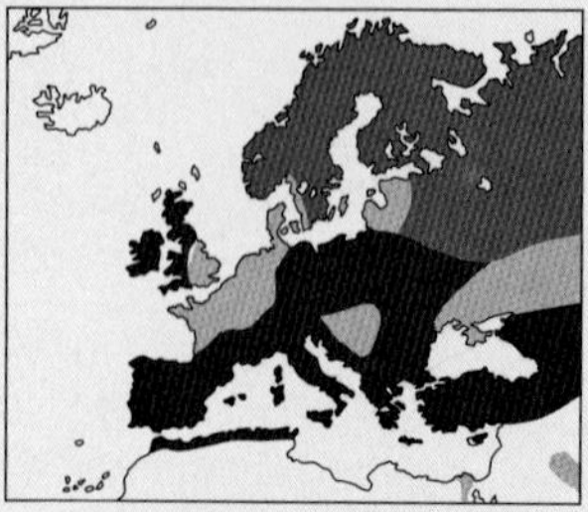

In Mitteleuropa: I–XII. Kennzeichen: 38–48 cm/550–1100 g. Großer, kompakt gebauter, spitzflügeliger und kurzschwänziger Falke; Oberseite schiefergrau, Unterseite weißlich mit enger Querbänderung; Oberkopf und Bartstreif schwärzlich. ♀ wie ♂, aber meist dunkler und wesentlich größer. Flug: Fliegt mit schnellen, flachen Flügelschlägen, durch kurze Gleitstrecken unterbrochen, segelt gelegentlich im Aufwind. Flugbild ankerartig. Stimme: Häufigste Lautäußerung während der Brutzeit ist das »Lahnen« beider Geschlechter, ein klagend-tremolierendes, langgezogenes »gääääiih«. Lebensraum: Offenes Gelände, lokkeres Waldland in Ebene und Gebirge, Tundra, Halbwüsten. Nahrung: Fast ausschließlich Vögel (Lerchen, Drosseln, Tauben, Möwen, Enten), die er nach rasanter Verfolgungsjagd im Flug erbeutet. Brut: IV–VI, 3–5 Eier, B 28 Tage, N 46–49 Tage. Fels- oder Baumhorst.

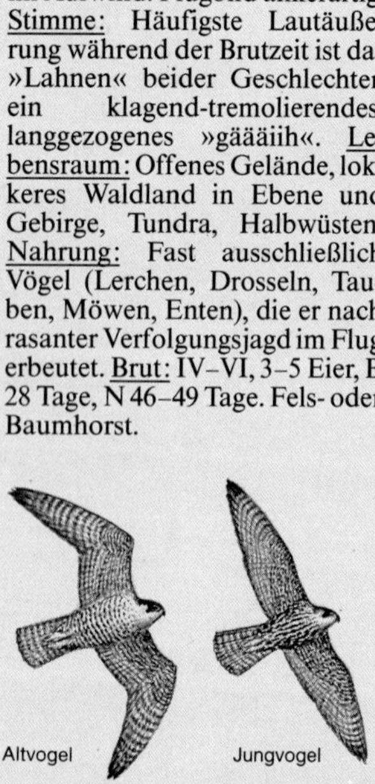

2 Lanner

Falco biarmicus (Falken)

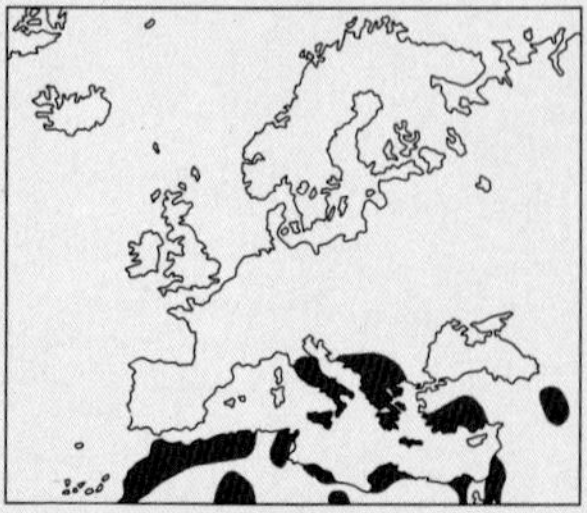

Kennzeichen: 43 cm/500–900 g. Größe wie Wanderfalke, doch schlanker, langschwänziger und nicht so spitzflügelig. In der Färbung wie heller Wanderfalke; Oberseite schiefergrau, Oberkopf und Nacken rostbraun, Bartstreif schmaler als beim Wanderfalken, Unterseite rahmfarben mit rötlicher Tönung und schwarzer Fleckenzeichnung. ♀ wie ♂. Jungvögel Oberseite mehr braun und sehr grobe Tropfenzeichnung der Unterseite. Flug: Im Flugbild vom Wanderfalken durch die schlankere Gestalt, den längeren Schwanz und die weniger spitzen Flügel zu unterscheiden. Fliegt mit langsameren Flügelschlägen als Wanderfalke. Stimme: Weniger ruffreudig als Wanderfalke; weiches »Lahnen« (Betteln) und rauhe Rufe wie »ki ki ki ki ki«. Lebensraum: Die südeuropäische Rasse des Lanner (feldeggi) ist ausgesprochener Fels- und Karstbewohner. Nahrung: Fast nur Vögel wie Steinhühner, Felsentauben, Flughühner, Rötelfalken. Brut: III–V, 3–4 Eier, B 31–35 Tage, N 45 Tage. Felshorst.

1

2

1 Würgfalke

Falco cherrug (Falken)

In Mitteleuropa: I–XII. Kennzeichen: 46 cm/700–1300 g. Etwas größer als Wanderfalke (Seite 68); Oberseite dunkelbraun, Unterseite hell mit braunen Flekken, Kopf hell mit weißlichem Scheitel, Bartstreif undeutlich. ♀ wie ♂. Flug: Durch breitere Flügel und längeren Schwanz vom Wanderfalken zu unterscheiden. Stimme: Ruft »ijäk ijäk ijäk«; bei der Balz ansteigend »gäck gäck gäck«. Lebensraum: Wald- und Trockensteppen, Halbwüsten. Nahrung: Kleinsäuger (vor allem Ziesel), Vögel bis Entengröße. Brut: IV–VI, 3–5 Eier, B 28–30 Tage, N 40–45 Tage. Baum- oder Felshorst.

2 Baumfalke

Falco subbuteo (Falken)

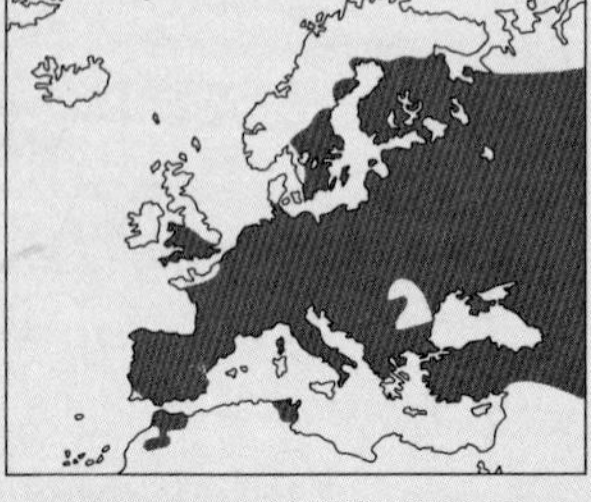

In Mitteleuropa: IV–IX. Kennzeichen: 30–36 cm/175–300 g. Wie Wanderfalke (Seite 68), doch kleiner, zierlicher und schlanker, mit längeren, schmaleren Flügeln. Oberseite dunkel schiefergrau, Unterseite weiß mit schwärzlicher Tropfenfleckung, rostbraune »Hosen«, deutlicher Bartstreif. ♀ wie ♂. Flug: Flugbild durch die schmalen, sichelförmigen Flügel seglerartig. Stimme: »kjükjükjü« oder »kikikiki«. Lebensraum: Lichte, trockene Wälder, oft Kiefernwälder. Nahrung: Vögel und fliegende Insekten. Brut: VI–VIII, 2–4 Eier, B 28 Tage, N 28–32 Tage. Baumhorst.

3/4 Rotfußfalke

Falco vespertinus (Falken)

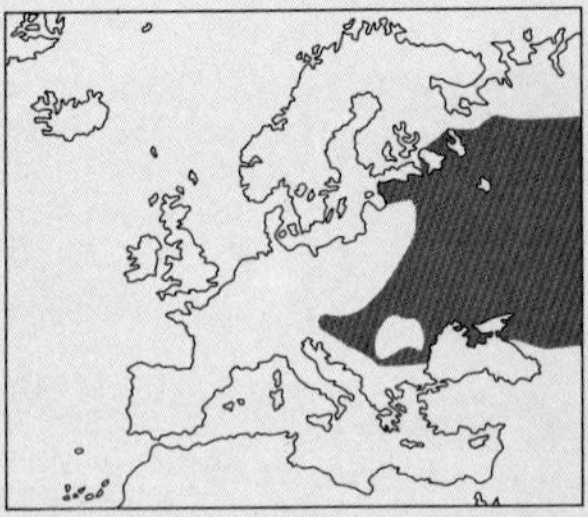

In Mitteleuropa: IV–X. Kennzeichen: 30 cm/110–190 g. Kleiner als Turmfalke (Seite 72). ♂ (Bild 3) dunkelgrau mit rostroten »Hosen«; ♀ (Bild 4) roströtlich mit schwacher Längsfleckung auf der Unterseite, Rücken aschgrau. Flug: Flugbild baumfalkenähnlich, doch langschwänziger; rüttelt häufig. Stimme: Ruffreudig; helles, turmfalkenartiges »kikikiki«. Lebensraum: Offenes Gelände mit Baumgruppen, Feldgehölze. Nahrung: Vorwiegend Insekten. Brut: V–VII, 3–5 Eier, B 22–23 Tage, N 26 Tage. Baumhorst.

1

2

3|4

1 Merlin
Falco columbarius (Falken)

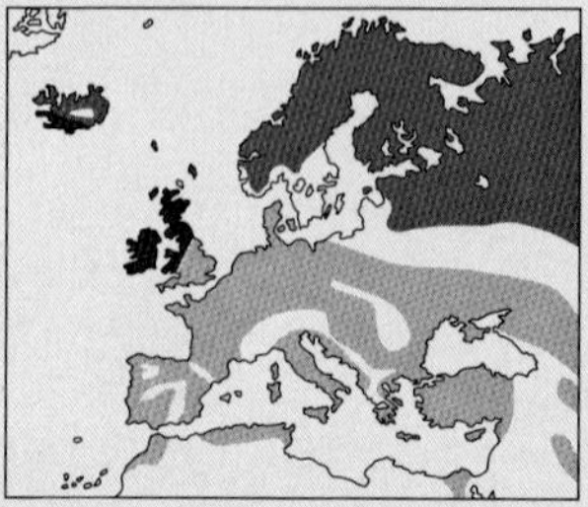

In Mitteleuropa: IX–III. Kennzeichen: 27–33 cm/160–210 g. Kleiner als Turmfalke; ♂ Oberseite schiefergrau, Nacken rostrot, Unterseite hell rostfarben mit dunkler Längsfleckung; ♀ Oberseite dunkelbraun, Unterseite weißlich. Flug: Vom Turmfalken durch kürzeren Schwanz, vom Baumfalken (Seite 70) durch breitere Flügel und gedrungeneren Körper zu unterscheiden. Stimme: Turmfalkenähnlich »kikikiki«. Lebensraum: Offenes, baumarmes Gelände, Hochmoore, Zwergstrauchgebiete. Nahrung: Vögel bis Drosselgröße, selten Mäuse. Brut: V–VI, 4–5 Eier, B 28–32 Tage, N 25–27 Tage. Boden-, Baum- oder Felshorst.

2 Turmfalke
Falco tinnunculus (Falken)

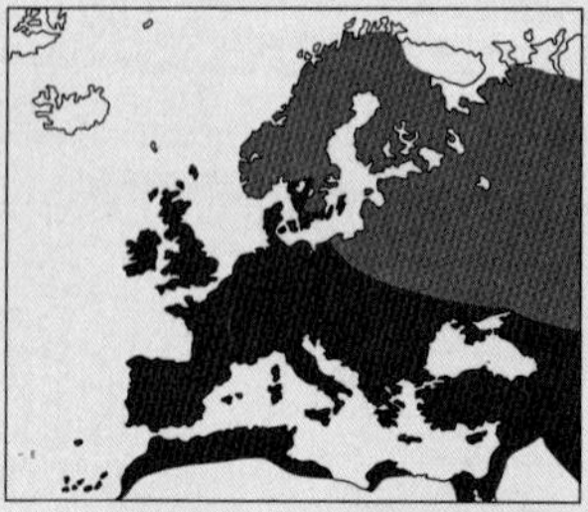

In Mitteleuropa: I–XII. Kennzeichen: 34 cm/150–280 g. ♂ Oberkopf und Wangen blaugrau, Rücken braunrot mit schwarzen Tropfenflecken, Schwanz aschgrau; ♀ Kopf und Rücken zimtbraun, Schwanz rotbraun, gebändert (Bild: junges ♂). Flug: Fliegt mit hastigen, flachen Flügelschlägen; rüttelt häufig. Stimme: Ruft hell »kikikikiki«; in Horstnähe langanhaltendes, wimmerndes »wriiiiiih«. Lebensraum: Alle Lebensräume von der Meeresküste bis zum Hochgebirge mit Ausnahme der geschlossenen Waldungen; Dörfer, Städte. Nahrung: Mäuse, Jungvögel, Großinsekten. Brut: IV–VII, 4–6 Eier, B 27–31 Tage, N 28–32 Tage. Fels-, Gebäude- und Baumhorste.

3 Rötelfalke
Falco naumanni (Falken)

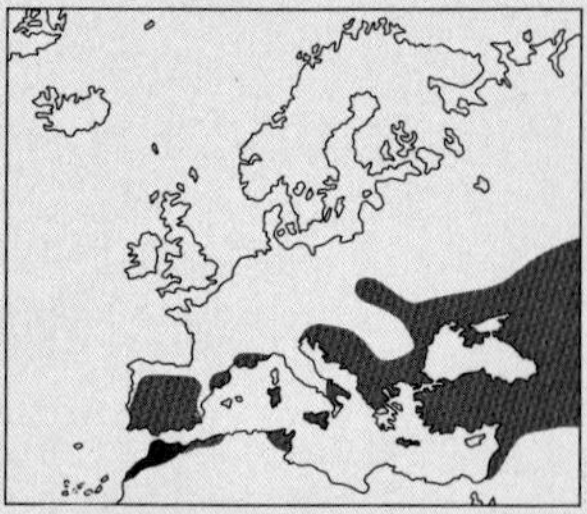

In Mitteleuropa: III–IX. Kennzeichen: 30 cm/130–180 g. Dem Turmfalken sehr ähnlich, aber etwas kleiner; rostrote Oberseite des ♂ ungefleckt, Kopf und Schwanz heller blaugrau; ♀ vom Turmfalken-♀ kaum zu unterscheiden, aber Krallen hell hornfarben. Sehr gesellig. Flug: Turmfalkenähnlich, aber weniger rüttelnd, mehr schwebend. Stimme: Ruft heiser, scheppernd »che che che« oder »chitschit«. Lebensraum: Warme, trockene, offene Landschaften. Nahrung: Vor allem Heuschrecken und Käfer. Brut: V–VI, 3–6 Eier, B 28–29 Tage, N 28 Tage. Horst in Felsen, Gemäuern, Löß- und Sandsteinwänden. Koloniebrüter.

1|2

3

1 Uhu

Bubo bubo (Eulen)

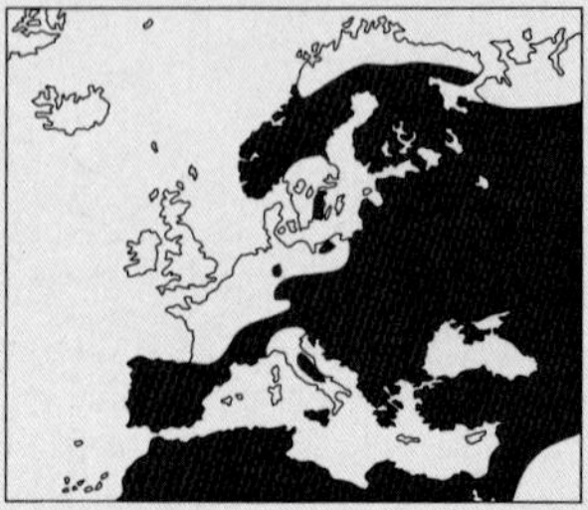

In Mitteleuropa: I–XII. Kennzeichen: 66–71 cm/2000–3000 g. Größte Eule Europas; kräftige, gedrungene Gestalt mit langen, waagerecht abstehenden Federohren und großen, orangeroten Augen; Beine und Füße befiedert; Gefieder gelbbraun, oberseits braunschwarz gefleckt, unterseits braunschwarz gefleckt und gestrichelt; helle Flügelunterseite. ♀ wie ♂, aber etwas größer. Dämmerungs- und nachtaktiv; jagt in niedrigem Suchflug oder von einer Warte aus. Stimme: ♀ im Frühjahr heiser und nasal »chrieä«. Gesang: weit hörbares, dumpfes, 2silbiges »uuo« oder »hohoho«, Serien folgen in ≈ 10-Sekunden-Abstand aufeinander; ♀ singt höher als ♂ Laute. Lebensraum: Meist Flußtäler mit Felswänden in waldreicher Landschaft, Mittelgebirge; jagt vorwiegend in offenem Gelände. Nahrung: Säugetiere von Feldmaus- bis Hasengröße, oft Wanderratten, Igel; Vögel bis Auerhahngröße. Brut: II–VII, 2–5 Eier, B 31–36 Tage, N ≈ 35 Tage. Felsbrüter, gelegentlich Baum- und Bodenbrüter.

2 Schnee-Eule

Nyctea scandiaca (Eulen)

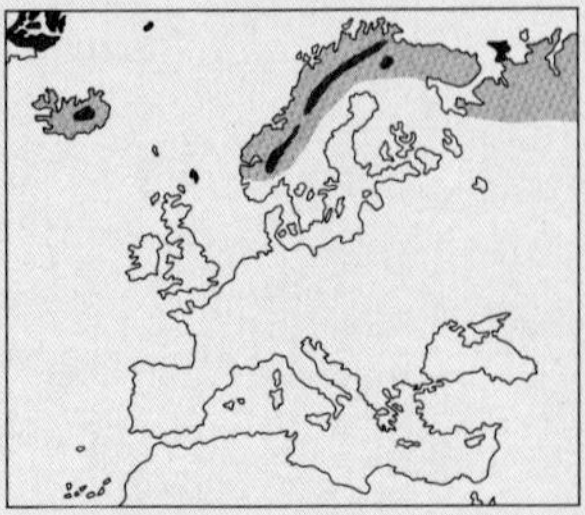

In Mitteleuropa: Seltener Irrgast. Kennzeichen: 55–66 cm/1700–2300 g. Fast uhugroße, weiße Eule mit rundem Kopf und leuchtendgelben Augen; Lauf und Zehen stark befiedert. ♂ fast ganz weiß, ♀ größer, meist stark dunkelbraun quergebändert. Jungvögel dunkelbraun mit schmutzigweißer, schmaler Bänderung. Flug bussardähnlich, gleitet viel, lange, runde Flügel auffallend. Hauptsächlich tag- und dämmerungsaktiv; Ansitzjagd auf dem Boden oder von niedrigen Warten aus. Stimme:

Bei Erregung ♀ gackernde oder schrill kreischende Laute; Warnruf hart »kräh«; zur Brutzeit ♂ und ♀ gereihtes, rauh bellendes »wou« oder »chruh«, bis zu 10 km weit hörbar. Lebensraum: Arktische Moos- und Flechtentundra, Bergtundra. Nahrung: Vorwiegend Lemminge; andere Kleinnager, Schneehasen, Schneehühner. Brut: V–VII, 4–6 Eier, B 32–33 Tage, N ≈ 25 Tage. Bodenbrüter.

1

2

1 Schleiereule

Tyto alba (Eulen)

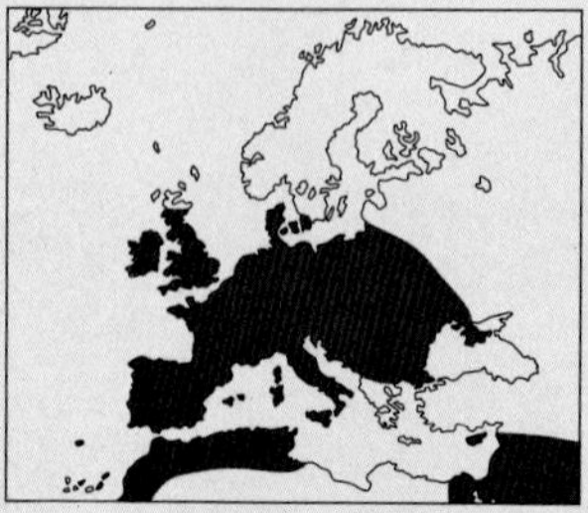

In Mitteleuropa: I–XII. Kennzeichen: 34 cm/350 g. Mittelgroß, hell, keine Federohren, herzförmiger Gesichtsschleier, dunkle Augen; Oberseite grau meliert mit goldbraunen Flecken. Im Flug sehr lange Flügel auffallend. Rein nachtaktiv. Stimme: Warnruf kurzes, schrilles »chräi«; zudem schnarchende und fauchende Laute. Gesang: etwa 2 Sekunden andauernde Kreisch- und Schnurrlaute. Lebensraum: Reich strukturierte, offene Kulturlandschaft. Nahrung: Kleinsäuger, meist Feldmäuse, auch Spitzmäuse; Vögel, Amphibien, Insekten. Brut: III–X, 4–7 Eier, B 30–34 Tage, N 44–67 Tage; 1–2 Bruten/Jahr. Brütet in Gebäuden, selten in Felsnischen.

2 Waldohreule

Asio otus (Eulen)

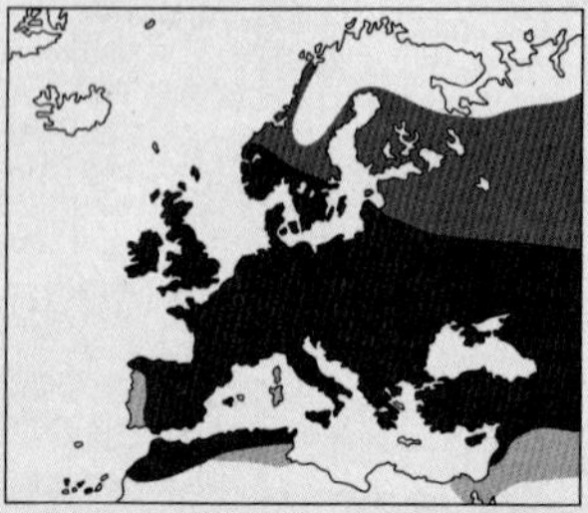

In Mitteleuropa: I–XII. Kennzeichen: 36 cm/280 g. Kleiner und schlanker als Waldkauz (Seite 82); lange Federohren, orangegelbe Augen, deutlicher, scharf begrenzter Gesichtsschleier; Gefieder rindenfarbig. ♀ oft dunkler als ♂. Im Flug lange, spitze Flügel auffallend. Dämmerungs- und nachtaktiv; im Winter oft in lockeren Verbänden. Stimme: Warnruf »uäk«, auch gereiht; fauchend »chwäu«. Gesang ♂: dumpf, weich »huh«. Junge klagend »szieh«. Lebensraum: Wald am Rande offener Flächen, Feldgehölze; im Winter auch Siedlungen. Nahrung: Meist Feldmäuse, andere Kleinnager, Spitzmäuse, Vögel. Brut: III–VI, 4–6 Eier, B 27–28 Tage, N 18–25 Tage. Gelege meist in verlassenen Krähennestern.

3 Zwergohreule

Otus scops (Eulen)

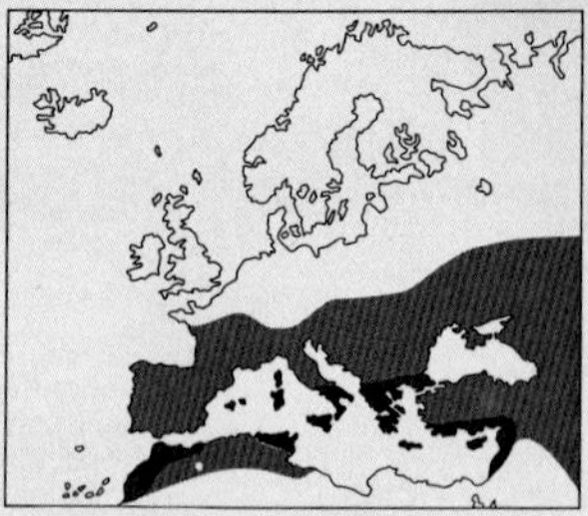

In Mitteleuropa: III–IX. Kennzeichen: 19 cm/90 g. Kleine, schlanke, baumrindenfarbige Eule mit deutlichen Federohren, gelben Augen und undeutlichem Gesichtsschleier. ♀ wie ♂. Rein nachtaktiv. Stimme: Alarmruf grell gedehnt »piiää«. Gesang: monoton wiederholtes »dju«; ♀ ruft höher. Lebensraum: Obstgärten, Olivenhaine, Parks, Alleen; auch Dörfer und Städte. Nahrung: Großinsekten, Spinnen, Würmer, Mäuse, Kleinvögel. Brut: IV–VI, 3–4 Eier, B 24–29 Tage, N 21–29 Tage. Vorwiegend Baumhöhlenbrüter.

1

2|3

1/2 Sumpfohreule

Asio flammeus (Eulen)

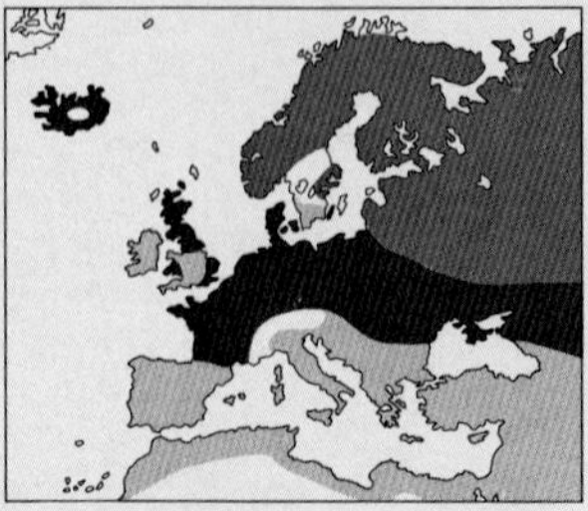

In Mitteleuropa: I–XII. Kennzeichen: 38 cm/380 g. Gedrungener und langflügeliger als Waldohreule (Seite 76); nur sehr kleine, meist versteckte Federohren, deutlicher, heller Gesichtsschleier, Augen gelb; Oberseite schwarzbraun und rahmfarben gemustert, Unterseite hell gelblichbraun, an Kehle und Brust kräftig schwarzbraun längsgestrichelt. ♀ insgesamt dunkler als ♂. Tag- und nachtaktiv. Sitzt häufig auf Pfählen, aber kaum auf Bäumen. Flug: Unterflügel weißlich mit schwärzlicher Spitze und dunklem Bugfleck; fliegt weich und gaukelnd, mit langsamen, weitausholenden Flügelschlägen; jagt in niedrigem Suchflug, rüttelt häufig; zur Brutzeit bussardartiges Kreisen über dem Revier (Bild 2); Balzflug mit Flügelklatschen. Stimme: Im Frühjahr ♂ bei Gefahr kläffend »kwär-wäk-wäk«, ♀ »warr«. Gesang ♂: 8- bis 12silbiges »bu-bu-bu«. Lebensraum: Offene Sumpf- und Moorlandschaften, Feuchtwiesen, Dünengelände. Nahrung: Hauptsächlich Wühlmäuse, Waldmäuse, Ratten, Spitzmäuse, Vögel. Brut: IV–VI, 4–8 Eier, B 24–28 Tage, N 12–17 Tage. Bodennest in niedriger Vegetation.

3 Sperbereule

Surnia ulula (Eulen)

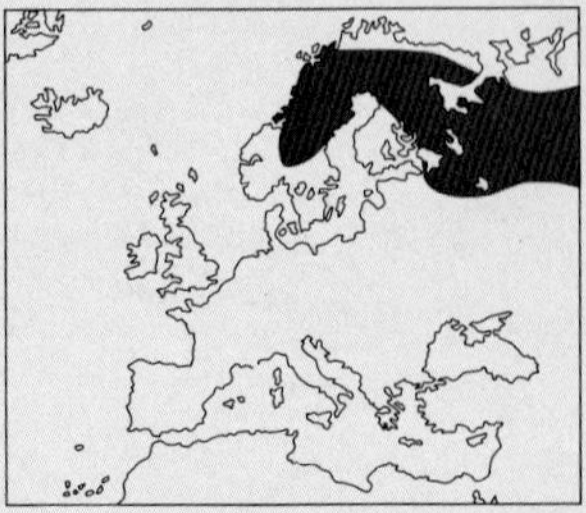

In Mitteleuropa: Irrgast. Kennzeichen: 38 cm/300 g. Langer, keilförmiger Schwanz, weißer, breit schwarz eingefaßter Gesichtsschleier, hellgelbe Augen; Oberseite dunkel graubraun, weiß gefleckt, Unterseite gesperbert. ♀ wie ♂. Jungvögel viel heller, oberseits geringere Fleckung. Meist tag- und dämmerungsaktiv; sitzt häufig auf Baumspitzen, wippt mit dem Schwanz. Stimme:

Bei Störung falkenähnlich gellend »kwikwikwi«, »kwitt kwitt«, kläffend »gäff gäff«. Reviergesang ♂: 2–3 Sekunden langes, trillerndes »u-u-uuuuuu« oder »gügügü-üüüü«; ♀ singt heiserer. Lebensraum: Lichter Nadel-, Misch- und Birkenwald am Rande von offenen Flächen. Nahrung: Vorwiegend Wühlmäuse, Waldmäuse, Spitzmäuse, Vögel. Brut: IV–VI, 3–13 Eier, B 25–30 Tage, N 30 Tage. Gelege in Baumhöhlen oder Greifvogelhorsten.

1

2

3

1 Rauhfußkauz

Aegolius funereus (Eulen)

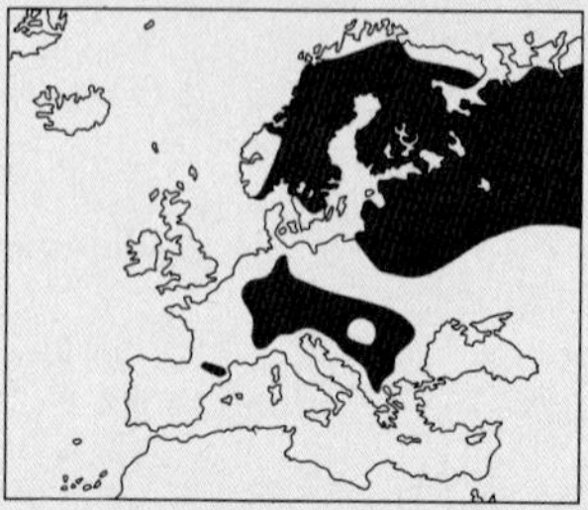

In Mitteleuropa: I–XII. Kennzeichen: 25 cm/♂ 100 g, ♀ 160 g. Größer und langschwänziger als Steinkauz, mit großem Kopf und hellem, über den gelben Augen hochgezogenem Gesichtsschleier; Oberseite dunkel graubraun, weiß getupft, Unterseite heller. ♀ wie ♂. Jungvögel schokoladenbraun. Dämmerungs- und nachtaktiv; wenig gesellig. Stimme: Warnruf schnalzend »zjuck«. Reviergesang ♂: 1–2 Sekunden lange, anschwellende Reihe aus 5–9 Einzellauten »huhuhuhuhu«. Lebensraum: Fichten- und Mischwälder mit Schwarzspechthöhlen und Dickungen. Nahrung: Kleinnager, Spitzmäuse, Kleinvögel. Brut: III–VI, 3–6 Eier, B 26–29 Tage, N 30–32 Tage. Höhlenbrüter.

2 Sperlingskauz

Glaucidium passerinum (Eulen)

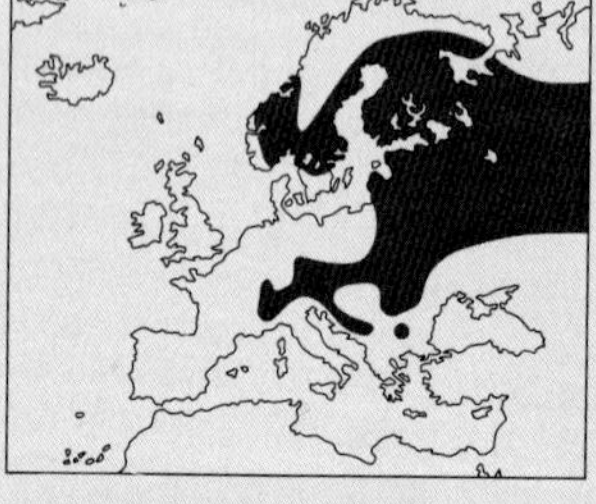

In Mitteleuropa: I–XII. Kennzeichen: 16,5 cm/♂ 60 g, ♀ 75 g. Nur starengroß; kleiner, flacher Kopf ohne deutlichen Gesichtsschleier, hellgelbe Augen. ♀ wie ♂, aber etwas schwerer. Dämmerungs- und tagaktiv; sitzt oft auf Fichtenspitzen; wippt mit dem Schwanz. Stimme: Warnruf »kiu«. Reviergesang ♂: monoton pfeifend »ühb ühb«, vibrierend »ühb üüü« oder schnell ansteigende Tonfolge (Tonleiter). Lebensraum: Nadel- und Mischwälder mit Lichtungen, bis 1600 m hoch. Nahrung: Kleinvögel, Kleinsäuger. Brut: IV–V, 4–6 Eier, B 28–29 Tage, N 30–34 Tage. Höhlenbrüter.

3 Steinkauz

Athene noctua (Eulen)

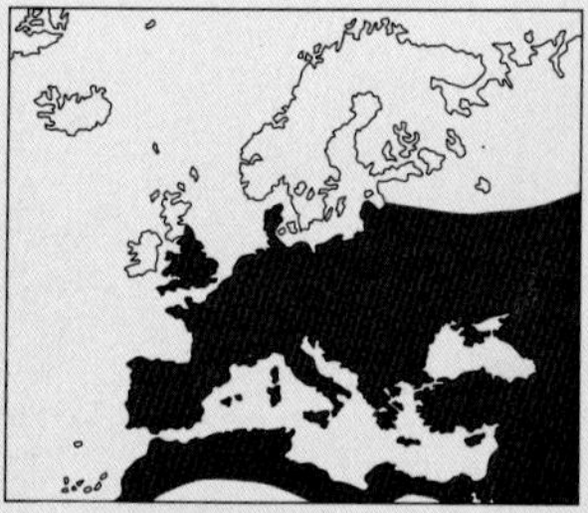

In Mitteleuropa: I–XII. Kennzeichen: 22 cm/200 g. Kleine, flachköpfige und kurzschwänzige Eule; große, hellgelbe Augen, undeutlicher Gesichtsschleier; Oberseite braun mit weißen Tupfen, Unterseite gelblichweiß mit braunen Längsflecken. ♀ wie ♂. Jungvögel blasser gefärbt. Nacht- und tagaktiv; sitzt oft auf Telegraphenmasten; knickst bei Erregung. Stimme: Warnruf kurz »kju«, auch gereiht. Reviergesang ♂: weiches, ansteigendes »uuhg«, 10- bis 20mal/Minute wiederholt. Lebensraum: Reich strukturiertes, offenes Kulturland, Obstgärten; auch in Dörfern. Nahrung: Großinsekten, Spinnen, Mäuse, Kleinvögel, Reptilien. Brut: IV–VI, 3–5 Eier, B 22–28 Tage, N 34 Tage. Höhlenbrüter.

1

2|3

1 Waldkauz

Strix aluco (Eulen)

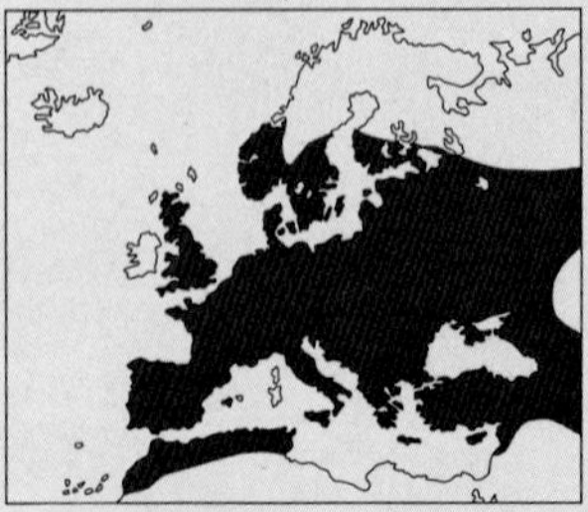

In Mitteleuropa: I–XII. Kennzeichen: 38 cm/♂ 450 g, ♀ 550 g. Kurzflügelig, kurzschwänzig; großer, runder Kopf mit großen, schwarzen Augen; Gefieder rostbraun bis grau, dunkel längsgefleckt; Streifenflecken der Unterseite mit »Querästchen«. ♀ wie ♂. Dämmerungs- und nachtaktiv; sonnt sich oft vor der Schlaf- oder Bruthöhle. Stimme: Ruft »kuwitt« (vor allem Jungvögel), warnt »uett«. Gesang: weich und tremolierend »guuoh gu gurruuh«. Lebensraum: Laub- und Mischwälder, Parks. Nahrung: Kleinsäuger, Vögel, Frösche. Brut: II–VI, 3–5 Eier, B 28–30 Tage, N 29–35 Tage, Jungvögel mit 45 Tagen flugfähig. Höhlenbrüter.

2 Habichtskauz

Strix uralensis (Eulen)

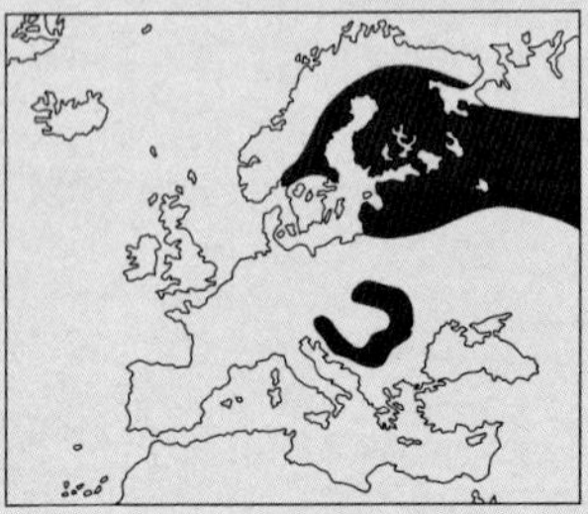

In Mitteleuropa: I–XII (selten). Kennzeichen: 61 cm/♂ 700 g, ♀ 900 g. Größer und langschwänziger als Waldkauz, heller Gesichtsschleier, relativ kleine, schwarze Augen; Gefieder hellgrau, kräftig braunschwarz längsgestreift. ♀ wie ♂. Nacht- und tagaktiv. Stimme: Ruft kläffend »wau wau«; im Herbst kreischend »korah« oder »kuwät«. Gesang: dumpf »huh, uhuhu«; ♀ singt rauher, auch mit ♂ im Duett. Lebensraum: Alte Laub-, Misch- und Nadelwälder mit Lichtungen. Nahrung: Kleinsäuger, Vögel. Brut: III–VI, 3–4 Eier, B 28 Tage, N 34–35 Tage, Jungvögel mit 42 Tagen flugfähig. Brütet in Baumhorsten oder -höhlen.

3 Bartkauz

Strix nebulosa (Eulen)

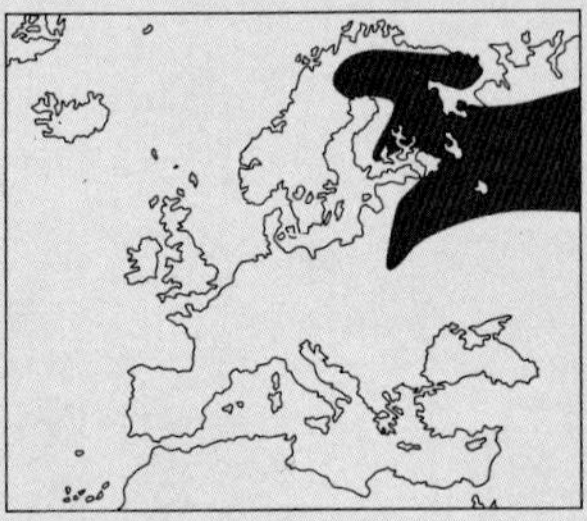

Kennzeichen: 69 cm/♂ 850 g, ♀ 1100 g. Fast uhugroß, langschwänzig, großer, runder Gesichtsschleier, kleine, gelbe Augen; Kinn schwarz, weiße Bartstreifen. ♀ wie ♂. Dämmerungs- und tagaktiv. Stimme: Bei Störung am Nest quietschende und keckernde Laute. Gesang: ♂ tief und dumpf »ho-ho-ho«; ♀ ähnlich, aber rauher. Lebensraum: Dichte Nadelwälder der Taiga mit Lichtungen und Mooren, Gebirgswälder. Nahrung: Hauptsächlich Erdmäuse; Säuger bis Hasengröße, Vögel bis Hühnergröße. Brut: IV–VI, 3–6 Eier, B 28–30 Tage, N 20–30 Tage, Jungvögel mit 40 Tagen flugfähig. Nistet in verlassenen Greifvogelhorsten, auf Baumstümpfen oder in Bodenmulden.

1|2

3

Bildtafel Watvögel

Silhouetten der Vögel in Ruhe und Bewegung.

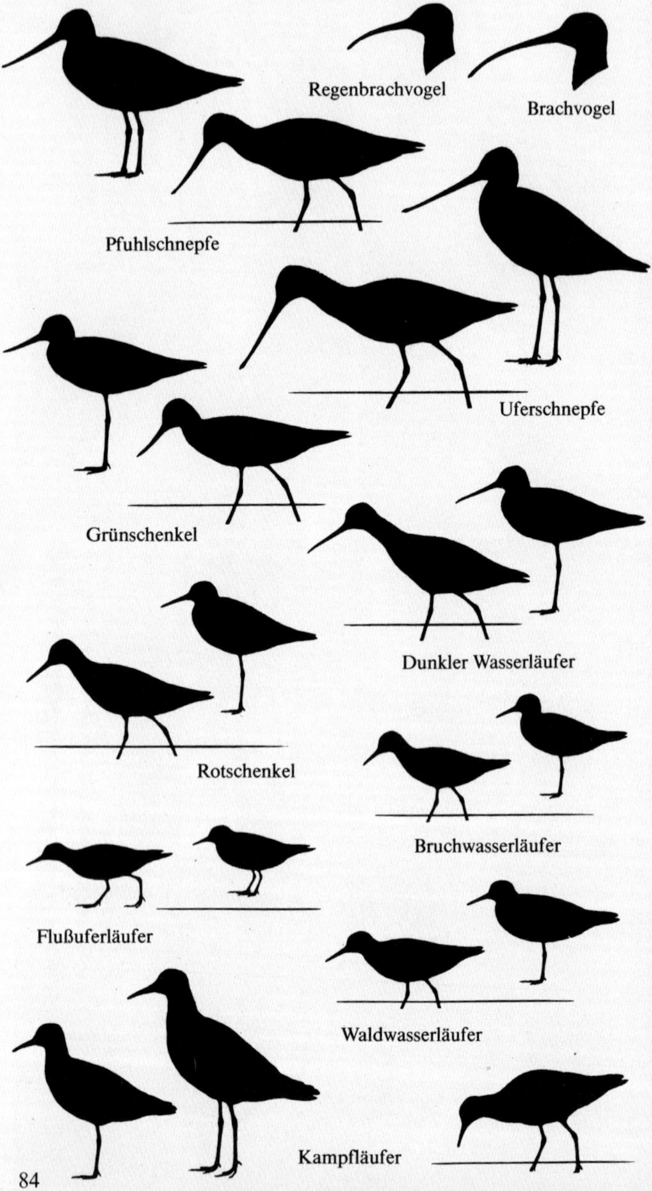

Bekassine
Kiebitz
Goldregenpfeifer
Kiebitzregenpfeifer
See-
Sand-
regenpfeifer
Fluß-
Zwergstrandläufer
Sanderling
Temminck-Strandläufer
Meerstrandläufer
Alpenstrandläufer
Knutt
Sichel-
strandläufer

1 Großtrappe

Otis tarda (Trappen)

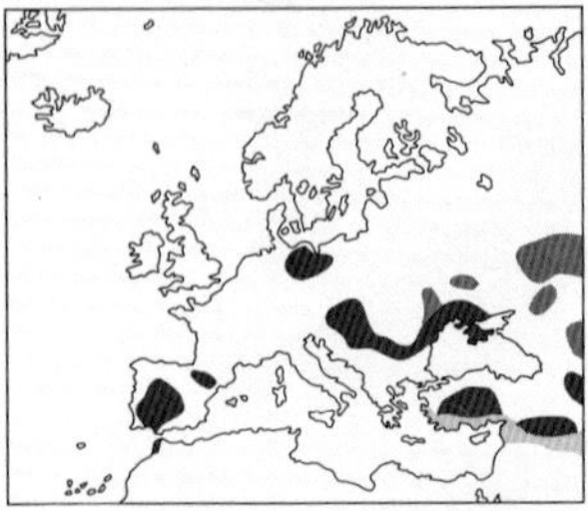

In Mitteleuropa: I–XII. Kennzeichen: ♂ 102 cm/12 kg; ♀ 76 cm/3,8 kg. Sehr großer, stämmiger Laufvogel mit starken Beinen, truthahnähnliche Gestalt; Oberseite rotbraun, schwarz gebändert, Kopf und Hals weißlichgrau, Unterseite weiß. ♂ mit rostrotem Brustband, langem, weißem Federbart an der Schnabelwurzel und mit dickerem Hals als ♀. Läuft mit erhobenem Kopf und waagerecht gehaltenem Körper; gänseartiger Flug mit langsamen, wuchtigen Flügelschlägen; eindrucksvolle Schaubalz des ♂: es dreht die weißen Unterflügel- und Unterschwanzdecken teilweise nach oben, klappt den Schwanz auf den Rücken, pumpt die Hals-Luftsäcke ballonartig auf und legt den Kopf weit ins Gefieder zurück; dreht sich so als »weiße Blüte« ruckartig im Kreis. Stimme: ♂ während der Balz dumpf »umb« oder »chaub«; ♀ manchmal klagend »wääiii«. Lebensraum: Steppengebiete; weite, offene Kultursteppe. Nahrung: Triebe, Blätter und Samen von Steppen- und Feldpflanzen; Insekten, Regenwürmer, Eidechsen, Mäuse. Brut: IV–VII, 2–3 Eier, B 21–26 Tage, Junge mit ≈ 5 Wochen flugfähig. Bodennest.

2 Zwergtrappe

Tetrax tetrax (Trappen)

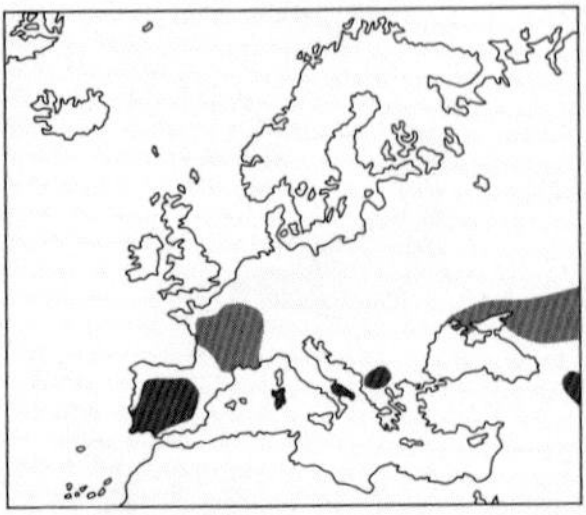

Kennzeichen: 43 cm/800 g. Kleine Trappe mit langen Beinen, dickem Hals und kurzem Schnabel; ♂ mit auffälliger, schwarz-weißer Halszeichnung, Wangen und Kehle grau; ♀ an Brust und Flanken gebändert. Sehr scheu, aber mitten unter Weidevieh anzutreffen; auffällige Balz: ♂ richtet sich im Gras hoch auf, ruft in Abständen, reißt dabei Kopf und Hals zurück, dann folgen ein Sprung und zwei kräftige Flügelschläge; Balzflug flach über dem Boden mit nach unten gehaltenen, vibrierenden Flügeln und hoch erhobenem Kopf; pfeifendes Fluggeräusch des ♂. Stimme: Balzruf ♂ kurzes, hartes »ptrr« oder »trrrt«. Lebensraum: Offene Grassteppe in Hügellandschaft; abwechslungsreiche Anbauflächen (Klee, Raps, Getreide). Nahrung: Gräser, Kräuter, Samen, Insekten, Würmer, kleine Wirbeltiere. Brut: V–VII, 2–4 Eier, B 20–22 Tage, Junge mit 4 Wochen flugfähig. Bodennest.

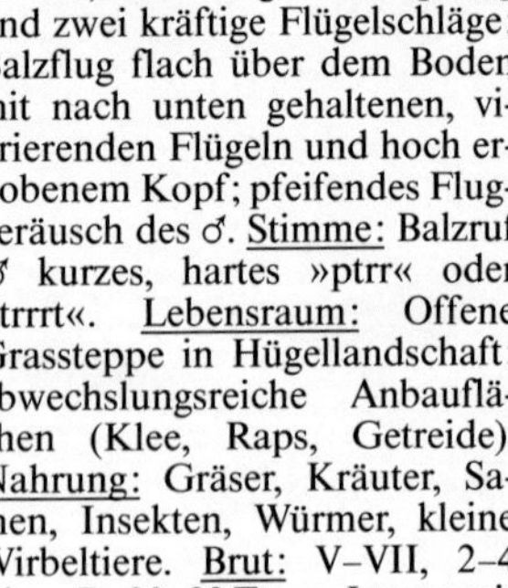

Balzstellung der Großtrappe

1

2

1 Wasserralle

Rallus aquaticus (Rallen)

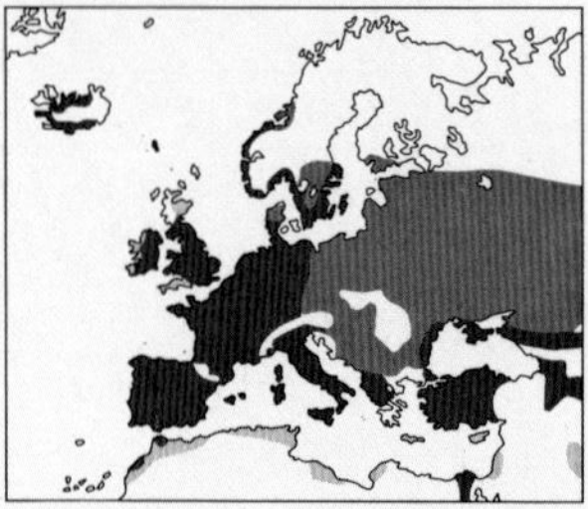

In Mitteleuropa: I–XII. Kennzeichen: 28 cm/120 g. Schlanke Gestalt; langer, roter Schnabel, lange, rötliche Beine; Oberseite dunkelbraun mit schwarzer Längsfleckung, Kopfseiten und Unterseite schiefergrau, Unterschwanzdecken leuchtendweiß, Flanken schwarz-weiß gebändert. ♀ wie ♂. Lebt sehr versteckt in hoher Ufervegetation; flieht meist laufend. Stimme: Ruffreudig; ferkelartiges, abfallendes »kruih kruih kruih«, zudem »gip gip gip« und brummende oder schnarrende Laute. Balzgesang: Reihen aus kurzen »tjük«. Lebensraum: Dichte Schilfbestände an Gewässern, Grabenränder. Nahrung: Wasserinsekten, Kaulquappen, Würmer, Frösche. Brut: IV–VI, 7–10 Eier, B 19–20 Tage, Junge mit 7–8 Wochen flugfähig. Nest in dichter Ufervegetation.

2 Tüpfelsumpfhuhn

Porzana porzana (Rallen)

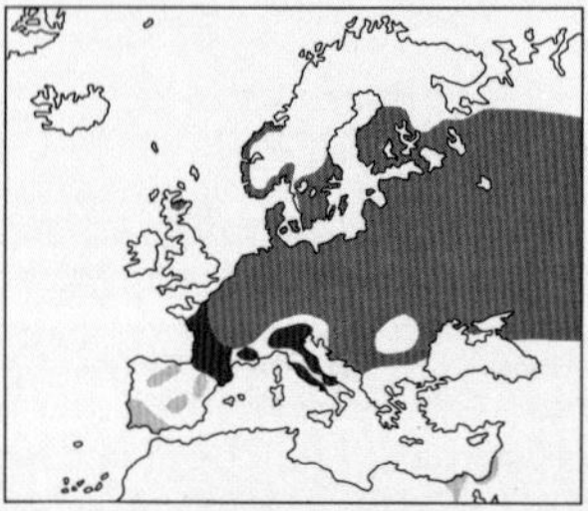

In Mitteleuropa: IV–IX. Kennzeichen: 23 cm/80 g. Singdrosselgroße, gedrungene Ralle mit kurzem Schnabel und grünlichen Beinen; Gefieder bräunlich, fein weiß getüpfelt; Unterschwanzdecken cremegelb. ♀ wie ♂. Selten zu beobachten, dämmerungsaktiv; lebt noch versteckter als Wasserralle. Stimme: Balzgesang ♂: lautes, monotones »huitt huitt«; Warnruf »tschik-tschuk«. Lebensraum: Hochgrasige Naßwiesen, üppig bewachsene Grabenränder. Nahrung: Meist kleine Käfer, Mücken, Libellen. Brut: IV–VII, 8–12 Eier, B 18–19 Tage, Junge mit ≈ 40 Tagen flugfähig. Nest oft auf Grasbülte.

3 Kleines Sumpfhuhn

Porzana parva (Rallen)

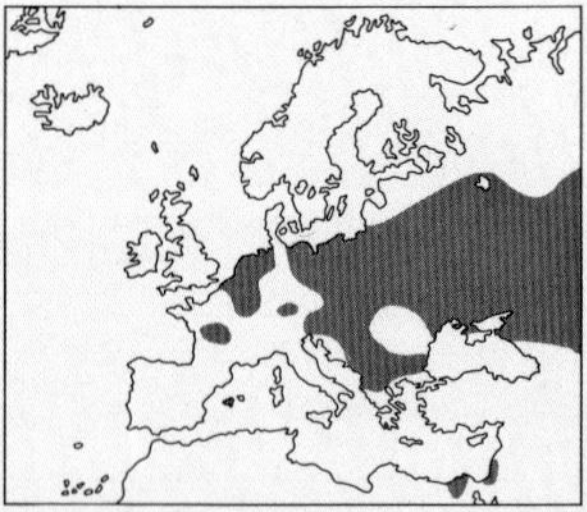

In Mitteleuropa: IV–IX. Kennzeichen: 19 cm/55 g. Etwas kleiner als Star; Schnabel grünlich mit roter Basis; Oberseite mit wenigen weißen Flecken, undeutliche Flankenbänderung; Unterseite schiefergrau, beim ♀ hell rahmfarben. Scheu, lebt sehr versteckt; klettert und schwimmt geschickt. Stimme: ♂ zur Balzzeit beschleunigte Rufreihen wie »quäk quäk quäk«, in der Tonhöhe absinkend; ♀ »pöck pöck pörrr«, »kükrirr«. Lebensraum: Dichte Schilf- und Rohrkolbenbestände. Nahrung: Mückenlarven, Schnecken, Würmer. Brut: V–VII, 4–8 Eier, B 21 Tage, Junge mit 45–50 Tagen flugfähig. Nest im Schilf.

1

2

3

1 Zwergsumpfhuhn

Porzana pusilla (Rallen)

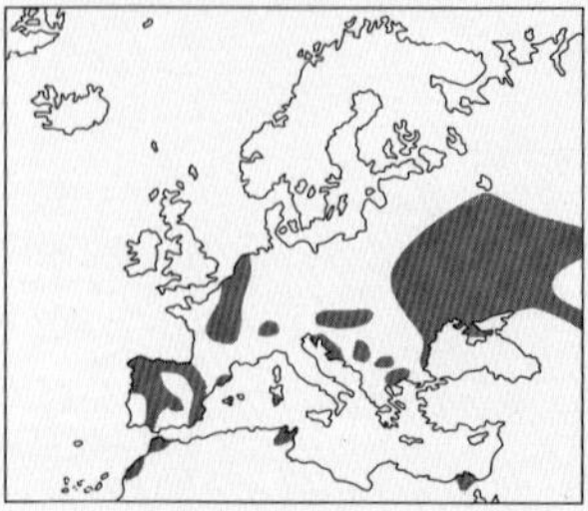

In Mitteleuropa: IV–X. Kennzeichen: 18 cm/50 g. Sehr kleine Ralle mit einheitlich grünem Schnabel; Beine blaß olivgrün; Oberseite braun bis rotbraun mit vielen weißen Längsstricheln und kleinen Flecken; Kopfseiten, Kehle und Unterseite schiefergrau, Flanken und Unterschwanzdecken schwarz-weiß gebändert. ♀ wie ♂, aber etwas heller und weniger kontrastreich. Sehr schwer zu beobachten. Stimme: ♂ zu Beginn der Paarungszeit weit hörbares, hölzern schnarrendes »rrrrrrr« oder »tjürri«, erinnert an den Ruf von Knäkerpel (Seite 38) und Wasserfrosch, Strophenlänge ≈ 1–3 Sekunden. Lebensraum: 10–50 cm hoch unter Wasser stehende, dekkungsreiche Seggen- und Süßgraswiesen in der Ufervegetation von Teichen, Seen, Flüssen. Nahrung: Insekten, Würmer, Schnekken, zarte Pflanzenteile. Brut: V–VII, 6–9 Eier, B 17–20 Tage, Junge mit 5 Wochen flugfähig. Nest häufig auf Seggenbülte oder am Fuße einer Weiderichstaude.

Flugbild Wachtelkönig

2 Wachtelkönig

Crex crex (Rallen)

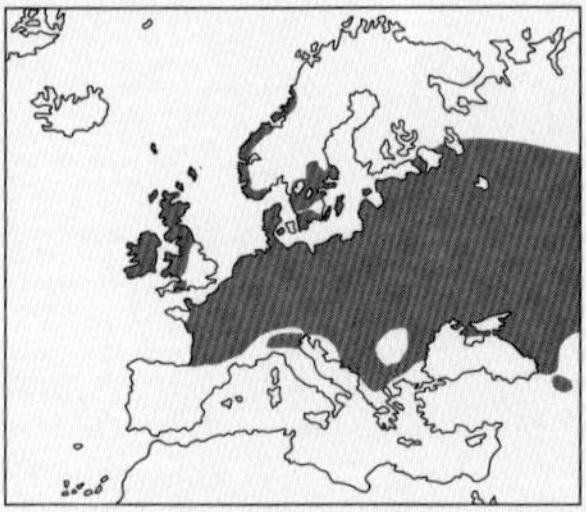

In Mitteleuropa: V–IX. Kennzeichen: 27 cm/150 g. An Rebhuhn (Seite 146) erinnernd, aber kleiner und schmaler; Oberseite gelblichbraun mit dunklen Federmitten, Flügeldecken rotbraun, Brust und Kopfseiten grau, Kehle weißlich, Flanken und Unterschwanz breit rotbraun gebändert; relativ kurzer, gelblicher Schnabel. ♀ wie ♂. Im Flug kein burrendes Fluggeräusch, matter Flügelschlag, keine Gleitstrecken; vom fliegenden Rebhuhn außerdem durch herunterhängende Beine und rotbraune Flügeldecken sowie Fehlen von Rot am Schwanz zu unterscheiden; rennt, Hals und Kopf waagerecht gehalten, sehr rasch in dichter Vegetation, ohne daß sich die Halme bewegen. Stimme: Balzgesang ♂: sehr bezeichnend und ausdauernd, Tag und Nacht, bis zu 1 km weit hörbar, schnarrendes »rerrp rerrp«. Lebensraum: Feuchtwiesen, hochgrasige Viehweiden, Klee- und Luzernefelder, Wildkräuterfluren; seltener Kornfelder, Rüben- und Kartoffeläcker. Nahrung: Käfer, Libellen, Schnaken, Würmer, Schnecken, kleine Wirbeltiere. Brut: V–VII, 7–12 Eier, B 16–19 Tage, Junge mit ≈ 5 Wochen flugfähig. Nest in flacher Bodenmulde.

1

2

1 Bläßhuhn

Fulica atra (Rallen)

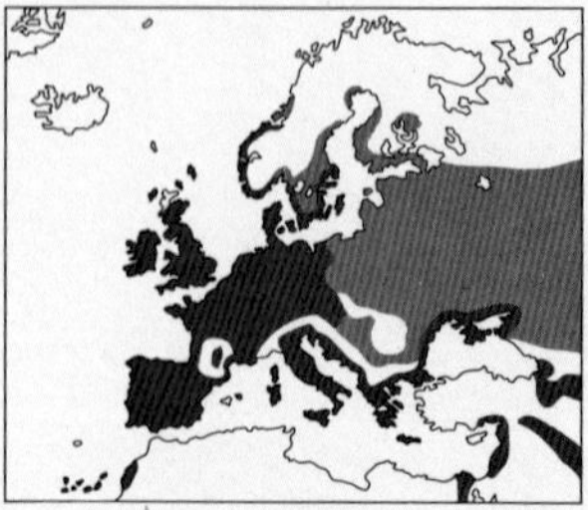

In Mitteleuropa: I–XII. Kennzeichen: 38 cm/700 g. Fast entengroß, rundlich, schwarz; Schnabel und Stirnschild weiß; Zehen mit Schwimmlappen. ♀ wie ♂. Nickt beim Schwimmen rhythmisch mit dem Kopf; außerhalb der Brutzeit oft in großen Scharen auf Seen. Taucht mit einem kleinen Sprung (Tauchsprung) unter. Stimme: Hartes »pix«, »dp«, »pssi«; ♀ bellend »köw«. Lebensraum: Gewässer mit reicher Unterwasservegetation. Nahrung: Wasserpflanzen, Schilfsprossen, Gras, Insekten. Brut: IV–VII, 5–10 Eier, B 23–24 Tage, Junge mit 8 Wochen flugfähig. Meist Schwimmnest.

2 Teichhuhn

Gallinula chloropus (Rallen)

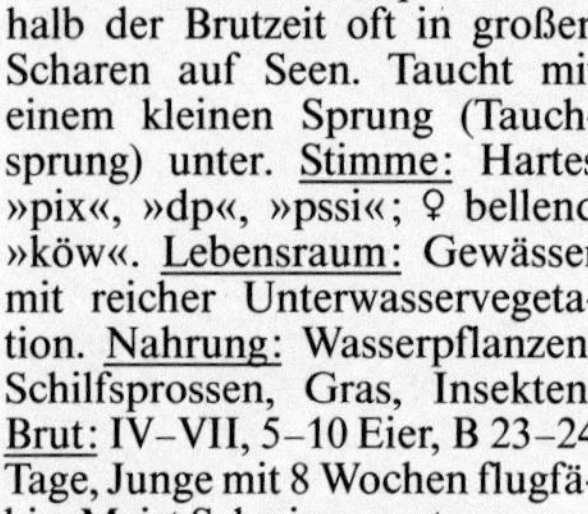

In Mitteleuropa: I–XII. Kennzeichen: 33 cm/300 g. Klein, schwärzlich; Beine und Zehen lang, grünlich; Schnabel rot mit gelber Spitze, rotes Stirnschild; äußere Unterschwanzdecken leuchtendweiß. ♀ wie ♂. Jungvögel unauffällig graubraun. Läuft und schwimmt mit rhythmischen Kopfbewegungen und hektischem Schwanzzucken. Stimme: Warnruf scharfes »kürrk« oder »kirreck«. Lebensraum: Gewässer mit dicht bewachsenen Ufern. Nahrung: Wasserpflanzen, Gräser, Insekten, Kaulquappen. Brut: IV–VII, 4–10 Eier, B 19–22 Tage, Junge mit 35 Tagen flugfähig; 1–3 Bruten/Jahr. Nest in Uferdickicht oder Schwimmnest.

3 Kranich

Grus grus (Kraniche)

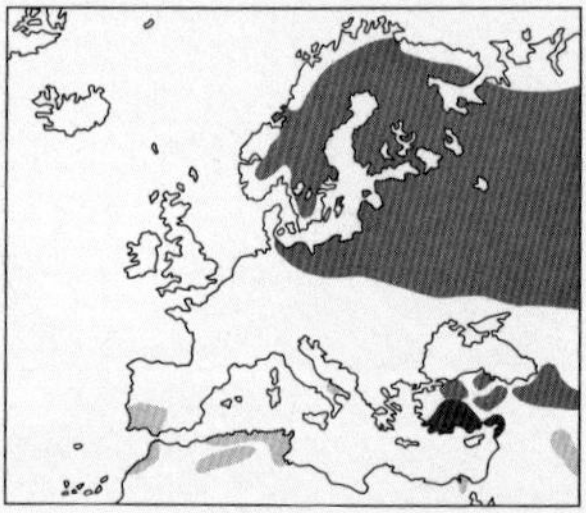

In Mitteleuropa: III–X. Kennzeichen: 114 cm/5500 g. Sehr groß, überwiegend schiefergrau; relativ kurzer, kräftiger Schnabel; roter Fleck am Hinterkopf. ♀ wie ♂. Sehr scheu und wachsam; schreitet majestätisch; im Brutgebiet und an traditionellen Rastplätzen auf dem Zug eindrucksvolle Tänze (Kranichtanz); tänzeln mit ausgebreiteten Schwingen umeinander herum, dabei Luftsprünge und tiefe Verbeugungen. Stimme: Laut trompetend »kruh-krüi-kruh«, vor allem in der Morgendämmerung und beim Auffliegen. Lebensraum: Ausgedehnte Sumpf- und Moorlandschaften. Nahrung: Samen, Pflanzenteile, Kartoffeln, Insekten, Schnecken, kleine Wirbeltiere. Brut: IV–VI, 2(–3) Eier, B 29–30 Tage, Junge mit 9–10 Wochen flugfähig. Bodennest.

1

2

3

1 Austernfischer

Haematopus ostralegus
(Austernfischer)

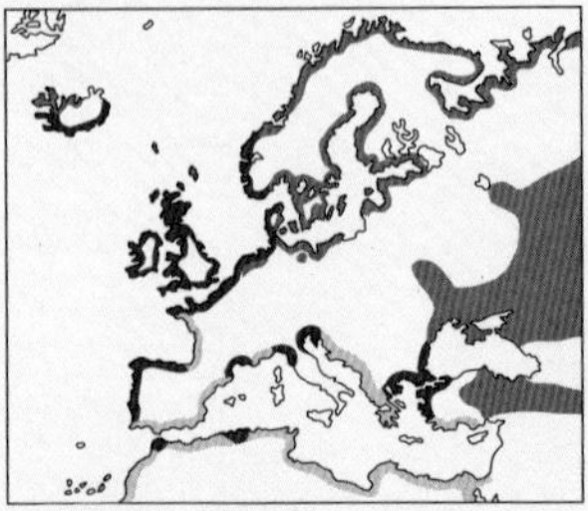

In Mitteleuropa: I–XII. Kennzeichen: 43 cm/600 g. Großer, gedrungener Strandvogel mit kräftigen, roten Beinen und langem, orangerotem Schnabel; Kopf, Brust und Oberseite schwarz, Unterseite weiß; Augen rot. Ruhekleid mit weißem Querband über Kehle und Halsseiten. ♀ wie ♂. Im Flug weißes Flügelband, weißer Schwanz mit breiter, schwarzer Endbinde. Sehr gesellig. Stimme: Gellend »kliep kliep«; bei Gefahr »glieää glieää«. Lebensraum: Küsten und Strände aller Art, Binnengewässer. Nahrung: Muscheln, Krebse, Schnecken, Wattwürmer. Brut: IV–VII, 3 Eier, B 26–28 Tage, Junge mit 32–35 Tagen flugfähig. Bodennest.

2 Stelzenläufer

Himantopus himantopus
(Stelzenläufer)

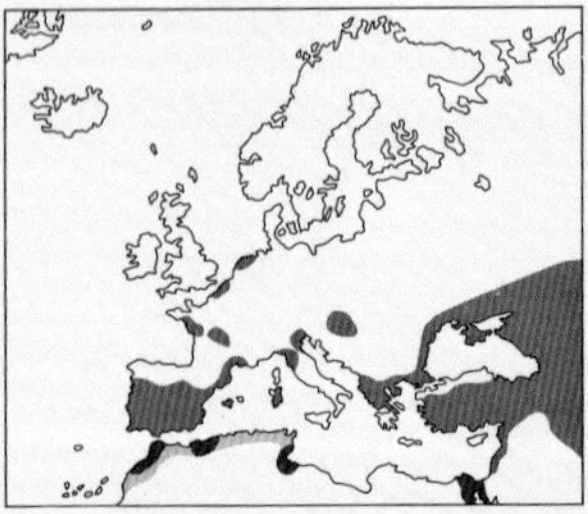

In Mitteleuropa: IV–IX (selten). Kennzeichen: 38 cm/200 g. Graziler Watvogel mit dünnem, schwarzem Schnabel und sehr langen und dünnen, roten Beinen; Rücken und Flügel schwarz, sonst weiß; ♂ an Ober- und Hinterkopf schwärzlich, im Ruhekleid weiß. ♀ wie ♂ im Ruhekleid und mit schwarzbrauner Oberseite. Stimme: Warnruf schrill »kwip«, »kwiwip«; zudem »djua«, »gick«. Lebensraum: Meist salzige Sumpfgebiete. Nahrung: Insekten, Kleinkrebse, Kaulquappen, Fische. Brut: IV–VI, 3–4 Eier, B 22–24 Tage, Junge mit 28–30 Tagen flugfähig. Koloniebrüter; Bodennest.

3 Säbelschnäbler

Recurvirostra avosetta
(Stelzenläufer)

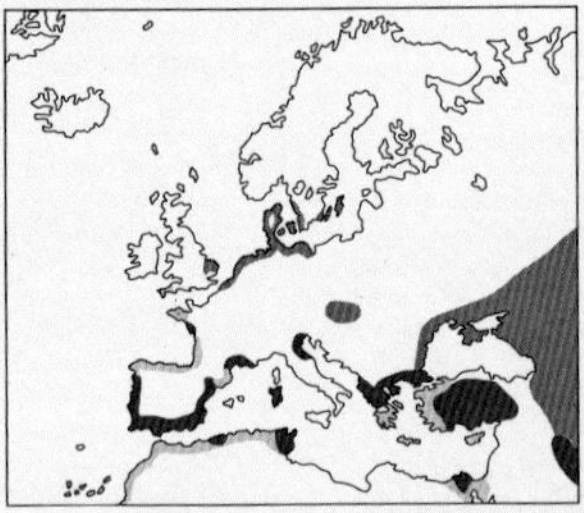

In Mitteleuropa: IV–X. Kennzeichen: 43 cm/300 g. Großer, eleganter, schwarz-weiß gefärbter Strandvogel mit langen, blaugrauen Beinen und aufwärts gebogenem, schwarzem Schnabel. ♀ wie ♂. Im Flug unterseits bis auf die schwarzen Handschwingen reinweiß. Bei der Nahrungssuche pendelnde Seitwärtsbewegungen des Kopfes; sehr gesellig. Stimme: Weich »pluit«, »plüt«; Warnruf »blik-blik-blik«. Lebensraum: Schlammige Buchten, Lagunen, flache Ufer von Salzseen. Nahrung: Kleine Krebse, Würmer, wasserlebende Insekten. Brut: IV–VII, 4 Eier, B 24–25 Tage, Junge mit 35–40 Tagen flugfähig. Koloniebrüter; Nest in flacher Bodenmulde.

1

2|3

1 Sandregenpfeifer

Charadrius hiaticula
(Regenpfeifer)

In Mitteleuropa: III–X. Kennzeichen: 19 cm/65 g. Kleiner, rundlich wirkender Strandvogel; Beine und Schnabel orangegelb, Schnabelspitze schwarz; im Flug weiße Flügelbinde sichtbar; Vorderstirn weiß, breites, schwarzes Kropfband. Im Ruhekleid ohne schwarze Kopf- und Halszeichnung, weißer Fleck hinter dem Auge. ♀ wie ♂. Läuft sehr schnell (»rollend«), bleibt ruckartig stehen und verbeugt sich. Stimme: »tüit«; beim Singflug »t'wüeh t'wüeh t'wüeh«, »drü drü drü«. Lebensraum: Meeresstrand, Bergtundra. Nahrung: Insekten, Kleinkrebse, Würmer, Schnekken. Brut: IV–VII, 4 Eier, B 21–28 Tage, Junge mit 21–25 Tagen flugfähig; 2 Bruten/Jahr. Nest in Bodenmulde.

2 Flußregenpfeifer

Charadrius dubius
(Regenpfeifer)

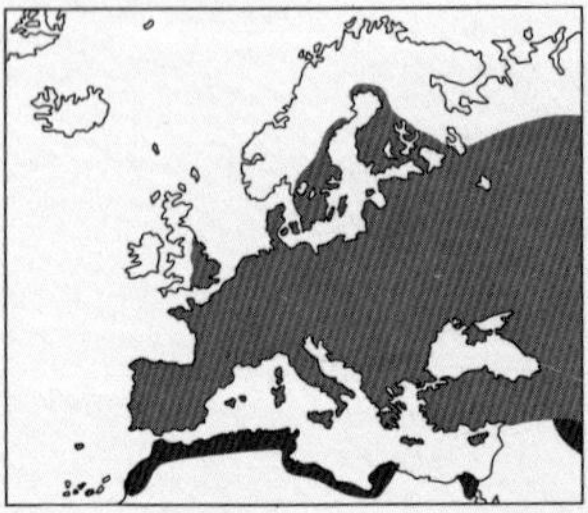

In Mitteleuropa: IV–IX. Kennzeichen: 15 cm/40 g. Kleiner als Sandregenpfeifer; schlanker, schwarzer Schnabel, Vorderstirn schwarz, schmales, schwarzes Kropfband, zitronengelber Augenring, blaß gelbliche Beine; keine weiße Flügelbinde. Läuft schnell trippelnd. Stimme: Hoch pfeifendes »piu«, »diu«; Balztriller schneller werdendes »grü grü grü«, »triä triä triä«. Lebensraum: Kies- und Sandflächen an Flüssen und Seen; Kies- und Sandgruben. Nahrung: Käfer, Krebse, Schnecken, Würmer. Brut: IV–VII, 4 Eier, B 22–28 Tage, Junge mit 22–25 Tagen flugfähig. Gelege in Bodenmulde.

3 Seeregenpfeifer

Charadrius alexandrinus
(Regenpfeifer)

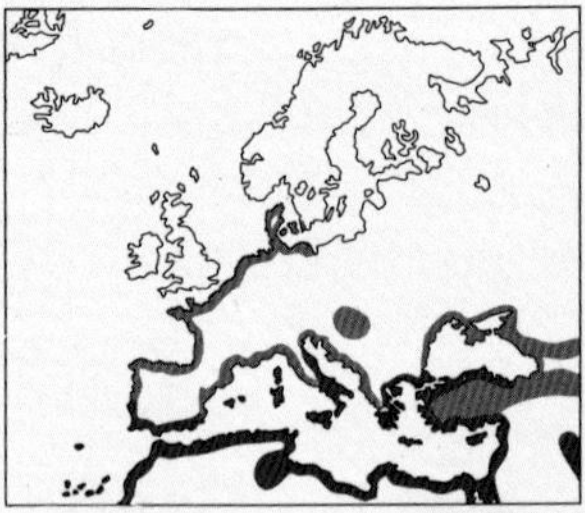

In Mitteleuropa: III–VIII. Kennzeichen: 16 cm/50 g. Kleiner, heller, relativ hochbeiniger Regenpfeifer; Beine und Schnabel schwärzlich; schmales, schwarzes (beim ♀ braunes), in der Mitte unterbrochenes Kropfband. ♀ weniger kontrastreich. Im Flug weiße Flügelbinde sichtbar. Beim ♂ im Frühjahr Hinterkopf gelblichrot. Im Ruhekleid wie ♀ im Brutkleid. Rennt weite Strecken. Stimme: »püit«, »gügüg«; beim Singflug trillernd. Lebensraum: Sandstrände, Ufer von Salzseen. Nahrung: Würmer, Insekten, Krebse. Brut: IV–VII, 3 Eier, B 23–29 Tage, Junge mit 30–40 Tagen flugfähig. Bodennest.

1

2

3

1 Goldregenpfeifer

Pluvialis apricaria
(Regenpfeifer)

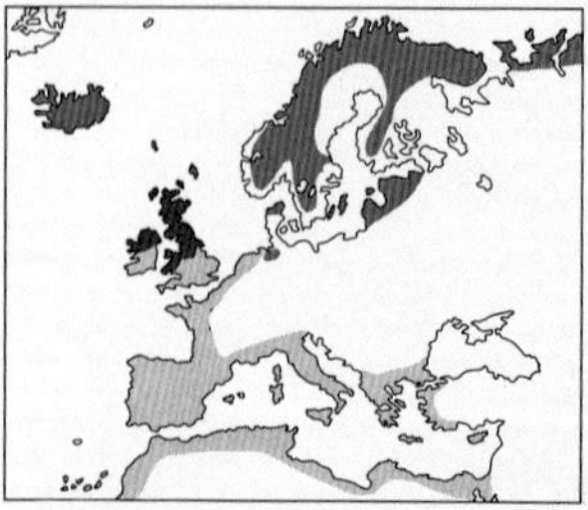

In Mitteleuropa: III–X. Kennzeichen: 28 cm/190 g. Großer, rundlich wirkender Regenpfeifer mit fein grünlichgelb und schwarz gemusterter Oberseite; Unterseite und Gesicht je nach Rasse mehr oder weniger ausgedehnt schwarz, im Ruhekleid schmutzigweiß. ♀ wie ♂. Im Flug Flügel spitz, unterseits weiß. Sehr gesellig, oft mit Kiebitzen in einem Schwarm. Stimme: Weich flötend »düh«, »tlüh«; bei Erregung »tlü-i«; singfliegend »tütü-tüdiu-tüdiu-tüdiu«. Lebensraum: Heide- und Moorflächen, Tundra; rastet zur Zugzeit oft auf Feldern und Wiesen. Nahrung: Insekten, Spinnen, kleine Schnecken, Beeren. Brut: IV–VII, 3 Eier, B 27–30 Tage, Junge mit 30–33 Tagen flugfähig. Gelege in Bodenmulde.

2 Kiebitzregenpfeifer

Pluvialis squatarola
(Regenpfeifer)

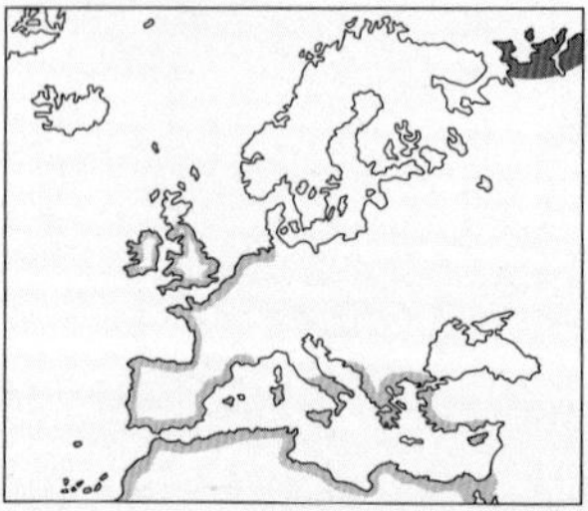

In Mitteleuropa: III–IX. Kennzeichen: 29 cm/190 g. Ähnlich wie Goldregenpfeifer, aber etwas größer und gedrungener, mit kräftigem Schnabel; Oberseite ohne Gelb- und Grüntöne. Im Ruhekleid oberseits mehr grau als gelblich; deutlicher, weißer Überaugenstreif. Im Flug schwarze Achseln auffallend; zieht auch einzeln. Stimme: Meist im Flug schwermütiges, 3silbiges »tli-ü-i«. Lebensraum: Arktische Tundra, zur Zugzeit Watt. Nahrung: Insekten, Muscheln, Schnecken, Wattwürmer. Brut: V–VII, 4 Eier, B 27 Tage, Junge nach ≈ 4 Wochen selbständig. Gelege in Bodenmulde.

3 Mornell

Eudromias morinellus
(Regenpfeifer)

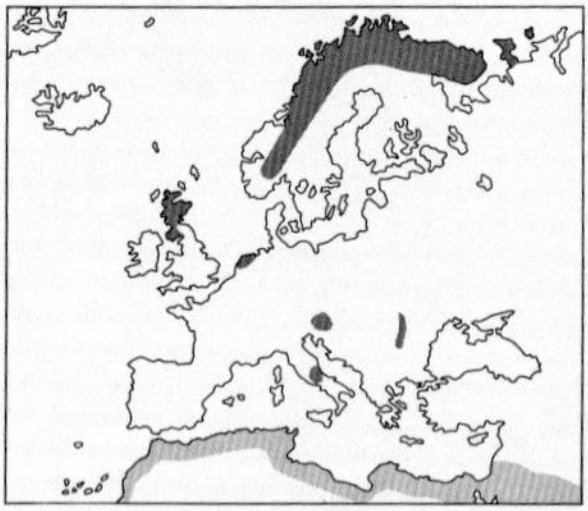

In Mitteleuropa: V–IX. Kennzeichen: 20–22 cm/100–120 g. Oberseite schiefergrau, hell gemustert, weiße Überaugenstreifen, die sich im Nacken treffen, weißes Brustband. Im Ruhekleid Gefieder viel blasser. ♀ (Bild) etwas größer und kontrastreicher als ♂. Oft zutraulich. Stimme: Sanft »drü drü« oder »püe püe«. Balzgesang: gereihtes »pit pit«. Lebensraum: Moos- und Flechtentundra, alpine Tundra; auf dem Zug Weiden, Salzsteppen. Nahrung: Insekten, Spinnen, Schnecken, Würmer. Brut: V–VII, 3 Eier, B 25–27 Tage, Junge mit 26–30 Tagen flugfähig. Gelege in Bodenmulde.

1|2

3

1 Steinwälzer

Arenaria interpres
(Regenpfeifer)

In Mitteleuropa: IV–V, VIII–IX. Kennzeichen: 23 cm/120 g. Kleiner, buntscheckiger Küstenvogel, gedrungen und kurzbeinig; kurzer, spitzer Schnabel, manchmal etwas aufgeworfen; Beine orangegelb. Im Ruhekleid oberseits dunkelbraun, Kehle weiß, dunkles Brustschild. ♀ etwas weniger kontrastreich als ♂. Wirkt im Flug schwarz-weiß. Bewegt beim Laufen Kopf und Hals rhythmisch vor und zurück; wendet bei der Nahrungssuche kleine Gegenstände um; schwimmt gut; zur Zugzeit meist in kleinen Trupps. Stimme: Weiches »kjüg« (Stimmfühlung), »tüke-tük«; bei Erregung »kikekikekike« oder »rürrürrürr«. Lebensraum: Steinige Küsten, Fels- und Sandinseln in Küstennähe; Moos- und Flechtentundra. Nahrung: Insekten, Krebstiere, Muscheln, Schnecken. Brut: V–VII, 4 Eier, B 22–23 Tage, Junge mit 24–26 Tagen flugfähig. Bodennest.

2 Kiebitz

Vanellus vanellus (Kiebitze)

In Mitteleuropa: III–XI. Kennzeichen: 30 cm/200 g. Großer, von weitem schwarz-weiß wirkender Watvogel mit langer, spitzer, aufgebogener Federholle am Hinterkopf; Oberseite braunschwarz mit grünlichem Metallschimmer; Gesicht, Kinn, Kehle und halbkreisförmiges Brustschild schwarz; Bauch weiß, Unterschwanzdecken rostbräunlich. ♀ mit weißer Kehle und kürzerer Holle. Ruhekleid weniger konstrastreich, schmäleres schwarzes Kropfband. Im Flug breite, abgerundete, schwarz-weiße Flügel, beim ♂ Handschwingenbereich breiter; Schwanz weiß mit breiter, schwarzer Endbinde. Zu jeder Jahreszeit gesellig; Flug häufig schwankend und taumelnd mit relativ langsamen Flügelschlägen; auffälliger Balzflug des ♂ mit senkrechten Absturz- und steilen Aufsteigphasen. Stimme: Stimmfühlung 2silbig »piewitt«; ♂ beim Imponierflug »witt witt witt kchiuwitt«. Lebensraum: Verlandungsflächen, Moore, Äcker, Wiesen, Weiden. Nahrung: Insekten, Würmer, Schnecken. Brut: III–VI, 4 Eier, B 26–29 Tage, Junge mit 35–40 Tagen flugfähig. Lockere Kolonien; Bodennest.

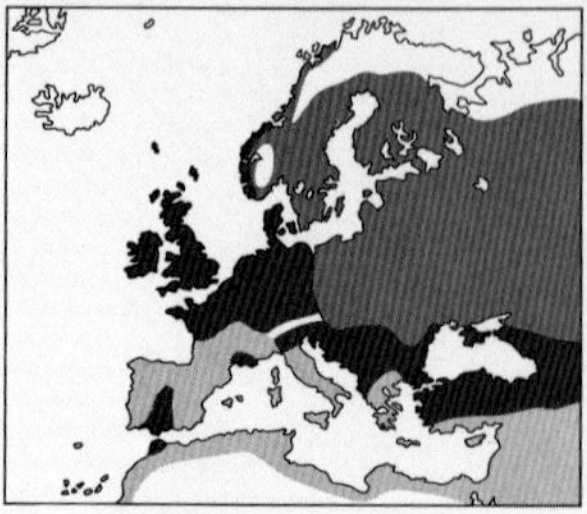

1

2

1 Sichelstrandläufer

Calidris ferruginea (Schnepfen)

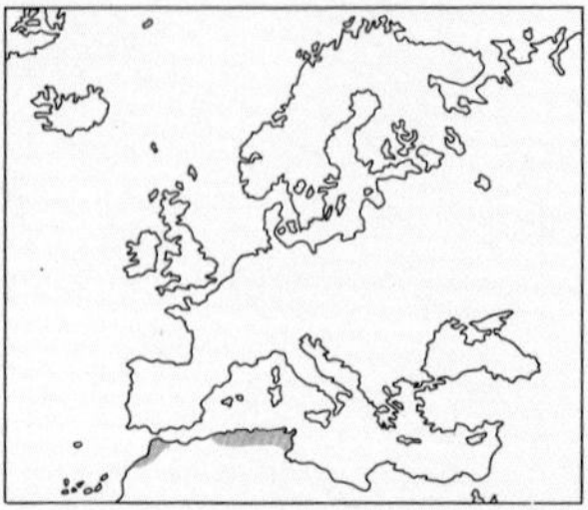

In Mitteleuropa: IV–V, VII–IX. Kennzeichen: 19 cm/65 g. Größe wie Alpenstrandläufer, aber mit längerem, leicht abwärts gebogenem Schnabel, hochbeiniger; Färbung rostbraun mit dunkler Fleckung, Bürzel weiß. ♀ etwas blasser gefärbt. Im Ruhekleid (Bild) ähnlich wie Alpenstrandläufer, aber heller, weißer Überaugenstreif deutlicher. Meist aufrechte Haltung. Stimme: »tirr«, »tirrit«. Gesang: trillernd. Lebensraum: Arktische Tundra, auf dem Zug Schlickwatt. Nahrung: Würmer, Egel, kleine Schnecken und Muscheln. Brut: VI–VII, 4 Eier. Nest in Bodenmulde.

2/3 Alpenstrandläufer

Calidris alpina (Schnepfen)

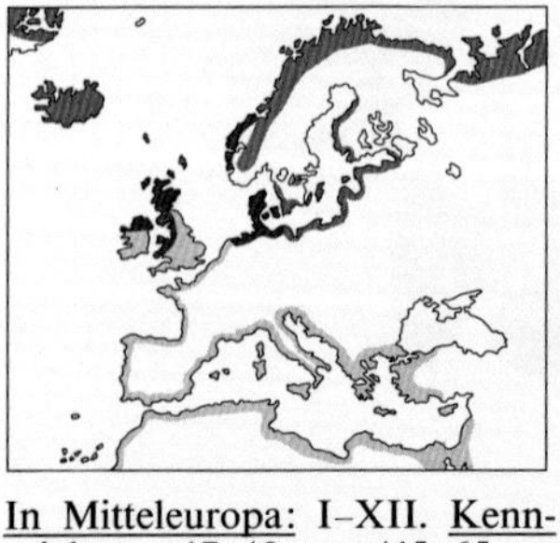

In Mitteleuropa: I–XII. Kennzeichen: 17–19 cm/45–65 g. Häufigster kleiner Strandläufer; langer, an der Spitze etwas nach unten gebogener Schnabel; Oberseite braunschwarz bis rostbraun, Unterseite mit großem, schwarzem Bauchfleck (Bild 2). Im Ruhekleid (Bild 3) oberseits braungrau, unterseits schmutzigweiß. ♀ wie ♂. Sehr gesellig; bei der Nahrungssuche hektisch im Schlick stochernd; Trupps fliegen dicht gedrängt. Stimme: Gepreßt »trürr«. Gesang: trillernd. Lebensraum: Arktische Tundra, Strandwiesen, Marschen; zur Zugzeit vorwiegend auf Wattflächen. Nahrung: Insekten, kleine Muscheln, Schnecken, Wattwürmer. Brut: IV–VI, 4 Eier, B 20–22 Tage, Junge mit 19–22 Tagen flugfähig. Nest in Bodenvegetation verborgen.

4 Zwergstrandläufer

Calidris minutus (Schnepfen)

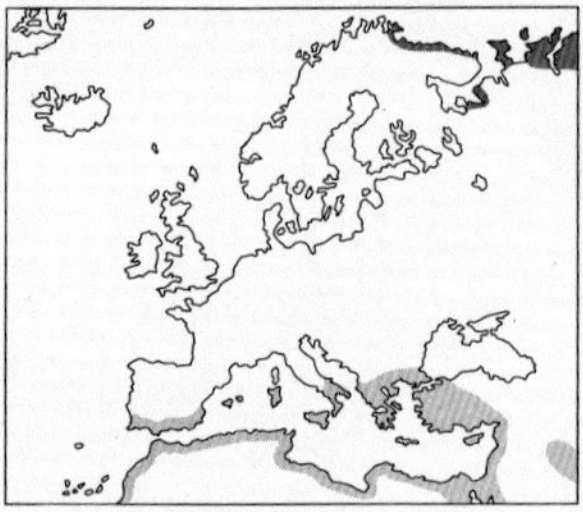

In Mitteleuropa: V–XI. Kennzeichen: 13 cm/25 g. Knapp sperlingsgroßer Strandläufer mit relativ kurzem, geradem Schnabel; Oberseite rotbraun-schwarz gemustert, im Ruhekleid grau; Unterseite weiß. ♀ wie ♂. Jungvögel mit deutlicher V-Zeichnung auf dem Rücken. Häufig mit Alpenstrandläufern vergesellschaftet, bei der Nahrungssuche ähnlich hektisch. Stimme: Hell vibrierend »tirrtirrtirrit«; Flugruf »kip«. Gesang: auf- und absteigender Triller. Lebensraum: Nasse Moore der Tundra; zur Zugzeit offene Schlamm- und Schlickflächen. Nahrung: Insekten, Würmer, kleine Schnecken und Krebse. Brut: VI–VII, 4 Eier. Nest in Bodenmulde.

1

2|3

4

1 Temminckstrandläufer

Calidris temminckii (Schnepfen)

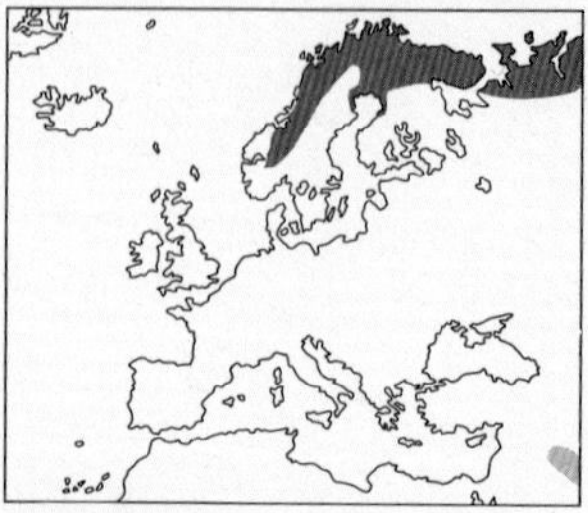

In Mitteleuropa: IV–V, VII–IX. Kennzeichen: 14 cm/25 g. Sehr ähnlich wie Zwergstrandläufer (Seite 102), aber langgestreckter, kürzere, gelblichgrüne Beine, schlanker Schnabel; Gefieder grauer, oberseits weniger gemustert. Ruhekleid heller als Brutkleid. ♀ wie ♂. Fliegt aufgescheucht im Zickzackflug nach oben (Himmeln); wenig gesellig. Stimme: Zart »kilili«, trillernd »tirr«. Gesang: zirpend und trillernd. Lebensraum: Zwergstrauchtundra, kahle Hochflächen; auf dem Zug deckungsreiche Schlammflächen. Nahrung: Insekten, Schnecken, Würmer. Brut: V–VII, 4 Eier, B 19–22 Tage, Junge mit 16–18 Tagen flugfähig. Nest in Bodenmulde.

2 Sanderling

Calidris alba (Schnepfen)

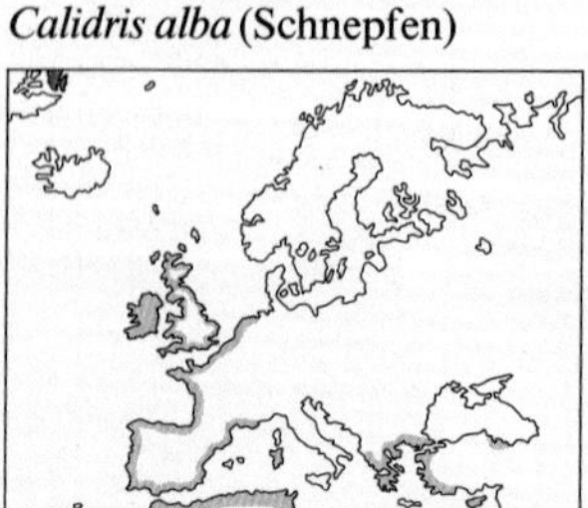

In Mitteleuropa: III–V, VIII–X. Kennzeichen: 20 cm/55 g. Etwas größer und gedrungener als Alpenstrandläufer (Seite 102), kurzer, gerader Schnabel; Oberseite im Brutkleid rostrot gefleckt, im Ruhekleid (Bild) hellgrau mit schwärzlichem Schulterfleck; Unterseite stets reinweiß. ♀ wie ♂. Im Flug breites, weißes Flügelband. Gesellig; läuft geduckt und schnell an den zurückweichenden Wellen entlang. Stimme: Kurzes »plit« oder »twik«. Gesang: schnurrender Triller. Lebensraum: Arktische Tundra; zur Zugzeit Schlickwatt, häufig an der dem offenen Meer zugewandten Brandungszone von Inseln. Nahrung: Insekten, Muscheln, Krebstiere. Brut: VI–VII, 4 Eier, B 23–24 Tage. Nest in Bodenmulde.

3 Knutt

Calidris canutus (Schnepfen)

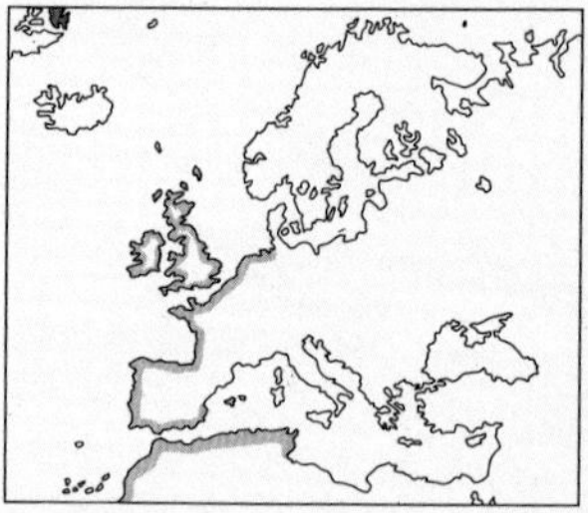

In Mitteleuropa: IV–IX. Kennzeichen: 25 cm/150 g. Großer, plumper Strandläufer mit kurzem Hals, relativ kurzem Schnabel und kurzen Beinen; Oberseite rostbraun gefleckt, Unterseite rostrot. Im Ruhekleid (Bild) oberseits aschgrau mit weißen Federrändern, unterseits gelblichweiß. ♀ wie ♂. Sehr gesellig; vollführt wie Alpenstrandläufer in dichtem Pulk Flugmanöver. Stimme: Flugruf »tuit-wit«, »gjug«. Gesang: an Brachvogel erinnernd (Seite 114). Lebensraum: Zur Brutzeit Flechten- und Moostundra, kahle Hochflächen, sonst Watt. Nahrung: Insekten (Raupen), Spinnen, Muscheln, Krebstiere. Brut: VI–VII, 4 Eier. Nest in Bodenmulde.

1

2

3

1 Meerstrandläufer

Calidris maritima (Schnepfen)

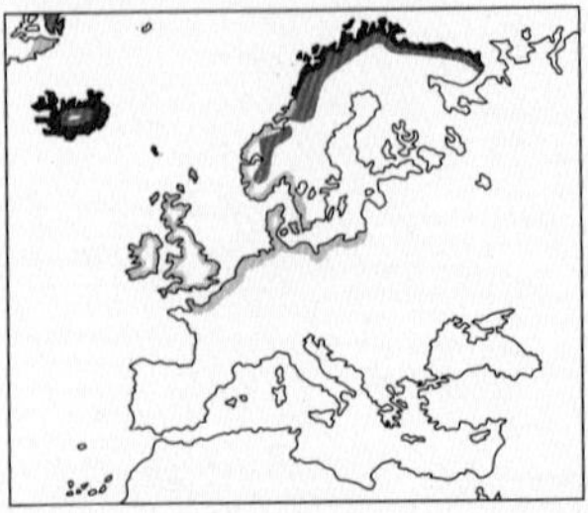

In Mitteleuropa: XI–III. Kennzeichen: 21 cm/85 g. Wenig größer als Alpenstrandläufer (Seite 102), wirkt durch die kurzen Beine gedrungen; Beine und meist auch Schnabelwurzel gelblich; Oberseite dunkelbraun, rostrot und weiß gezeichnet. Ruhekleid (Bild 1) überwiegend braungrau, Bauch weiß. ♀ wie ♂. Wirkt im Flug sehr dunkel. Nicht sehr scheu; außerhalb der Brutzeit gesellig; Singflug des ♂ schwirrend und gleitend, oft mit nach unten gehaltenen Flügeln. Stimme: Außer am Brutplatz wenig stimmfreudig; beim Auffliegen »wiet«, »wiet-wit«, »tritt-tritt«. Reviergesang: grünspechtähnlich flötend und trillernd. Lebensraum: Moos- und Flechtentundra, Fjällgebiete, felsige, der Küste vorgelagerte Inseln; außerhalb der Brutzeit Brandungszone (Spritzwasserbereich) an Fels- und Geröllküsten. Nahrung: Kleine Schnecken und Krebse. Brut: VI–VII, 4 Eier, B 21–22 Tage, Jungvögel mit 3–4 Wochen flugfähig. Nest in Bodenmulde.

Ähnliche Art: **Sumpfläufer,** *Limicola falcinellus.* Kleiner Strandläufer mit langem, an der Spitze leicht nach unten gebogenem Schnabel, Beine kurz; Oberseite bekassinenartig gezeichnet. Bewohnt Moorgebiete Skandinaviens. In Mitteleuropa selten (V, VII–X) an der Küste und im Binnenland.

2/3 Odinshühnchen

Phalaropus lobatus (Schnepfen)

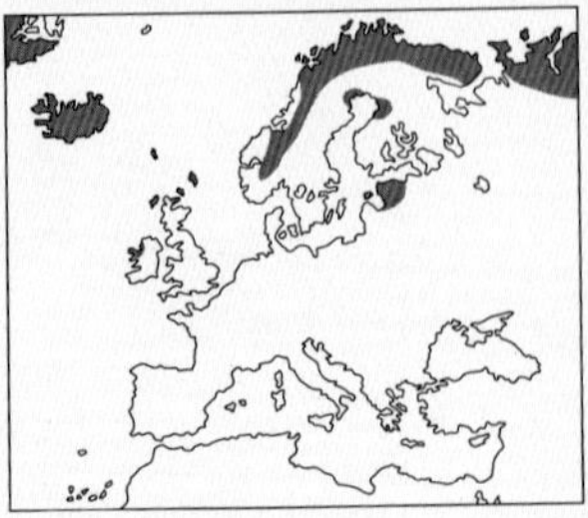

In Mitteleuropa: V–VII, VIII–IX. Kennzeichen: 18 cm/35 g. Sehr zarter, schwarzer Schnabel; graue Schwimmhäute zwischen den Zehen; Kehle weiß; ♂ Kopf rostrot, ♀ Kopf schwärzlich, insgesamt kontrastreicher als ♂ (Bild 2). Ruhekleid (Bild 3) ♂ und ♀ oberseits dunkelschiefergrau, dunkler Augenstreif, Unterseite weißlich. Im Flug auffällige, weiße Flügelbinde. Schwimmt sehr hoch auf dem Wasser liegend, dreht sich dabei ständig kopfnickend um sich selbst; selten an Land; fliegt strandläuferartig schnell und gewandt. Stimme: Im Flug »bitt«, »witt witt«; Stimmfühlung »wedü wedü«. Lebensraum: Kleine Gewässer in der Tundra; außerhalb der Brutzeit vorwiegend Hochsee. Nahrung: Insekten, Krebs-, Spinnen- und Weichtiere. Brut: VI–VII, 4 Eier, B 17–19 Tage, Junge mit 18–20 Tagen flugfähig. Bodennest.

Odinshühnchen im Ruhekleid

1

2

3

1 Rotschenkel

Tringa totanus (Schnepfen)

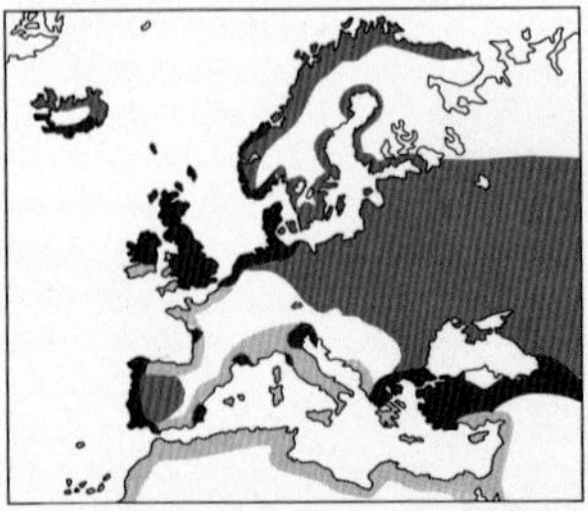

In Mitteleuropa: III–IX. Kennzeichen: 28 cm/130 g. Mittelgroßer Wasserläufer mit langen, leuchtend orangeroten Beinen; Schnabel schwarz mit roter Basis; Oberseite graubraun, dunkel gefleckt, Unterseite schmutzigweiß, dunkelbraun gefleckt; Schwanz schwarz-weiß quergebändert. Ruhekleid heller und weniger gefleckt. ♀ wie ♂. Im Flug breiter, weißer Flügelhinterrand, Bürzel und Hinterrücken weiß. Sitzt häufig auf Zaunpfählen und anderen erhöhten Warten; auffälliger Balzflug des ♂ mit schwirrendem Flügelschlag. Stimme: Melodisch flötend »djü-ü« oder »djü-ü-ü«, gellendes »gjib gjib«. Gesang: jodelnd. Lebensraum: Sumpfwiesen, nasse Hochmoore, Salzlachen, Marschwiesen; außerhalb der Brutzeit meist flache Meeresküsten. Nahrung: Insekten, Regenwürmer, kleine Frösche, Kaulquappen. Brut: IV–VI, 4 Eier, B 22–25 Tage, Junge mit 25 Tagen flugfähig. Bodennest.

Ähnliche Arten: **Terekwasserläufer,** *Xenus cinereus*. Kleiner als Rotschenkel, Schnabel fast doppelt kopflang, deutlich aufwärts gebogen. Brütet im nordöstlichen Europa. – **Teichwasserläufer,** *Tringa stagnatilis*. Kleiner als Rotschenkel, Gefieder viel heller; langer, zarter, spitzer Schnabel. Auf dem Zug gelegentlich in Mittel- und Südeuropa.

2 Dunkler Wasserläufer

Tringa erythropus (Schnepfen)

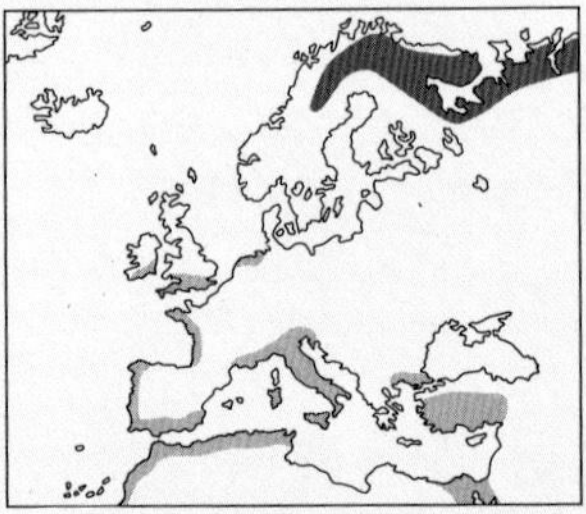

In Mitteleuropa: IV–V, VIII–X. Kennzeichen: 30 cm/150 g. Etwas größer als Rotschenkel, wirkt schlanker durch längere Beine und längeren, dünnen Schnabel; Beine dunkelrot; Gefieder grauschwarz mit zarter, weißer Fleckung auf der Oberseite. Im Ruhekleid oberseits aschgrau, weiß gefleckt, unterseits hellgrau; insgesamt heller als Rotschenkel (Bild: Übergangskleid). ♀ wie ♂. Im Flug ohne Weiß im Flügel. Bei der Nahrungssuche oft in bauchtiefem Wasser; schwimmt häufiger als andere Wasserläufer, landet sogar auf dem Wasser. Stimme: 2silbiges »dju-it«; bei Störung »tjicktjicktjick«. Gesang: melodisch rollend. Lebensraum: Nasse Tundra, Hochmoore am Nordrand der Taiga; außerhalb der Brutzeit Binnengewässer, Meeresbuchten. Nahrung: Wasserinsekten, Kleinkrebse, Würmer, Kaulquappen, kleine Fische. Brut: V–VII, 4 Eier. Nest in Bodenmulde.

1

2

1 Grünschenkel

Tringa nebularia (Schnepfen)

In Mitteleuropa: IV–V, VII–X. Kennzeichen: 30,5 cm/200 g. Großer, heller Wasserläufer mit langen, grünlichen Beinen; Schnabel lang, in der vorderen Hälfte etwas aufgebogen; Oberseite graubraun, Kopf und Hals fein dunkel gestrichelt. Ruhekleid heller. ♀ wie ♂. Wenig gesellig; scheu. Stimme: Laut und durchdringend »kjückjückjü«; ♂ beim Singflug flötend »tju-i«. Lebensraum: Moore, Heiden, flechtenbewachsene Hochlagen (Fjäll) in Gewässernähe; zur Zugzeit Fluß- und Seeufer, flache Meeresküste. Nahrung: Würmer, Krebstiere, Wasserinsekten, Fische. Brut: V–VII, 4 Eier, B 23–25 Tage, Junge mit 28–30 Tagen flugfähig. Nest in Bodenmulde.

2 Bruchwasserläufer

Tringa glareola (Schnepfen)

In Mitteleuropa: III–XI. Kennzeichen: 20 cm/65 g. Kleiner als Rotschenkel (Seite 108), kürzerer, dunkler Schnabel, Beine gelbgrün; Oberseite dunkelgraubraun, mit kleinen, weißen Flekken dicht übersät; heller Überaugenstreif. ♀ wie ♂. Stimme: Beim Auffliegen hoch »giff giff giff«. Gesang von ♂ und ♀ (auch im Singflug) vorgetragen, erinnert an Heidelerchenstrophen. Lebensraum: Hochmoore, nasse Heiden, überschwemmte Nadelwälder; außerhalb der Brutzeit Schlammflächen. Nahrung: Insekten, Krebstiere, kleine Schnecken. Brut: V–VII, 4 Eier, B 22–23 Tage. Gelege zwischen Zwergsträuchern oder in alten Drosselnestern.

3 Waldwasserläufer

Tringa ochropus (Schnepfen)

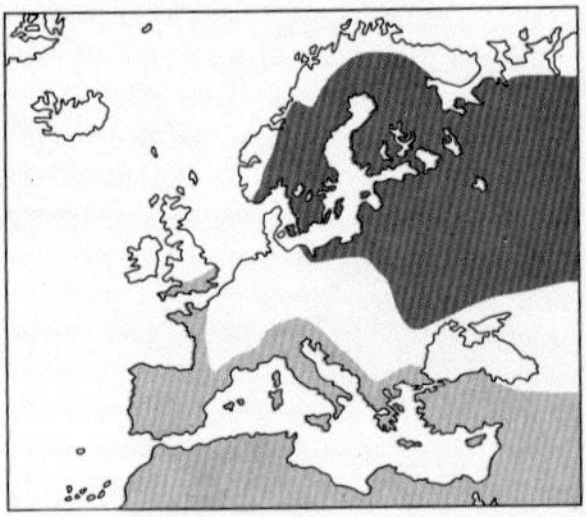

In Mitteleuropa: I–XII. Kennzeichen: 23 cm/80 g. Ähnlich wie Bruchwasserläufer, aber Oberseite dunkelbraun, dicht hell gefleckt; Ruhekleid oberseits bräunlichgrau, Fleckung kaum auffallend; Unterseite stets weiß. Im Flug schneeweißer Bürzel zu dunklen Flügeln stark kontrastierend. Wenig gesellig; fliegt aufgescheucht rufend im Zickzack himmelwärts. Stimme: Scharf und hell »tlui-titit«. Lebensraum: Baumbestandene Hochmoore, sumpfige Wälder; auf dem Zug deckungsreiche Seeufer, Gräben. Nahrung: Insekten, Spinnen, Würmer. Brut: IV–VI, 4 Eier, B 19–21 Tage. Gelege in alten Drosselnestern.

1

2

3

1 Flußuferläufer

Actitis hypoleucos
(Schnepfen)

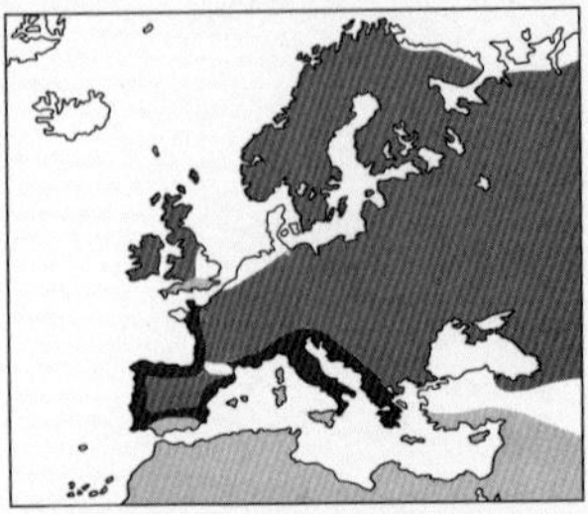

In Mitteleuropa: III–XI. Kennzeichen: 20 cm/55 g. Kleiner, kurzbeiniger und kurzschnäbliger Wasserläufer; Oberseite olivbraun, zart gemustert, Hals und Seiten der Vorderbrust graubraun, scharf von der weißen Unterseite abgesetzt; Beine grünlich. ♀ wie ♂. Im Flug weißes Flügelband auffallend, Schwanzoberseite olivbraun, Schwanzseiten weiß. Wippt fast ständig mit dem Hinterkörper, nickt mit dem Kopf; fliegt aufgescheucht knapp über dem Wasser abwechselnd mit Serien hastiger (zukkender), flacher Flügelschläge und gleitend mit leicht abwärts gebogenen Flügeln; sitzt häufig auf Steinen und angeschwemmtem Holz nahe am Wasser; Singflug des ♂ mit schwirrenden Flügelschlägen und mit Zickzack-Schwenkungen. Stimme: Häufig durchdringendes »hihdidihihdidi«, die erste Silbe jeweils betont und höher; bei Störung gedehntes »iit«. Gesang ♂: »titihihihi«. Lebensraum: Bewachsene Kies- und Sandufer von Flüssen und Seen; auf dem Zug auch Gräben und Kleinstgewässer, betonverbaute Ufer und Hafenanlagen. Nahrung: Insekten, Spinnen, Kleinkrebse. Brut: V–VII, 4 Eier, B 21–22 Tage, Jungvögel mit 20 Tagen flugfähig. Gut verstecktes Bodennest.

2/3 Kampfläufer

Philomachus pugnax
(Schnepfen)

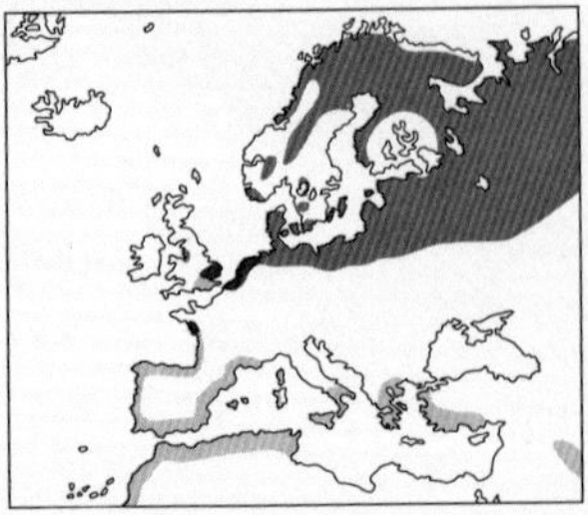

In Mitteleuropa: III–XI. Kennzeichen: ♂ 29 cm/170 g; ♀ 23 cm/100 g. ♂ im Brutkleid (Bild 2) mit auffälligen »Ohrbüscheln« und riesiger Halskrause; Färbung von Kopf- und Halsschmuck sehr variabel von fast schwarz bis weiß und rostrot; Gesicht nackt; Beine stets hell. ♀ (Bild 3) wesentlich kleiner und ohne Kopf- und Halsschmuck, Oberseite graubraun, durch helle Federsäume schuppig wirkend. ♂ im Ruhekleid wie ♀. Auffällige Gruppenbalz der ♂♂ mit Scheinkämpfen. Stimme: Fast stumm; im Flug selten »krü«. Lebensraum: Feuchtwiesen mit kurzem Grasbewuchs, nasse Moore und Heiden, Dünengelände, Zwergstrauchtundra; zur Zugzeit Schlamm- und Schlickflächen. Nahrung: Insekten, Kleinkrebse, Muscheln, Schnecken, Würmer. Brut: V–VII, 4 Eier, B 20–22 Tage, Junge mit 25 Tagen flugfähig. Bodennest.

1

2

3

1 Großer Brachvogel

Numenius arquata (Schnepfen)

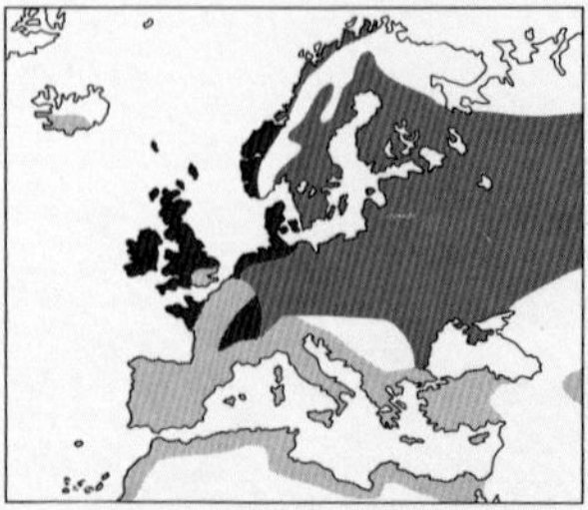

In Mitteleuropa: III–IX, überwintert gelegentlich. Kennzeichen: 53–58 cm/600–900 g. Sehr großer Schnepfenvogel mit langem, abwärts gebogenem Schnabel. Oberseite bräunlich bis grau, dicht schwarzbraun gemustert; Unterseite heller, Fleckung weniger dicht; Beine graugrün. ♀ mit längerem, im Spitzendrittel etwas stärker gebogenem Schnabel. Im Flug bis zum Hinterrücken ziehendes Weiß des Bürzels auffallend, Schwanz eng quergebändert. Flug schnell mit relativ langsamen Flügelschlägen; Trupps fliegen häufig in Keilformation oder in Ketten; scheu.

Stimme: Sehr melodisch, flötend; Flugruf tiefes, ansteigendes »dlüi«, »kläüi«. Reviergesang ♂: im Flug vorgetragen, laute, ansteigende, schneller werdende »gui«-Reihen, am Ende in einen Triller übergehend. Lebensraum: Ausgedehnte, offene Feuchtwiesen, Moore, Grünland, Marschwiesen; außerhalb der Brutzeit meist Watt, Überschwemmungswiesen, schlammige Fluß- und Seeufer. Nahrung: Insekten und -larven, Spinnen, kleine Krebse, Muscheln, Würmer, Schnecken; im Herbst auch Beeren. Brut: IV–VI, 4 Eier, B 27–29 Tage, Junge mit 5 Wochen flugfähig. Bodennest in niedriger Vegetation.

2 Regenbrachvogel

Numenius phaeopus (Schnepfen)

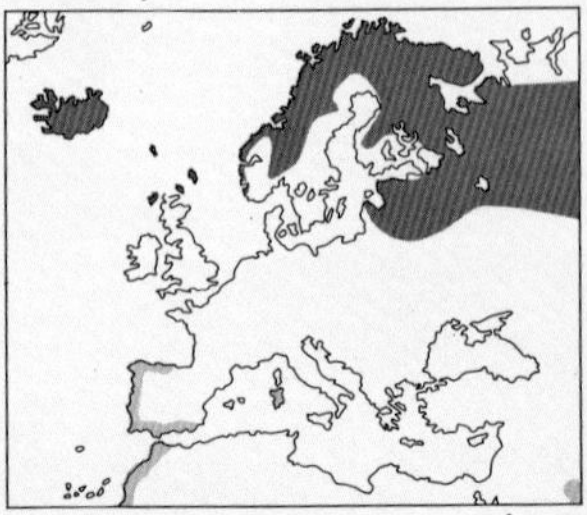

In Mitteleuropa: IV–V, VII–IX. Kennzeichen: 41 cm/500 g. Kleiner als Großer Brachvogel, kürzerer, etwas dickerer und weniger gebogener Schnabel; Oberseite dunkler und kontrastreicher gemustert, auffallende dunkelbraun längsgestreifte Scheitelzeichnung. ♀ wie ♂. Sitzt am Brutplatz auch auf Sträuchern und Baumzweigen; gesellig, oft mit Großen Brachvögeln vergesellschaftet. Stimme: Häufig unmelodisch kichernd »ki-iiiii« oder »bibibibibi«, »düjüjüjüjü«. Gesang ♂: »uid-uid-uid«, an Grünspecht erinnernd. Lebensraum: Unkultivierte Moore und Heideflächen, Bergtundra; außerhalb der Brutzeit Flachküste mit Sand-, Schlamm- und Schlickflächen, küstennahe Kleingewässer, auch Felsküsten. Nahrung: Insekten, Schnecken, Würmer, Krebstiere; im Herbst meist Krähen- und Moosbeeren. Brut: V–VII, 4 Eier, B 27–28 Tage, Junge mit 5–6 Wochen flugfähig. Bodennest.

1

2

1 Uferschnepfe

Limosa limosa (Schnepfen)

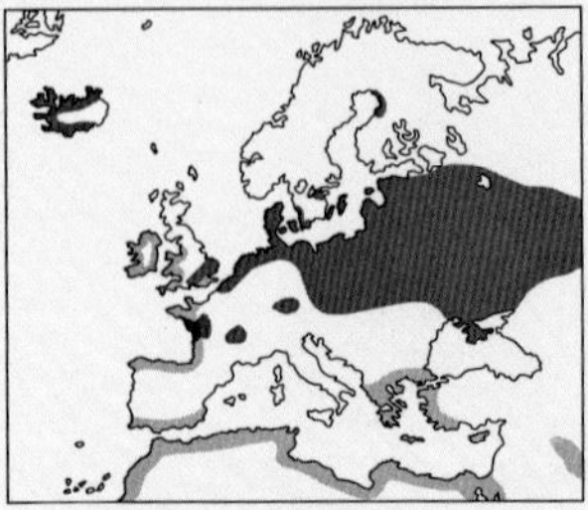

In Mitteleuropa: III–X. Kennzeichen: 41 cm/300 g. Großer Watvogel mit langen Beinen und sehr langem, geradem oder ganz leicht aufwärts gebogenem, orangegelbem, im Spitzendrittel schwarzem Schnabel; Oberseite braungrau mit schwarzer Fleckung, Kopf, Hals und Brust rostbraun, Bauch weiß mit kräftiger, schwärzlicher Querbänderung. ♀ weniger intensiv gefärbt, oft fast grau. Ruhekleid graubraun mit ungebändertem, weißem Bauch.

Pfuhlschnepfe Uferschnepfe

Im Flug breite, weiße Flügelbinde und weißer Schwanz mit breiter, schwarzer Endbinde auffallend; Beine überragen den Schwanz sehr weit. Außerhalb der Brutzeit sehr gesellig, oft mit anderen Watvögeln und Enten vergesellschaftet, sucht dabei häufig in bauchtiefem Wasser nach Nahrung; im Frühjahr auffällige Schauflüge des ♂ mit verlangsamten Flügelschlägen, mit Absturz- und steilen Aufstiegsphasen sowie pendelnden Kippbewegungen um die Längsachse. Stimme: Ruft »dididi«, »däät«, »gritta gritta gritta«; beim hohen Singflug stereotyp »grutte grutte«. Lebensraum: Hochgrasige Feuchtwiesen, extensiv genutztes Grünland, flache Meeresküste. Nahrung: Regenwürmer, Heuschrecken, Käfer, Schnecken, kleine Krebse, Kaulquappen. Brut: III–VI, 4 Eier, B 22–24 Tage, Junge mit 31–35 Tagen flugfähig. Bodennest.

2 Pfuhlschnepfe

Limosa lapponica (Schnepfen)

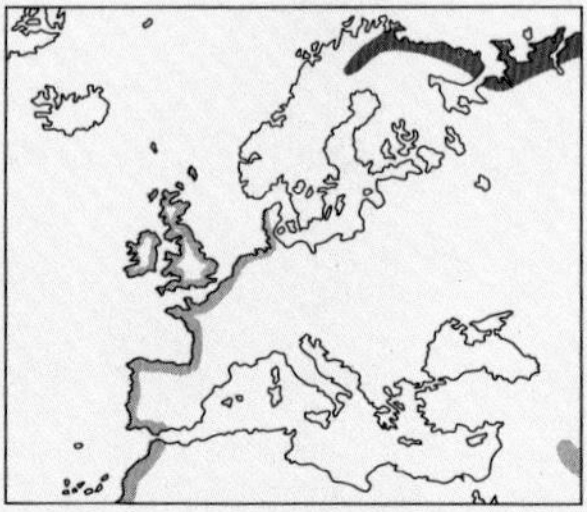

In Mitteleuropa: IV–VI, VIII–X. Kennzeichen: 38 cm/300 g. Ähnlich wie Uferschnepfe, aber etwas kleiner, kürzerer, schwach aufgeworfener Schnabel; Oberseite rotbraun, schwärzlich gefleckt, Unterseite ungebändert rostrot. ♀ etwas größer als ♂, mit längerem Schnabel, fahler gefärbt. Ruhekleid (Bild) oberseits graubraun, stark gefleckt, unterseits weißlich. Im Flug keine weiße Flügelbinde. Außerhalb der Brutzeit gesellig, oft zusammen mit Brachvögeln, Uferschnepfen, Austernfischern; Trupps ziehen in Schrägreihe. Stimme: Flugruf nasal »wäd wäd wäd«, »gägägägä«. Gesang ♂ (Singflug): jodelnd. Lebensraum: Moorgebiete der Tundra, Zwergstrauchflächen mit Tümpeln in der Taiga; außerhalb der Brutzeit vorwiegend feinsandiges Watt. Nahrung: Wattwürmer, kleine Muscheln, Schnecken und Krebstiere, Insektenlarven, Käfer. Brut: V–VI, 3–4 Eier, B 20–21 Tage. Bodennest.

1

2

1 Waldschnepfe

Scolopax rusticola (Schnepfen)

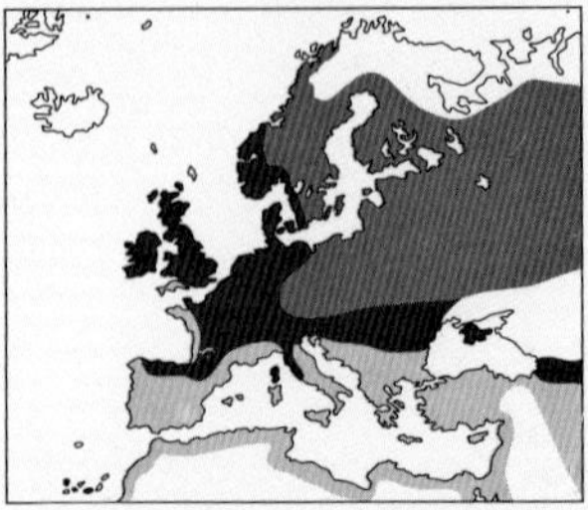

In Mitteleuropa: III–X. Kennzeichen: 34 cm/300 g. Große, gedrungene Schnepfe mit langem, kräftigem Schnabel; Augen groß, weit oben am Kopf; Gefieder baumrindenfarben, auf dem Kopf 3–4 breite, dunkle Querbänder. ♀ wie ♂. Wirkt im Flug dick und halslos, Flügel breit und rund. Ungesellig, meist dämmerungsaktiv; fliegt aufgescheucht im Zickzack hoch, um gleich wieder einzufallen; langsamer Singflug in Baumkronenhöhe. Stimme: ♂ beim Singflug »uorrt uorrt«, »psiwick«. Lebensraum: Naturnaher, feuchter Laub- und Mischwald. Nahrung: Regenwürmer, Insekten, Spinnen. Brut: III–VII, 4 Eier, B 20–22 Tage, Junge mit 20 Tagen flugfähig. Gut getarntes Bodennest.

2 Zwergschnepfe

Lymnocryptes minimus (Schnepfen)

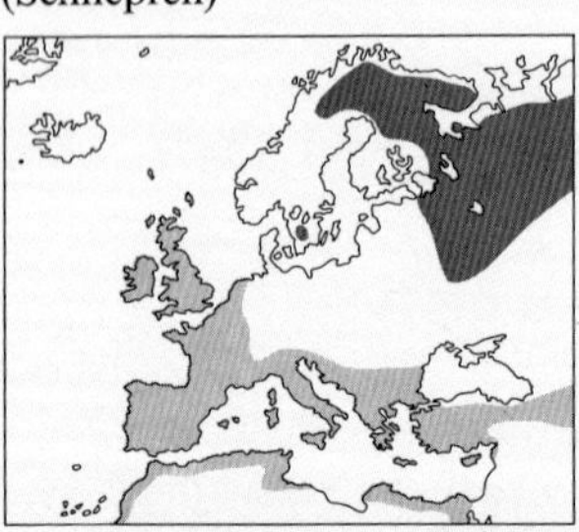

In Mitteleuropa: III–V, VIII–XI. Kennzeichen: 19 cm/60 g. Sehr kleine, relativ kurzschnäblige Schnepfe; Oberseite mit schwachem, grünlichem Metallschimmer, 2 rahmgelbe Längsstreifen. ♀ wie ♂. Im Flug keilförmiger Schwanz ohne Weiß. Landet aufgescheucht nach etwa 50 m. Stimme: Wenig ruffreudig; beim Singflug (♂ und ♀) galoppartige Strophen. Lebensraum: Moore, Verlandungszonen, Bruchwald; Feuchtwiesen, überschwemmte Krautflächen. Nahrung: Würmer, Schnecken, Insekten. Brut: V–VII, 4 Eier, B 22–24 Tage. Bodennest.

3 Bekassine

Gallinago gallinago (Schnepfen)

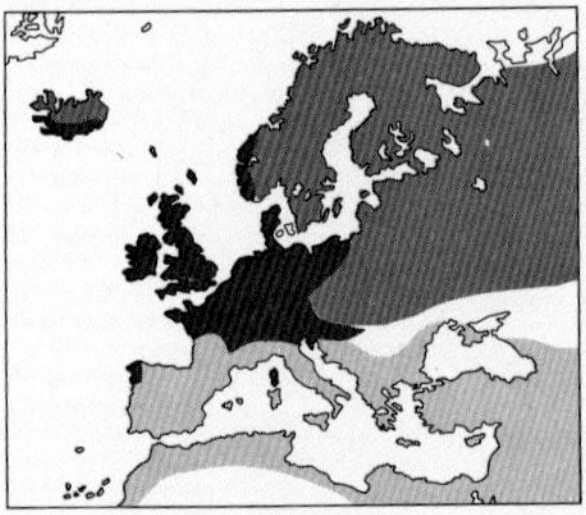

In Mitteleuropa: III–X. Kennzeichen: 27 cm/110 g. Sehr langschnäblige, kurzbeinige Schnepfe; Gefieder tarnfarben, oberseits bräunlich mit schwarzer Fleckung und weißlicher Längsstreifung. ♀ wie ♂. Fliegt aufgescheucht im Zickzack-Flug »ätschend« schräg aufwärts (Himmeln); lebt sehr versteckt; Reviermarkierungsflug des ♂ mit meckernden, durch Vibration der äußeren Schwanzfedern erzeugten »www«-Lauten. Stimme: Beim Auffliegen »ätsch«. Balzgesang ♂ und ♀: am Boden »tücke tücke tücke«. Lebensraum: Moore, Verlandungsflächen. Nahrung: Würmer, Krebse und Schnecken, Insekten. Brut: III–VII, 4 Eier, B 18–20 Tage, Junge mit 20–25 Tagen flugfähig. Bodennest.

1

2

3

1 Triel

Burhinus oedicnemus
(Triele)

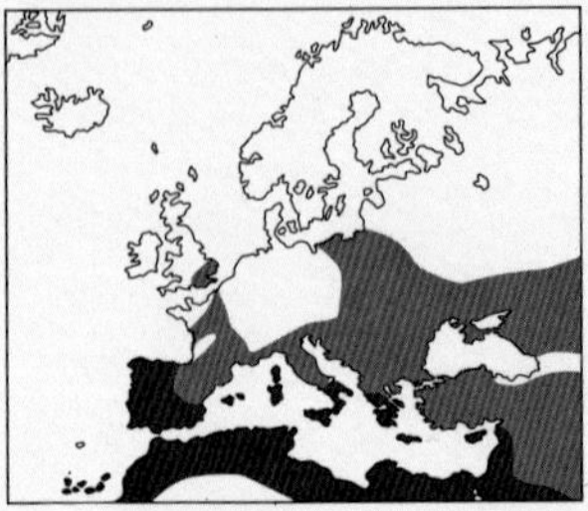

In Mitteleuropa: III–X (selten). Kennzeichen: 41 cm/450 g. Großer, gedrungener Watvogel mit großem Kopf, großen, gelben Augen und kräftigem, in der Basishälfte gelbem Schnabel; kräftige, lange, gelbe Beine; Gefieder oberseits hellbraun mit schwarbrauner und weißlicher Längszeichnung, helle, waagerechte Flügelbinde. ♀ wie ♂. Im Flug 2 weiße Flügelbinden sichtbar. Vorwiegend dämmerungsaktiv; sitzt tagsüber auf seinen Fersengelenken in Tarnstellung; sehr störungsempfindlich. Stimme: Weit hörbar; rauhes, an Großen Brachvogel (Seite 114) erinnerndes »krüü-li«; oft rufen mehrere Individuen gleichzeitig. Lebensraum: Trockene, sandige und steinige Gebiete mit spärlicher Vegetation, steinige Felder, große Kahlschläge in trockenen Kiefer-Heide-Wäldern. Nahrung: Würmer, Schnecken, Heuschrecken, Frösche, Reptilien, Jungvögel, Kleinsäuger. Brut: IV–VIII, 2 Eier, B 25–27 Tage, Junge mit 35–40 Tagen flugfähig; 1–2 Bruten/Jahr. Bodennest.

2 Brachschwalbe

Glareola pratincola
(Brachschwalben)

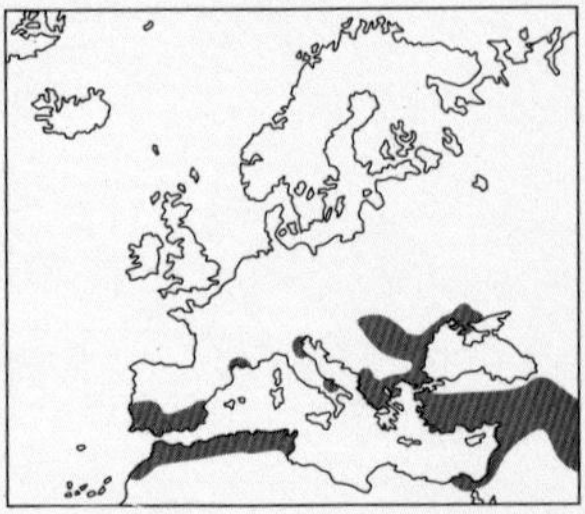

Kennzeichen: 25 cm/85 g. Seeschwalbenähnlicher Watvogel mit kurzem, etwas nach unten gebogenem, an der Basis rotem Schnabel und kurzen Beinen; Oberseite olivbraun; Kinn und Kehle rötlichgelb, schwarz eingefaßt; Zügelbereich schwarz, beim ♀ (Bild) bräunlich. Im Ruhekleid Kehle dunkel gefleckt, Rückenfedern mit hellen Säumen. Im Flug lange, spitze Flügel; schwarzer, tief gegabelter

Schwanz, zu einem Spieß zusammengelegt; Unterflügel rostbraun. Gesellig; jagt vorwiegend morgens und abends, ständig rufend, nach fliegenden Insekten. Stimme: Zur Brutzeit »karja karja«, »git git git«, »pirje pirje«. Lebensraum: Steppen- und Salzsteppengebiete, trockene Wiesen, brachliegende Felder; meist in Wassernähe. Nahrung: Heuschrecken, Käfer, Nachtschmetterlinge. Brut: V–VII, 3 Eier, B 17–18 Tage, Junge mit 33 Tagen flugfähig. Koloniebrüter; Bodennest.

1

2

1 Skua

Stercorarius skua (Raubmöwen)

Kennzeichen: 58 cm/1400 g. Etwas größer und viel gedrungener als Silbermöwe (Seite 128); kurzer, schwach keilförmiger Schwanz, Schnabel schwarz, an der Spitze mit Haken; Gefieder dunkel graubraun. ♀ etwas größer als ♂. Im Flug recht breite, abgerundete Flügel, kurzer Schwanz, auffälliges, helles Flügelfeld. Sehr angriffslustig, jagt anderen Seevögeln die Beute ab. Stimme: Bellend »ok ok ok«, schrill »skirr«, wimmernd »a-ech«. Lebensraum: Küstennahe Sümpfe und Moore, Inseln mit Tundravegetation; außerhalb der Brutzeit Hochsee, Küsten. Nahrung: Beutetiere; Eier und Junge von anderen Seevögeln. Brut: V–VII, 2 Eier, B 28–30 Tage, Junge mit 6–7 Wochen selbständig. Bodennest.

2 Schmarotzerraubmöwe

Stercorarius parasiticus (Raubmöwen)

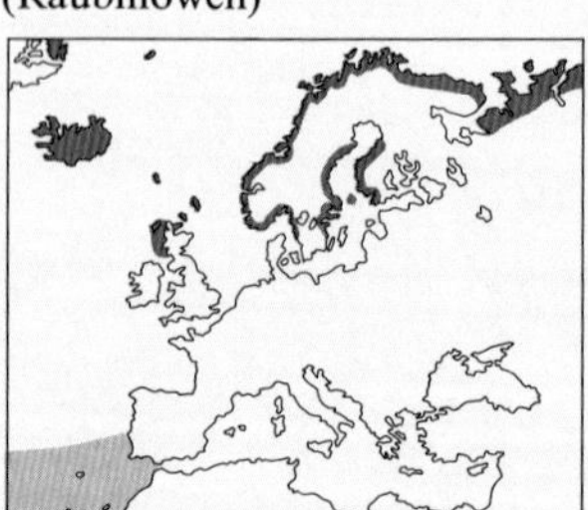

Kennzeichen: 46 cm/400 g. Sturmmöwengroß mit 2 kurzen, spitzen Schwanzspießen; dunkle Variante überwiegend dunkelbraun; helle Variante (Bild) mit weißlicher Unterseite, Wangen und Hals gelblich. ♀ etwas größer als ♂. Wirkt im Flug greifvogelartig, lange, schmale, spitze Flügel. Fliegt sehr schnell und wendig; jagt anderen Vögeln die Beute ab. Stimme: Hoch und rauh »ihähr«, jaulend »ka-ouh«. Lebensraum: Küstennahe Moore, feuchte Heiden, flache Inseln, Tundra; außerhalb der Brutzeit meist Hochsee. Nahrung: Beraubt Seevögel; Fische, Kleinnager, Vogeleier. Brut: V–VI, 2 Eier, B 24–28 Tage, Junge mit ≈ 1 Monat flugfähig. Bodennest.

3 Falkenraubmöwe

Stercorarius longicaudus (Raubmöwen)

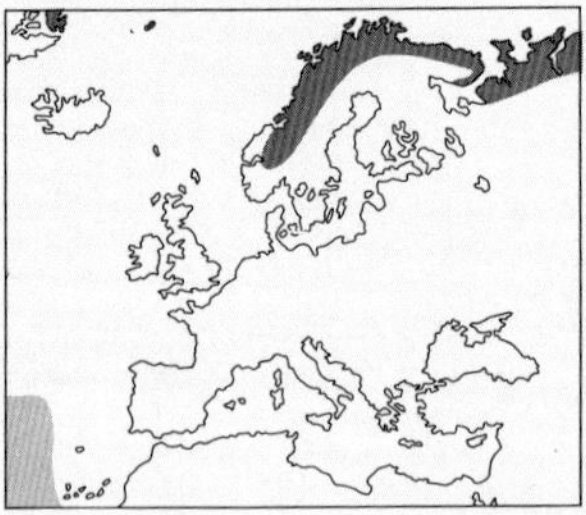

Kennzeichen: 51–56 cm/250 g. Lachmöwengroß mit langen, bis 25 cm über den Schwanz hinausragenden Schwanzspießen. ♀ etwas größer als ♂. Im Flug seeschwalbenartig zierlich mit langen, schmalen Flügeln, lange Schwanzspieße. Rüttelt häufig. Beuteparasit bei Möwen und Seeschwalben. Stimme: Am Brutplatz kreischend »kri kri«. Lebensraum: Tundra, Fjäll; außerhalb der Brutzeit Hochsee. Nahrung: Lemminge, Kleinvögel; beraubt Seevögel. Brut: VI–VII, 2 Eier, B 23 Tage, Junge mit 3–4 Wochen flugfähig. Bodennest.

1

2

3

1/2 Lachmöwe

Larus ridibundus (Möwen)

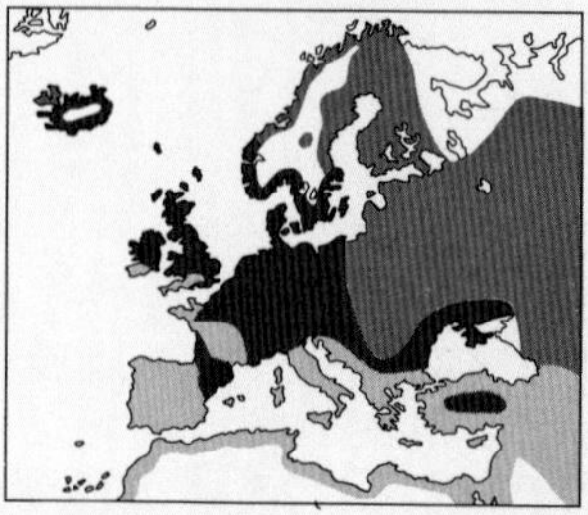

In Mitteleuropa: I–XII. Kennzeichen: 35–38 cm/230–260 g. Häufigste Möwe im Binnenland; schlanker, dunkelroter Schnabel, rote Beine; im Brutkleid (Bild 1) Kopf, Kinn und Kehle schokoladenbraun, Oberseite hellgrau, übriges Gefieder weiß. Im Ruhekleid (Bild 2) weißer Kopf mit dunklem Fleck in der Ohrgegend. ♀ wie ♂. Jungvögel oberseits bräunlich gefleckt, schwarze

Jugendkleid

Schwanzendbinde. Flug: Spitzen der Handschwingen schwarz, Flügelvorderkante weiß. Zu jeder Jahreszeit gesellig; oft auf Müllhalden; im Winter häufig an Gewässern in der Großstadt. Stimme: Oft »kwäär«, »krrrija«, »arrererr«, »gegegeg« und andere kreischende Laute; zur Brutzeit besonders rufaktiv. Lebensraum: Gewässer mit Verlandungszonen, Moore, Sümpfe, Sand- und Kiesbänke; außerhalb der Brutzeit Binnengewässer und Meeresküste. Nahrung: Vielseitig; Käfer, Libellen, Schnecken, Würmer, Fische, Aas, Abfälle. Brut: IV–VI, 3 Eier, B 22–24 Tage, Junge mit 5–6 Wochen flugfähig. Koloniebrüter; Nester auf Bülten oder altem Schilf.

3 Zwergmöwe

Larus minutus (Möwen)

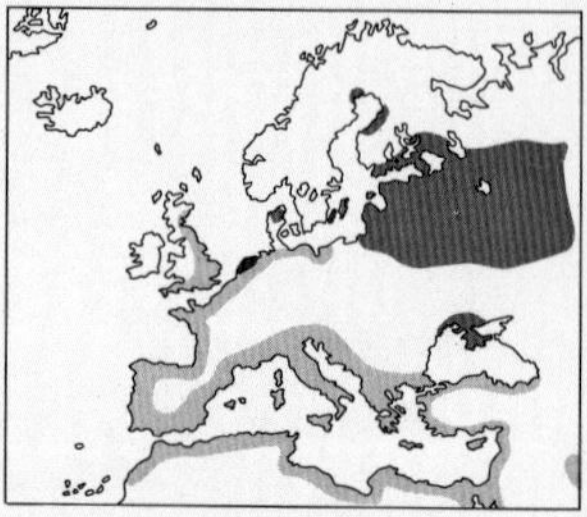

In Mitteleuropa: III–X. Kennzeichen: 28 cm/120 g. Ähnlich wie Lachmöwe, aber viel kleiner; schwarzer (nicht brauner) Kopf, Oberflügel hellgrau, ohne Schwarz; kurze, rote Beine. Im Ruhekleid dunkler Ohrfleck, Oberkopf mit verwaschener, dunkler Zeichnung. ♀ wie ♂. Flügelunterseite schwärzlich. Jugendkleid wie Ruhekleid, aber Oberseite bräunlich. Jungvögel mit schwärzlichem Zickzackband auf der Flügeloberseite, Schwanzende schwarz. Flug wirkt seeschwalbenartig leicht und elegant; oft mit Lachmöwen oder Trauerseeschwalben vergesellschaftet. Stimme: Seeschwalbenartig hart »kjeck«, »gjääg«, »kik-ki-ki«. Lebensraum: Vegetationsreiche Binnenseen mit Seggen-, Schachtelhalm- und Schilfbestand, spärlich bewachsene Seen, Meeresbuchten; außerhalb der Brutzeit hauptsächlich Meeresküste und offenes Meer, auch Binnenseen. Nahrung: Fliegende Insekten, Wasserinsekten, kleine Fische, Weichtiere, Würmer, Krebse. Brut: V–VI, B 20–21 Tage, Jungvögel mit 21–24 Tagen flugfähig. Koloniebrüter; Nester an trockenen Stellen im Sumpf.

1

2

3

1 Mantelmöwe

Larus marinus (Möwen)

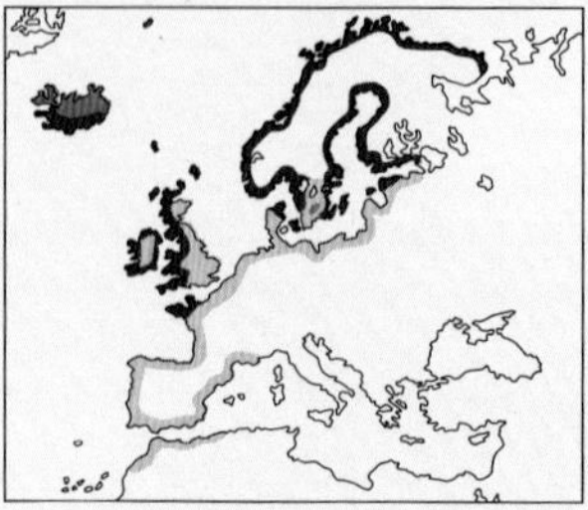

In Mitteleuropa: I–XII, aber nicht brütend. Kennzeichen: 64–79 cm/1600–1900 g. Sehr große Möwe mit fleischfarbenen Beinen; Rücken und Flügeloberseite rußschwarz, übriges Gefieder, Hinterrand und äußerste Spitzen der Flügel weiß; Schnabel gelb, sehr kräftig. Im Ruhekleid Kopf grau gefleckt. ♀ kleiner als ♂, mit schwächerem Schnabel. Jungvögel sehr ähnlich wie junge Silbermöwen (Seite 128), aber kontrastreicher, Kopf und Unterseite heller, erst mit 3⅓ Jahren ausgefärbt. Flug majestätisch, segelt häufig; nicht so gesellig wie Silbermöwe; häufig an Fischverarbeitungsanlagen; folgt Fischerbooten. Stimme: Flugruf »krau«; rauh lachendes, häufig gereihtes »ouk«, dumpf »gog«; bei Störung tief »ga-ag-ag-ag«. Lebensraum: Kleine Felsinseln, Fels- und Kiesküste, Moore und Heideflächen im Küstenbereich; außerhalb der Brutzeit Küsten aller Art. Nahrung: Eier und Junge von Strand- und Seevögeln, Aas, Abfälle. Brut: IV–V, 2–3 Eier, B 26–30 Tage, Junge mit 8 Wochen flugfähig. Großes Bodennest.

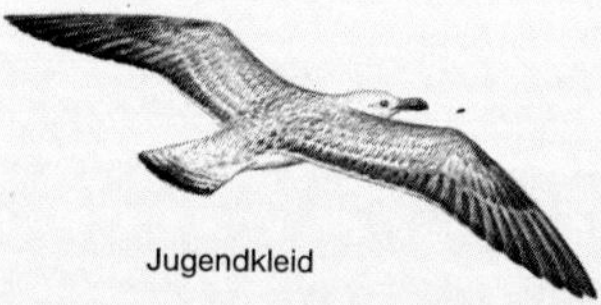

Jugendkleid

Ähnliche Art: **Eismöwe,** *Larus hyperboreus.* Sehr groß, im Aussehen wie Mantelmöwe, aber mit grauweißem Mantel. Brütet an arktischen Küsten (Nordrußland, Island). Im Winter oft Jungvögel an Küsten Skandinaviens und der Britischen Inseln.

2 Heringsmöwe

Larus fuscus (Möwen)

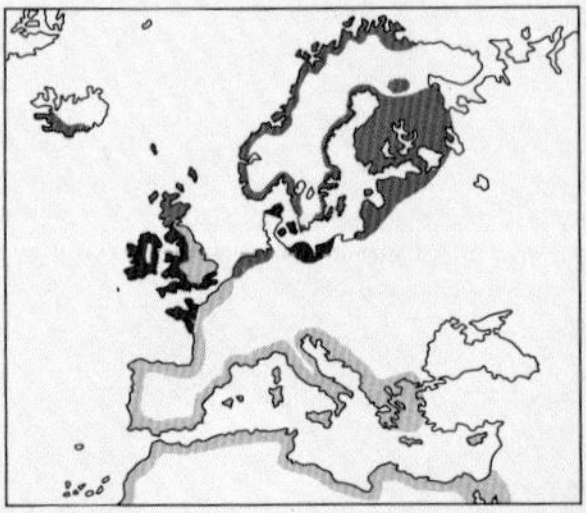

In Mitteleuropa: I–XII. Kennzeichen: 52–56 cm/800–1100 g. Ähnlich wie Silbermöwe (Seite 128), aber Oberflügel und Rükken je nach Rassezugehörigkeit dunkelgrau bis schwärzlich; Beine gelb, im Winter manchmal fleischfarben. ♀ meist kleiner als ♂. Jungvögel im ersten Winter kaum von jungen Silbermöwen zu unterscheiden, im zweiten oberseits deutlich dunkler. Stimme: Ähnlich wie Mantelmöwe, rauh »ouk ouk«, aber etwas höher; bei Gefahr nasal »aö«, »gagaga«. Lebensraum: Sandige und felsige Strände, Moore, Zwergstrauchflächen, Grasland in Küstennähe; große Flüsse, Inseln von Süß- und Salzwasserseen; außerhalb der Brutzeit offenes Meer, Inseln und Felsküste. Nahrung: Fische, Muscheln, Krebstiere, Insekten, Mäuse, Aas, Abfälle. Brut: IV–VI, 3 Eier, B 25–27 Tage, Jungvögel mit 5–6 Wochen flugfähig. Koloniebrüter; unordentliches, großes Bodennest.

1

2

1 Silbermöwe

Larus argentatus (Möwen)

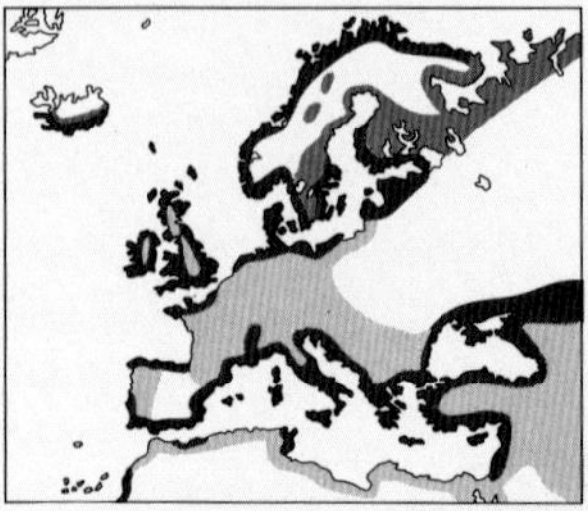

In Mitteleuropa: I–XII. Kennzeichen: 56–66 cm/900–1300 g. Häufigste Großmöwe unserer Küsten; Rücken und Flügel silbergrau, Flügelspitzen schwarz mit weißen Flecken, übriges Gefieder weiß; Schnabel gelb, mit rotem Fleck; Augen gelb; Beine der mitteleuropäischen Rasse fleischfarben, bei anderen Rassen gelb. ♀ meist kleiner als ♂. Jungvögel bräunlich mit helleren Federsäumen, Schnabel schwarz. Sehr gesellig; oft an Müllplätzen. Stimme: Jaulend und miauend »kjau«, oft gereiht; jauchzend »kija kija kija kijau kijau«. Lebensraum: Küsten aller Art; küstennahe Gewässer, große Seen und Flüsse. Nahrung: Fische, Kleintiere, Aas, Abfälle. Brut: IV–VI, 2–3 Eier, B 25–27 Tage, Junge mit 6–7 Wochen flugfähig. Bodennest.

2 Sturmmöwe

Larus canus (Möwen)

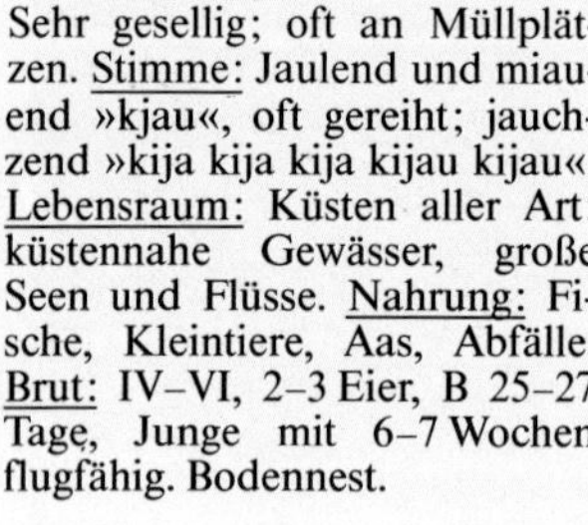

In Mitteleuropa: I–XII. Kennzeichen: 41 cm/360 g. Kleiner als Silbermöwe; Kopf rundlich, Schnabel und Beine grünlichgelb, Augen dunkel. ♀ wie ♂. Jungvögel oberseits graubraun, breite, schwarze Schwanzendbinde. Im Winter in geringer Zahl in Städten. Stimme: Höher und schriller als Silbermöwe »gija gija«; »ä-ä-äiiä-äiiä«, »kjau«. Lebensraum: Meeresküsten, küstennahe Gewässer, Binnenseen. Nahrung: Insekten, Weichtiere, Fische, Mäuse, Aas, Abfälle. Brut: IV–VII, 3 Eier, B 24–28 Tage, Junge mit 4–5 Wochen flugfähig. Bodennest.

3 Dreizehenmöwe

Rissa tridactyla (Möwen)

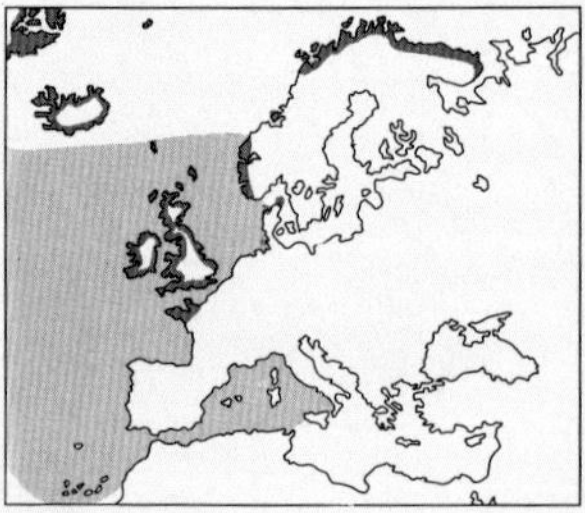

In Mitteleuropa: I–XII (selten). Kennzeichen: 41 cm/440 g. Reinweiß mit grauem Mantel, einheitlich schwarze Flügelspitzen, gelber, schlanker Schnabel, dunkle Augen, schwarze Füße mit nur 3 Zehen. ♀ wie ♂. Jungvögel schwarzbraunes Nackenband und schwarzes Schwanzende. Sehr gewandter Flieger; oft seeschwalbenartiges Stoßtauchen. Stimme: Am Brutplatz durchdringend »kiti-week«; rauh »gag gag«. Lebensraum: Zur Brutzeit steile Klippen, sonst meist Hochsee. Nahrung: Fische, Weichtiere, Krebse, Abfälle. Brut: V–VII, 2 Eier, B 24–28 Tage, N 5–8 Wochen. Koloniebrüter; Nester auf schmalen Felssimsen, auch an Gebäuden.

1

2

3

1 Brandseeschwalbe

Sterna sandvicensis
(Seeschwalben)

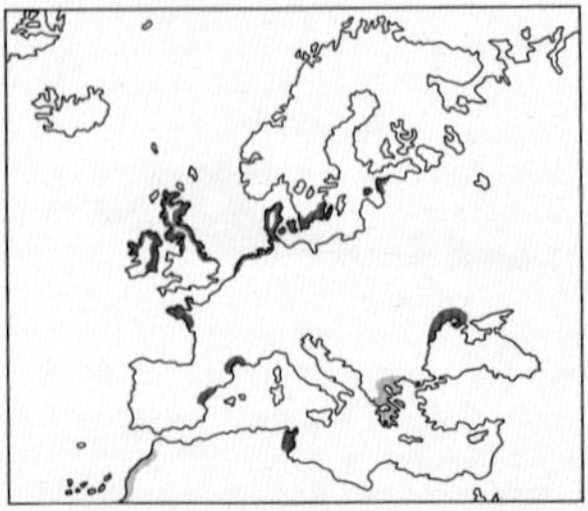

In Mitteleuropa: IV–IX. Kennzeichen: 41 cm/250 g. Schlanker, schwarzer Schnabel mit gelber Spitze, schwarzer Federschopf; Beine schwarz; im Winter (Bild) mit weißer Stirn. ♀ wie ♂. Jungvögel an Kopf und Oberseite schuppig braun gefleckt. Sehr gesellig und lärmend; Nahrungserwerb stoßtauchend. Stimme: Laut »kirrik«, »krick« oder »kräkräkrä«. Lebensraum: Sand- und Kiesstrände am Meer, flache Felsküsten. Nahrung: Kleine Fische, Krebse, Mollusken, Würmer. Brut: V–VII, 2 Eier, B 22–26 Tage, Jungvögel mit 30–35 Tagen flugfähig. Koloniebrüter.

2 Flußseeschwalbe

Sterna hirundo (Seeschwalben)

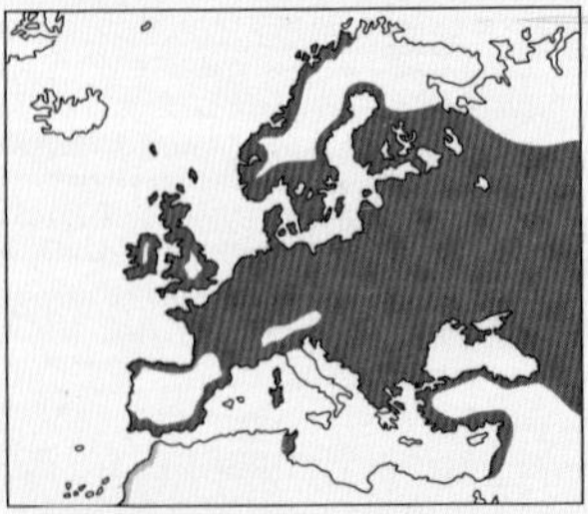

In Mitteleuropa: IV–IX. Kennzeichen: 35 cm/150 g. Schlanker, orangeroter Schnabel mit schwarzer Spitze; Beine rot; Schwanz überragt im Sitzen die Flügelspitzen nicht; im Winter Stirn weiß, Schnabel schwärzlich mit roter Wurzel. ♀ wie ♂. Jungvögel mit weißer Stirn und bräunlich gefleckter Oberseite. Gesellig; Flug sehr elegant; Nahrungserwerb stoßtauchend. Stimme: Scharf »kriärr«, »kirrikirri« und »kit kit kirr«. Lebensraum: Sand- und Kiesbänke von Binnengewässern, flache Meeresküsten, Dünen. Nahrung: Kleine Fische, Krebse, Amphibienlarven, Wasserinsekten. Brut: V–VII, 2–3 Eier, B 20–23 Tage, Jungvögel mit 24–30 Tagen flugfähig. Koloniebrüter.

3 Küstenseeschwalbe

Sterna paradisaea
(Seeschwalben)

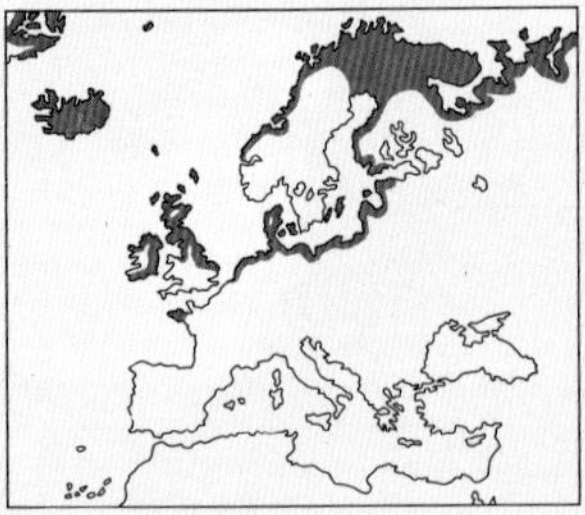

In Mitteleuropa: IV–X. Kennzeichen: 35 cm/120 g. Wie Flußseeschwalbe, aber einheitlich blutroter Schnabel, kürzere Beine, dunklere Unterseite, Schwanzspieße überragen im Sitzen die Flügelspitzen; im Winter Stirn und Oberkopf weiß, Schnabel und Beine schwärzlich. ♀ wie ♂. Jungvögel ähnlich wie junge Flußseeschwalben. Gesellig; Flug sehr elegant; Nahrungserwerb stoßtauchend. Stimme: Ruft »krürr«, »krier« und »ki ki«. Lebensraum: Sand- und Kiesstrände am Meer, Tundra. Nahrung: Krebse, Fischchen. Brut: V–VII, 2–3 Eier, B 20–22 Tage, Jungvögel mit 20–30 Tagen flugfähig. Koloniebrüter.

1

2

3

1 Zwergseeschwalbe

Sterna albifrons (Seeschwalben)

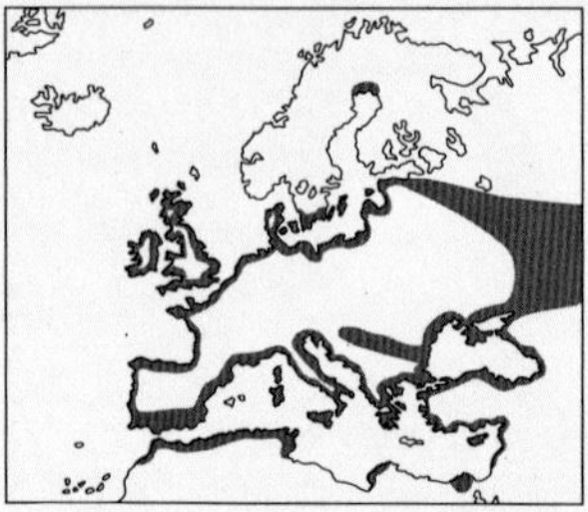

In Mitteleuropa: IV–IX. Kennzeichen: 24 cm/50 g. Klein! Schnabel gelb mit schwarzer Spitze, Stirn weiß, Beine orangegelb; im Winter schwarzer Augenstreif und schwarzer Hinterkopf. ♀ wie ♂. Jungvögel wie Altvögel im Winter, aber oberseits bräunlich gefleckt. Wenig gesellig; rüttelt häufig; jagt stoßtauchend. Stimme: Ruft »wäd wäd«, »kitt kitt« oder »kirrikirri«. Lebensraum: Sandige und kiesige Meeresküsten, auch Binnengewässer. Nahrung: Kleine Fische, Krebse, Würmer und Insekten. Brut: V–VII, 2–3 Eier, B 20–22 Tage, Jungvögel mit 17–21 Tagen flugfähig. Brütet in lockeren Kolonien, auch einzeln.

2 Trauerseeschwalbe

Chlidonias niger (Seeschwalben)

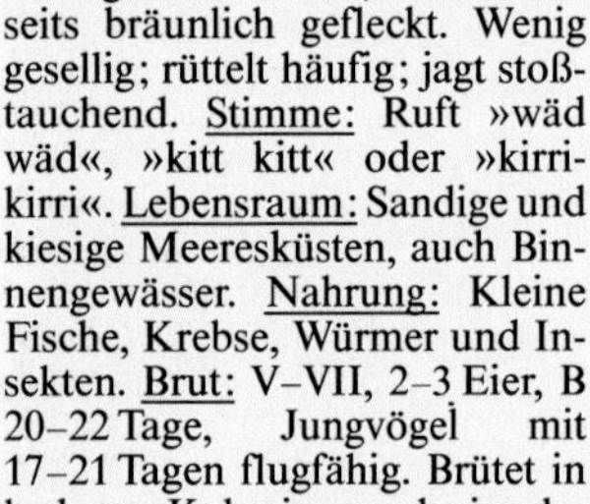

In Mitteleuropa: IV–IX. Kennzeichen: 24 cm/65 g. Kleine, schwärzliche Seeschwalbe, Schnabel und Beine schwarz, Flügel ober- und unterseits grau, Schwanz grau, Unterschwanzdecken weiß; im Winter Stirn und Unterseite weiß, schwarzer Fleck an den Halsseiten. ♀ wie ♂. Jungvögel ähnlich wie Altvögel im Winter. Fliegt niedrig über Wasserflächen. Stimme: Ruft »kriärr«, »krek« oder »kik«. Lebensraum: Binnengewässer mit vielen Wasserpflanzen. Nahrung: Insekten, kleine Frösche und Fische. Brut: V–VII, 2–3 Eier, B 14–17 Tage, Jungvögel mit 21 Tagen flugfähig. Brütet in lockeren Kolonien auf Schwimmpflanzen.

3 Weißbartseeschwalbe

Chlidonias hybrida (Seeschwalben)

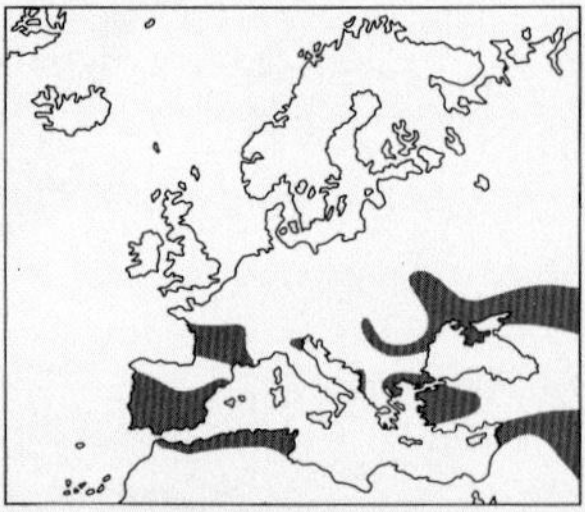

In Mitteleuropa: IV–V, VIII–IX. Kennzeichen: 25 cm/90 g. Graue Seeschwalbe mit schwarzer Kopfkappe und weißen Wangen, Schnabel tiefrot, Beine rot, Unterflügel- und Unterschwanzdekken weiß; im Winter Stirn und Unterseite weiß, Hinterkopf schwarz, dunkler Augenstreif. ♀ wie ♂. Jungvögel ähnlich wie Altvögel im Winter. Manchmal stoßtauchend. Stimme: Ruft krächzend »kräk« oder »krt«. Lebensraum: Binnengewässer mit vielen Wasserpflanzen. Nahrung: Insekten, kleine Frösche und Fische. Brut: V–VI, 2–4 Eier, B 18–22 Tage, Jungvögel mit 21 Tagen flugfähig. Brütet in lockeren Kolonien auf Schwimmpflanzen.

1

2

3

1 Papageitaucher

Fratercula arctica (Alken)

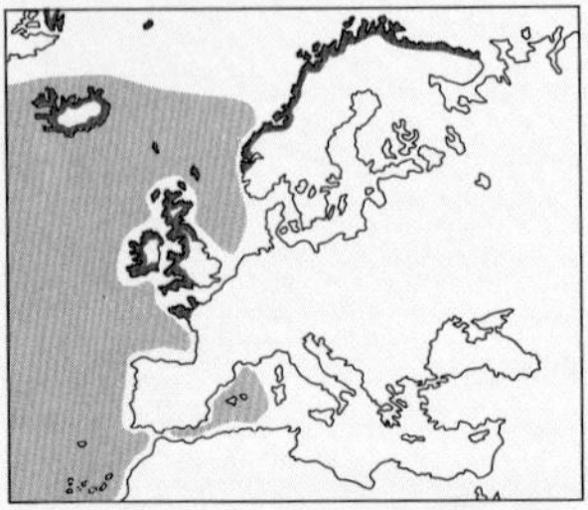

Kennzeichen: 30 cm/400 g. Gedrungener Alkenvogel mit dickem Kopf und klobigem, seitlich stark zusammengedrücktem, rotgelb gestreiftem Schnabel; Kopfseiten weiß, im Winter grau. ♀ wie ♂. Jungvögel mit grauen Kopfseiten und schwachem Schnabel. Gesellig; taucht häufig, fliegt schnell und geradlinig. Stimme: Ruft tief »arrr« oder »aah«. Lebensraum: Nicht zu steile, grasbewachsene Felsküsten, felsige Inseln, Küstengewässer; außerhalb der Brutzeit offenes Meer. Nahrung: Fische (Sandaale), Krebstiere. Brut: V–VII, 1 Ei, B 35–43 Tage, N 40–50 Tage. Brütet in Erdlöchern in dichten Kolonien.

2 Gryllteiste

Cepphus grylle (Alken)

In Mitteleuropa: X–III. Kennzeichen: 34 cm/500 g. Schwarzer Alkenvogel mit großem, weißem Flügelfeld, Schnabel schlank und spitz, Füße leuchtendrot; im Winter oberseits fleckig grau, unterseits weiß. ♀ wie ♂. Jungvögel ähnlich wie Altvögel im Winter. Weniger gesellig als andere Alken; taucht häufig. Stimme: Ruft hoch und dünn »ssie«, »südesüde« oder »düsi-düsi«. Lebensraum: Nicht sehr steile, aber zerklüftete Felsküsten, Küstengewässer, Fjorde. Nahrung: Fischchen, Krebstiere, kleine, auf dem Grund lebende Meerestiere. Brut: V–VII, 1–2 Eier, B 24–28 Tage, N 34–36 Tage. Brütet in kleinen Kolonien.

3 Krabbentaucher

Plautus alle (Alken)

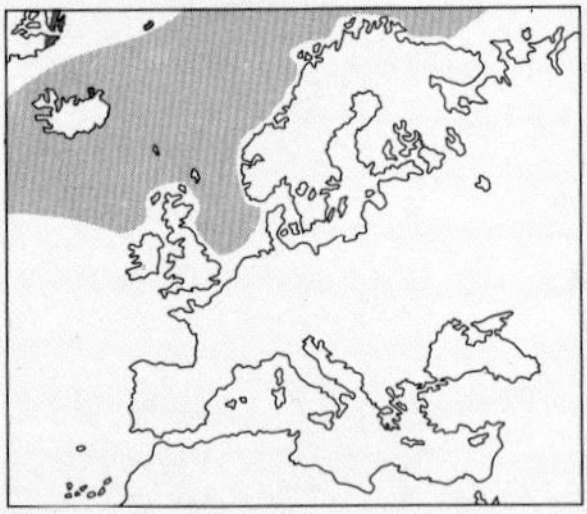

Kennzeichen: 20 cm/140 g. Nur starengroßer Alk mit dickem, schwarzem Kopf, kurzem, kräftigem Schnabel und schwarzen Füßen; im Winter Unterseite und Wangen weiß. ♀ wie ♂. Jungvögel ähnlich wie Altvögel im Winter. Gesellig; taucht oft, fliegt gewandter als andere Alken. Stimme: Ruft hoch vibrierend »trii«, pfeifend »giff giff« oder schnatternd »ga ga garak«. Lebensraum: Hohe Felsküsten, Berge in Küstennähe, offenes Meer. Nahrung: Kleinkrebse (Krill). Brut: VI–VII, 1 Ei, B 24 Tage, N 28 Tage. Brütet in dichten Kolonien in Felsspalten oder Erdlöchern.

1

2|3

1 Trottellumme

Uria aalge (Alken)

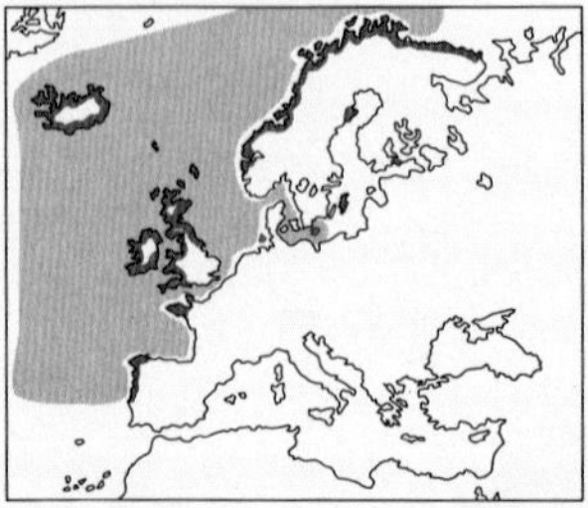

In Mitteleuropa: V–VII auf Helgoland, die übrige Zeit vor der Nord- und Ostseeküste. Kennzeichen: 42 cm/1000 g. Schlanker als Tordalk, mit schlankem, spitzem, ungezeichnetem Schnabel; Füße schwärzlich; Variante mit weißem Augenring und feiner, weißer Linie bis zur Ohrgegend (Ringellumme); im Winter auch Kinn, Wangen und Vorderhals weiß, schwarzer Strich hinter dem Auge. ♀ wie ♂. Jungvögel wie Altvögel im Winterkleid. Sehr gesellig, sitzt in dichten Scharen in aufrechter Haltung auf Felssimsen der steilen Brutklippen, taucht oft und ausdauernd, bis 2 Minuten lang, benutzt dabei wie alle Alken die halbgeöffneten Flügel zur Fortbewegung. Stimme: Ruft tief knarrend »arrr«, »hadada«, trillernd »sirrirr« oder miauend »jau«. Lebensraum: Steile Felsklippen der Küsten; außerhalb der Brutzeit das offene Meer. Nahrung: Fische, Krebse, Mollusken. Brut: V–VII, 1 Ei, B 30–36 Tage, N 14–20 Tage. Brütet in dichten Kolonien.

Ähnliche Art: **Dickschnabellumme,** *Uria lomvia*. Sehr ähnlich wie Trottellumme, aber kürzerer, kräftigerer Schnabel mit feinem, weißem Längsstrich an der Wurzel. Brütet in Europa nur in N-Norwegen, NW-Rußland, auf Island und Spitzbergen.

2 Tordalk

Alca torda (Alken)

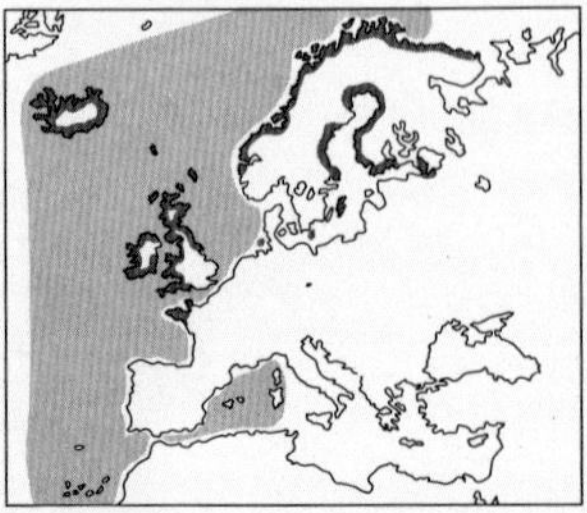

In Mitteleuropa: V–VII auf Helgoland, die übrige Zeit vor der Nordseeküste. Kennzeichen: 41 cm/800 g. Kleiner und gedrungener als Trottellumme, hoher, seitlich zusammengedrückter Schnabel mit weißer Querlinie, weiße Linie vom Oberschnabel bis zum Auge; im Winter auch Kehle, Vorderhals und Halsseiten weiß. ♀ wie ♂. Jungvögel ähnlich wie Altvögel im Winterkleid, Schnabel ungezeichnet. Gesellig; taucht oft und ausdauernd, schwimmt mit erhobenem Schwanz; Flug reißend mit schwirrendem Flügelschlag, der Schwanz überragt dabei die nach hinten ausgestreckten Füße. Stimme: Tief knarrend »orrr«, »uorr-orr-or«. Lebensraum: Küstengewässer und offenes Meer; zur Brutzeit steile Felsklippen. Nahrung: Fische, Krebstiere, Kleintiere des Meeresbodens. Brut: V–VII, 1 Ei, B 33–36 Tage, N 18–25 Tage. Brütet in meist kleinen Gruppen inmitten der Kolonien anderer Alken.

1

2

1 Spießflughuhn

Pterocles alchata (Flughühner)

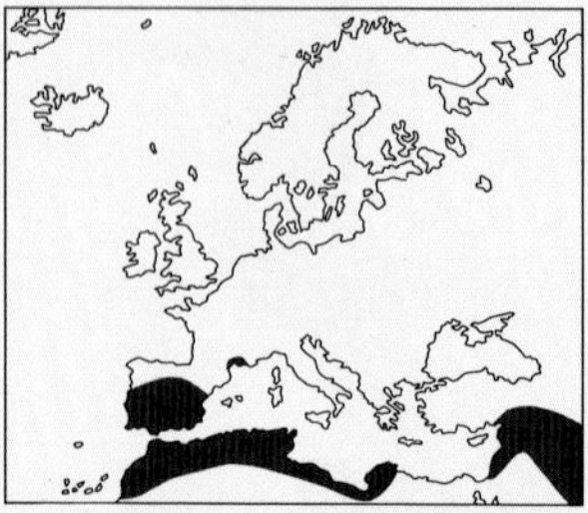

Kennzeichen: 37 cm/250 g. Lange Schwanzspieße, schwarzer Augenstreif, Bauch weiß. ♂ Kinn und Kehle schwarz, 2 schmale, schwarze Brustbänder; ♀ Kinn und Kehle weiß, 3 schmale, schwarze Brustbänder, oberseits wellig quergebändert. Im Flug fallen die langen, schmalen, spitzen Flügel mit weißlicher Unterseite und die Schwanzspieße auf. Flug rasant; Schwärme fliegen meist in der Abenddämmerung zur Wasserstelle. Scheuer Bodenvogel, trippelt taubenartig. Stimme: Ruft im Flug nasal »ganggang-gang« und quarrend »grarr ga ga grarr«. Lebensraum: Trockene, steinige Ebenen, sandige Steppen, ausgedörrte Schlammflächen. Nahrung: Samen, grüne Pflanzenteile. Brut: IV–V, 2–3 Eier, B 21–23 Tage, Nestflüchter, Jungvögel mit 3–4 Wochen flugfähig. Bodenbrüter.

2 Sandflughuhn

Pterocles orientalis (Flughühner)

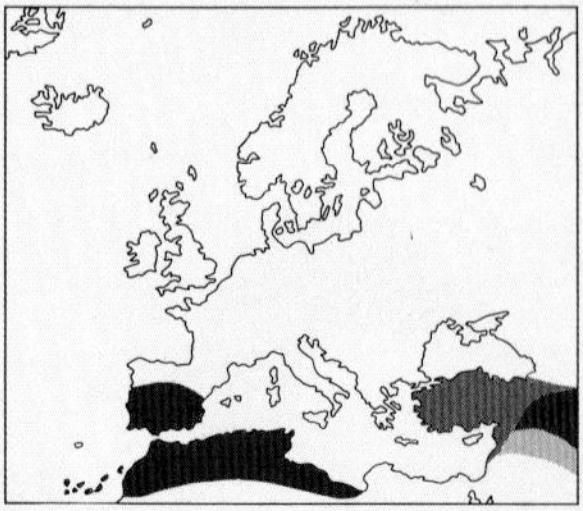

Kennzeichen: 34 cm/400 g. Größer und gedrungener als Spießflughuhn, ohne Schwanzspieße, Bauch schwarz. ♂ Kopf und Kropfgegend hellgrau; ♀ (Bild) Oberkopf und Kropfgegend auf sandfarbenem Grund fein schwarz gepunktet. Im Flug kontrastieren die weißlichen Unterflügeldecken mit den schwärzlichen Schwungfedern und dem schwarzen Bauch; Flug rasant, mit pfeifendem Fluggeräusch, vor allem außerhalb der Brutzeit in größeren Schwärmen, die weite Flüge zu Wasserstellen unternehmen. Scheuer Bodenvogel. Stimme: Ruft im Flug »djürr-rürr-rürr«, »prurrchiu-prurrchiu«, außerdem pfeifend »hijä«. Lebensraum: Halbwüsten, Steppen, sandiges, vegetationsarmes Brachland. Nahrung: Samen, grüne Pflanzenteile. Brut: IV–VI, 2–3 Eier, B 21–22 Tage, Nestflüchter. Bodenbrüter. Das ♂ tränkt die Küken wie das ♂ des Spießflughuhns mit Wasser aus dem vollgesogenen Bauchgefieder. Dazu fliegt es zu einer oft weit entfernten Wasserstelle, watet bis zum Bauch ins Wasser und läßt sein Gefieder wie einen Schwamm durchtränken. Mit der kostbaren Fracht kehrt es zu den Jungen zurück, die das Wasser gierig aus dem Bauchgefieder saugen.

1

2

1 Moorschneehuhn

Lagopus lagopus
(Rauhfußhühner)

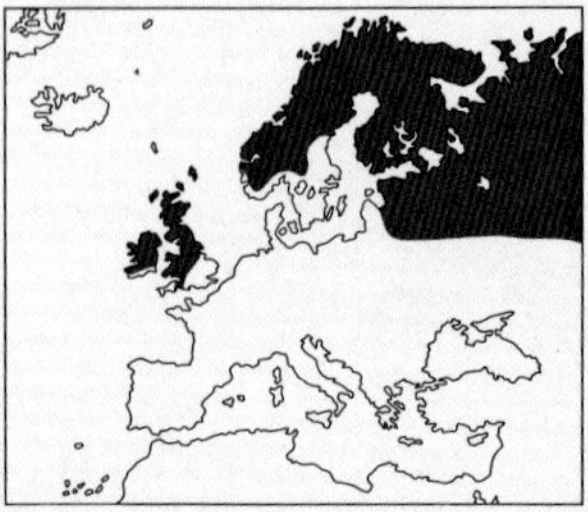

Kennzeichen: 38–41 cm/450 bis 700 g. Sommerkleid kastanienbraun quergewellt, Flügel weiß, Schwanz schwarz, Bauch und die bis zu den Zehen reichende Befiederung weiß, rote Überaugenwülste (Rosen); ♀ unscheinbar gelblichbraun, mit starker Wellenzeichnung; Herbstkleid Oberseite wie im Sommer, Unterseite bis auf braunen Kopf weiß; Winterkleid weiß ohne schwarzen Zügelstreif, nur Steuerfedern schwarz. ♀ wie ♂. Das **Schottische Moorschneehuhn** (*Lagopus lagopus scoticus*) der Britischen Inseln, eine Rasse des Moorschneehuhns, ist Sommer wie Winter kastanienbraun gefärbt. Drückt sich bei Gefahr fest an den Boden. Stimme: Ruft schneller werdend hölzern »quak-kawak-kawak-quarrr«, kurz »gog«, bei Störung am Nest »kuä-kuä«. Lebensraum: Offene Taiga, Strauchtundra, Sumpf- und Heidegebiete mit Weiden, Birken, Zwergsträuchern; im allgemeinen tiefere Lagen als das Alpenschneehuhn. Nahrung: Blätter, Knospen und Beeren von Zwergsträuchern, vor allem von Heidel-, Preisel- und Krähenbeere; im Winter Knospen und Blätter der Zwergbirke; um an die Nahrungspflanzen zu gelangen, graben die Vögel lange Gänge in den Schnee. Brut: V–VI, 6–14 Eier, B 21–24 Tage, Junge mit 2 Wochen flugfähig. Bodenbrüter.

2/3 Alpenschneehuhn

Lagopus mutus
(Rauhfußhühner)

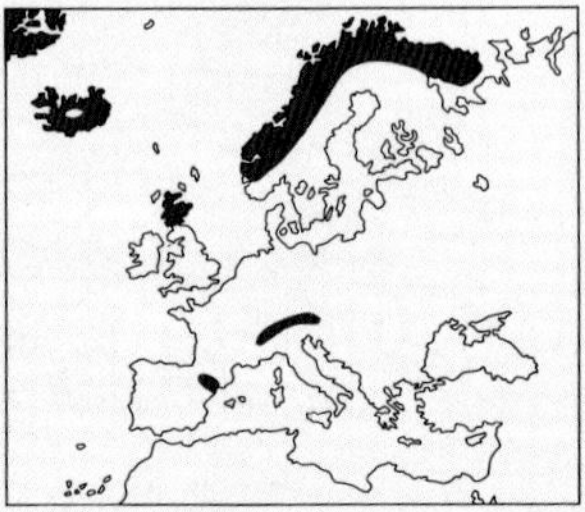

In Mitteleuropa: I–XII. Kennzeichen: 35 cm/350–510 g. Kleiner als Moorschneehuhn, mit schwächerem Schnabel. In allen Kleidern Flügel, Hinterbrust, Bauch und Füße weiß, schwarzer Zügelstreif, rote »Rosen« (Bild U4); Sommerkleid Oberseite, Vorderbrust und Flanken fein braunschwarz quergebändert (Bild 2); ♀ dunkelbraun bis gelblichbraun, auch Brust und Bauch dunkel gebändert. Winterkleid bis auf Zügelstreif und schwarze Steuerfedern weiß (Bild 3); ♀ wie ♂, aber ohne Zügelstreif. Auffäl-

liger Balzflug; außerhalb der Brutzeit in kleinen Trupps. Stimme: Hölzernes Knarren »arraka-ga«; balzend »äuwääää-ärrr«; Stimmfühlung ♂ »korr«, ♀ »kiiä«. Lebensraum: Berglagen oberhalb der Baumgrenze wie steinige Matten und Halden; Tundra. Nahrung: Blätter und Knospen von Alpenkräutern, Heidel-, Preisel-, Rausch- und andere Beeren; Insekten. Brut: VI–VII, 4–11 Eier, B 23–24 Tage, Junge mit 2 Wochen flugfähig. Bodenbrüter.

1

2

3

1/2 Auerhuhn

Tetrao urogallus
(Rauhfußhühner)

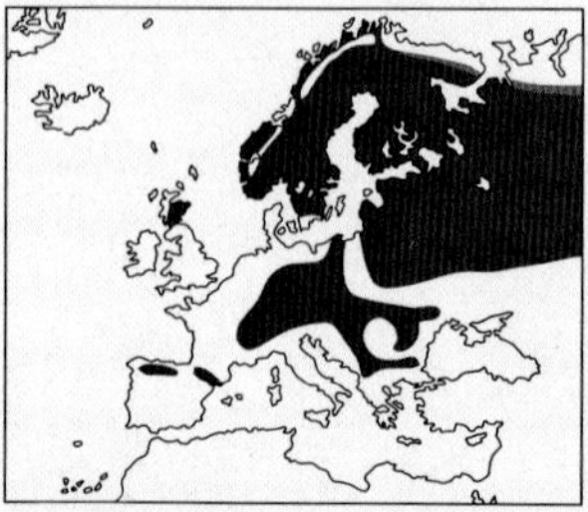

In Mitteleuropa: I–XII. Kennzeichen: ♂ 86 cm/4200 g, ♀ 62 cm/2000 g. Ausgeprägter Geschlechtsunterschied. ♂ (Bild 1) dunkel blaugrau bis schwarz mit grünschillernder Brust, Flügel dunkelbraun mit weißem Bugfleck, Schnabel weißlich. ♀ (Bild 2) ähnlich wie Birkhenne, aber größer, Bänderung gröber und kontrastreicher, rostbraunes Brustschild, Schwanz abgerundet. Fliegt geräuschvoll (polternd) auf; im Winter häufig auf Bäumen. Hähne balzen einzeln (auch auf Bäumen) mit stark gefächertem Schwanz. Sehr störungsempfindlich, besonders während der Jungenaufzucht. Stimme: Balzstrophe des ♂ aus gutturalen und schleifend-wetzenden Lauten »go golöp golöp g'löp g'löppöppöpp tschedede schischedede«; ♀ fasanenartig »göck göck«, selten zu hören. Lebensraum: Große Misch- und Nadelwälder mit vielen abgestorbenen Bäumen und großem Heidelbeervorkommen. Nahrung: Kräuter, Beeren, Insekten (Ameisenpuppen wichtig für die Jungenaufzucht); im Winter hauptsächlich Koniferennadeln. Brut: IV–VI, 5–12 Eier, B 24–26 Tage, Junge mit 4 Monaten selbständig. Bodenbrüter.

3/4 Birkhuhn

Lyrurus tetrix
(Rauhfußhühner)

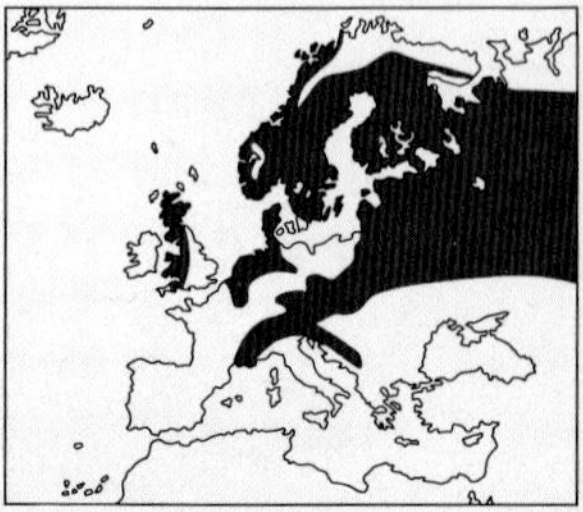

In Mitteleuropa: I–XII. Kennzeichen: ♂ 53 cm/1250 g. ♀ 41 cm/950 g. Ausgeprägter Geschlechtsunterschied. ♂ (Bild 4) Gefieder blauschwarz glänzend, stark ausgeprägte, rote Überaugenwülste (Rosen); Schwanz leierartig gegabelt. ♀ (Bild 3) tarnfarben gelblichbraun, dunkel gebändert, ähnlich wie Auerhenne, aber deutlich kleiner, ohne rostbraunes Brustschild, Schwanz leicht gegabelt, Rosen schwach ausgebildet. Sitzt oft auf Bäumen; Gemeinschaftsbalz der ♂♂ auf freien Flächen; Balzhaltung mit stark gefächertem Schwanz, unter dem die aufgestellten Unterschwanzdecken weiß herausleuchten. Stimme: Balzstrophe des ♂ weit hörbares »Kullern« »urrurhurrhu urrurhurhu tschuuüsch urrurhurrhu«; bei Aufregung »kri kriao«; ♀ gackert nasal. Lebensraum: Offene, locker mit Bäumen oder Büschen bestandene Moor- und Heidegebiete; Latschenregion. Nahrung: Knospen von Laub- und Nadelbäumen, Blätter und Beeren von Heidel-, Preisel- und Krähenbeere, Insekten (vor allem zur Jungenaufzucht). Brut: V–VI, 7–10 Eier, B 26–27 Tage, Junge mit 4 Wochen selbständig. Bodenbrüter.

1

2|3

4

1 Haselhuhn

Bonasa bonasia
(Rauhfußhühner)

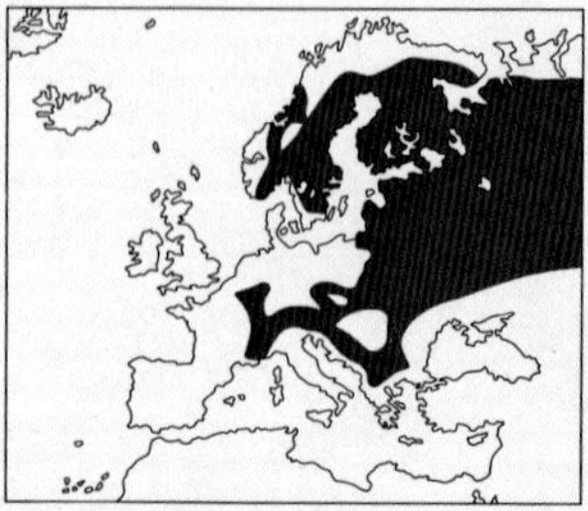

In Mitteleuropa: I–XII. Kennzeichen: 36 cm/370 g. Kleine Kopfhaube, relativ langer Schwanz mit schwarzer Endbinde, Oberseite rostbraun (nördliche Rasse grau) gemustert, Unterseite weißlich mit schwarzen Flecken, schwarzer, weiß eingefaßter Kehlfleck, rote »Rosen«. ♀ ohne schwarzen Kehlfleck. Balz und Paarbildung im Herbst. Stimme: Gesang des ♂ goldhähnchenartig hoch »tsieh-tsissiehtititiuit titi«; Alarmruf »witwitwit«; ♀ ruft »tititi«. Lebensraum: Unterholzreiche Mischwälder. Nahrung: Knospen von Laubbäumen und Sträuchern, Beeren, Insekten. Brut: IV–VI, 7–11 Eier, B 22–25 Tage, Junge mit 2 Wochen flugfähig. Bodenbrüter.

2 Steinhuhn

Alectoris graeca (Hühnervögel)

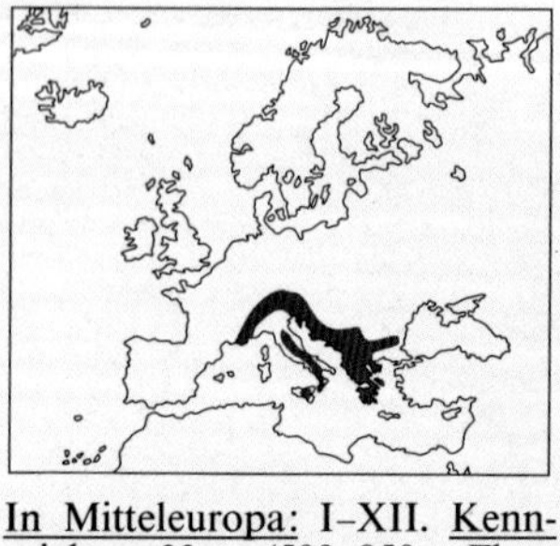

In Mitteleuropa: I–XII. Kennzeichen: 33 cm/500–850 g. Flanken auffällig weißlich, rotbraun und schwarz gebändert, Wangen und Kehle weiß, von schwarzem Band eingefaßt, Zügel schwarz, Halsseiten und Kropf ungefleckt, Schnabel und Füße rot (Bild Rasse *chucar*). ♀ wie ♂. Im Herbst in größeren Trupps. Stimme: Lange Strophen »zick zick zick – tschotek tschotek«; aufgescheucht »pitschi pitschi«. Lebensraum: Steinige Berghänge über der Baumgrenze. Nahrung: Samen, grüne Pflanzenteile, Koniferennadeln, Beeren, Insekten. Brut: V–VII, 9–14 Eier, B 24–26 Tage, Junge mit 25 Tagen flugfähig. Bodenbrüter.

3 Rebhuhn

Perdix perdix (Hühnervögel)

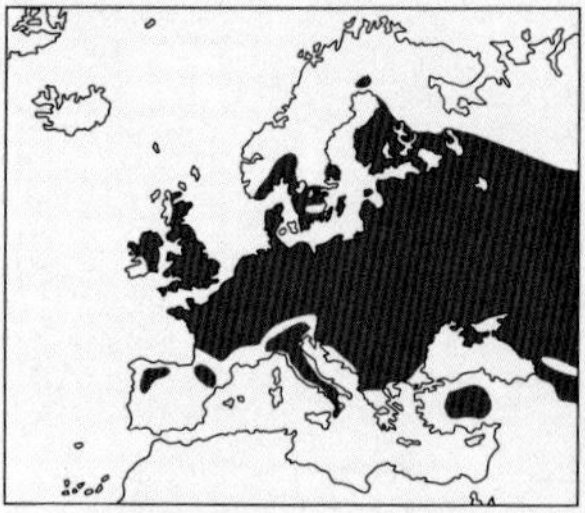

In Mitteleuropa: I–XII. Kennzeichen: 30 cm/380 g. Gesicht und Kehle ziegelrot, Oberseite und Vorderkörper hellgrau, dunkelbrauner, hufeisenförmiger Brustfleck, Flügel fleckig rostbraun, kurz und abgerundet, Schwanz kurz, im Flug rötlich. ♀ Schultern und Oberflügeldecken gelblich gemustert, Brustfleck kleiner. Burrendes Fluggeräusch; im Winter in größeren Trupps. Stimme: Heiser »kirräck«, aufgescheucht »pitt pitt« oder »rep rep«. Lebensraum: Kleinräumige Feldflur mit Feldgehölzen, Hecken und Feldrainen. Nahrung: Gräser, Klee, Wildkräuter, Samen, Insekten. Brut: IV–VI, 10–20 Eier, B 25 Tage, Junge mit 13–14 Tagen flugfähig. Bodenbrüter.

1

2

3

1 Wachtel

Coturnix coturnix
(Hühnervögel)

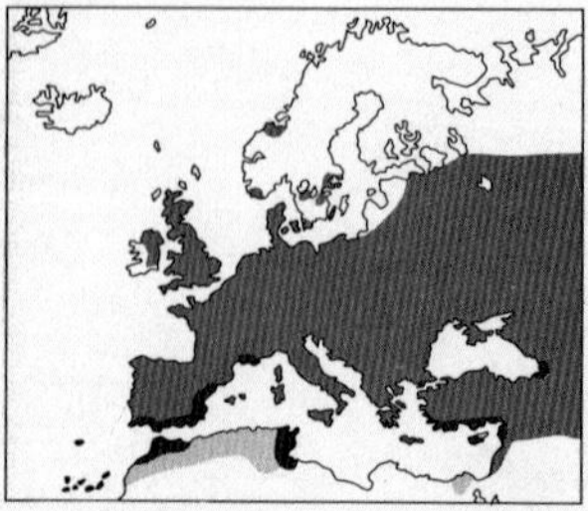

<u>In Mitteleuropa:</u> V–IX. <u>Kennzeichen:</u> 18 cm/95 g. Kleinster europäischer Hühnervogel, rundliche Gestalt, extrem kurzschwänzig, Flügel lang und spitz. Oberseite bräunlich mit hellen und dunklen Streifenflecken, rahmfarbener Überaugenstreif, Unterseite rahmfarben, Kinn und Kehle schwarz; ♀ (Bild) Kinn und Kehle weißlich, Brust gefleckt. Lebt sehr versteckt, flieht meist laufend; einziger Zugvogel unter den Hühnervögeln. <u>Stimme:</u> Mehrfach wiederholtes, weit hörbares »pick-per-wick« (Wachtelschlag), dem ersten Schlag geht ein leises Fauchen voraus »chau-wah«; ♀ »quip-ip«, oft synchron mit den beiden letzten Silben des ♂. <u>Lebensraum:</u> Steppengebiete, offene Kulturlandschaft, Felder, vor allem mit Getreide und Klee; Wiesen. <u>Nahrung:</u> Insekten, Spinnen, Würmer, Schnecken; Triebspitzen, Knospen und Samen von Kräutern und Getreide. <u>Brut:</u> V–VII, 7–14 Eier, B 18–19 Tage, Junge mit 11 Tagen flugfähig. Bodenbrüter.

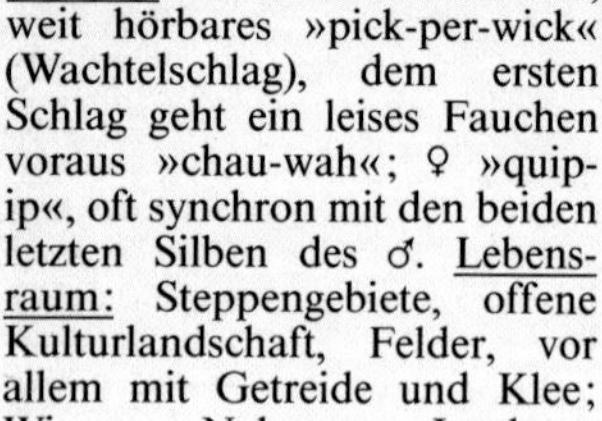

2/3 Fasan

Phasianus colchicus
(Hühnervögel)

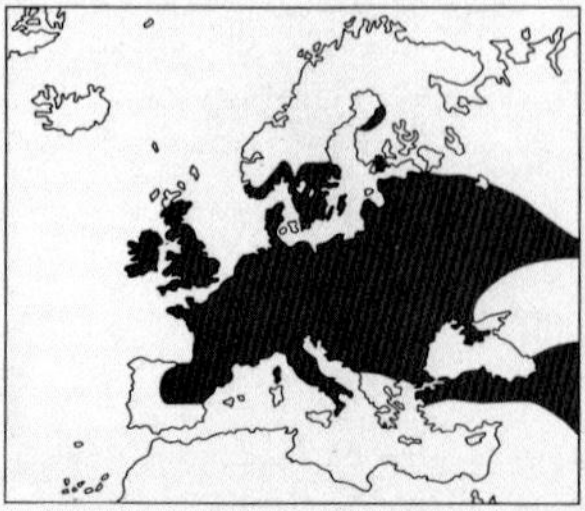

<u>In Mitteleuropa:</u> I–XII. <u>Kennzeichen:</u> ♂ 66–89 cm/1400 g, ♀ 53–63 cm/1200 g. Haushuhngroßes Feldhuhn mit sehr langem, spitzem Schwanz. ♂ (Bild 2) Oberkopf und Hals dunkelgrün schillernd, rote Hautlappen um die Augen, kleine »Federohren«, meist weißer Halsring; übriges Gefieder kupferrot, mit schwarzer Schuppenzeichnung, Schwanzfedern mit schwarzer Querbänderung; ♀ (Bild 3) tarnfarben gelbbraun, schwarz gefleckt, Schwanz kürzer. Fliegt schnell und geradlinig; im Winter in Trupps. Der Fasan wurde aus asiatischen Ländern für die Jagd in Europa eingebürgert. Jährlich werden viele Fasane aus Fasanerien für den Abschuß ausgesetzt. <u>Stimme:</u> Revierruf des ♂ laut kreischend »kökök«, dem ein polterndes Flügelschwirren folgt; auffliegend »gögögög«; ♀ aufgescheucht »zik zik« sowie gackernde Laute. <u>Lebensraum:</u> Reich gegliederte Kulturlandschaft, häufig in Feldern, die an Auwälder grenzen. <u>Nahrung:</u> Grüne Pflanzenteile, Getreide, Feldfrüchte, Samen, Beeren, Insekten und Würmer. <u>Brut:</u> IV–VI, 8–12 Eier, B 23–24 Tage, die Henne führt die Jungen allein; Junge mit 10–12 Tagen flugfähig. Bodenbrüter.

1

2

3

1 Turteltaube

Streptopelia turtur (Tauben)

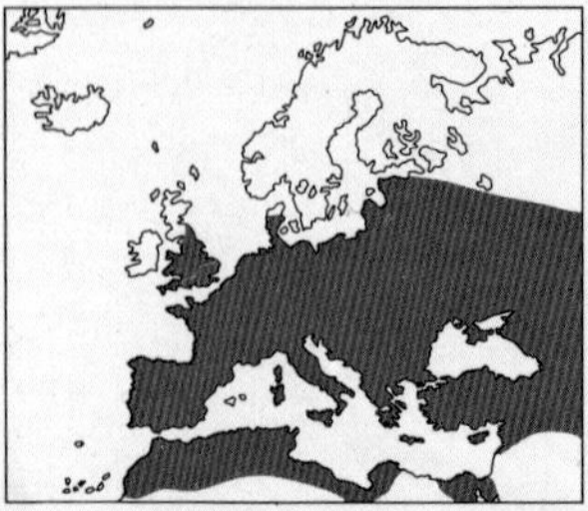

In Mitteleuropa: IV–IX. Kennzeichen: 27 cm/150 g. Kleinste Taube Europas, sehr schlank, mit schwarz-weiß gestreiftem Abzeichen an den Halsseiten; Federn der Flügeldecken schwärzlich mit rostbraunen Säumen; Schwanz stufig, mit weißer Endbinde. ♀ wie ♂, aber etwas blasser gefärbt. Flug schnell und reißend, ohne auffälliges Fluggeräusch. Scheu. Stimme: Gereihtes, schnurrendes »turrr«. Lebensraum: Auwälder, Feldgehölze, aufgelockerte Wälder, Parkanlagen. Nahrung: Vorwiegend Samen und grüne Pflanzenteile. Brut: V–VIII, 2 Eier, B 13–16 Tage, N 18–23 Tage; 2 Bruten/Jahr. Baumbrüter.

2 Türkentaube

Streptopelia decaocto (Tauben)

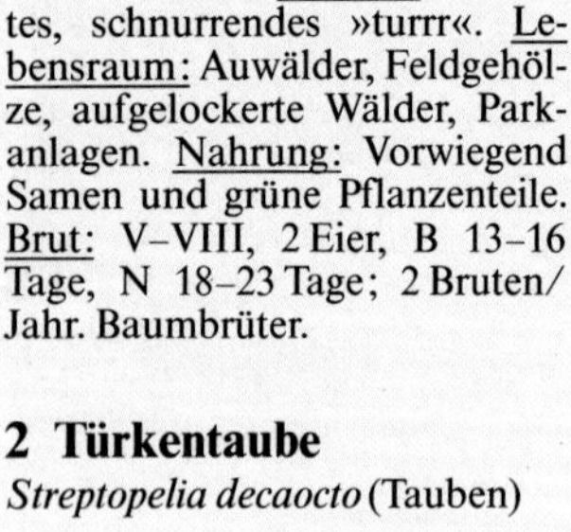

In Mitteleuropa: I–XII. Kennzeichen: 28 cm/200 g. Kleine, sehr helle Taube mit schwarzem Nackenband und rötlichen Augen, basale Hälfte der Schwanzfedern schwarz. ♀ wie ♂. Flug reißend, singendes Fluggeräusch; auffälliger Revier- und Balzflug. Kulturfolger, nicht scheu. Stimme: Gereihtes, monotones »guguh-gu«. Lebensraum: Dörfer und Städte, Gärten und Parkanlagen. Nahrung: Vorwiegend Samen; besucht Winterfutterstellen. Brut: III–IX, 2 Eier, B 13–14 Tage, N 16–19 Tage; 2–3 Bruten/Jahr. Meist Baumbrüter.

3 Hohltaube

Columba oenas (Tauben)

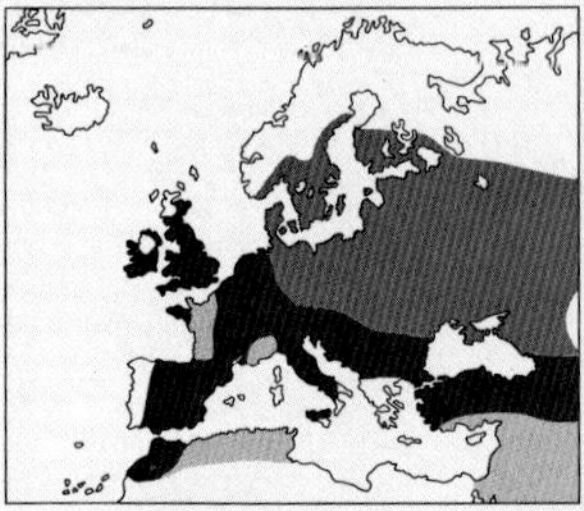

In Mitteleuropa: III–X. Kennzeichen: 33 cm/300 g. Schlanker als Felsentaube, ohne Weiß im Gefieder, Augen schwarz, Halsseiten grün schillernd. ♀ oberseits etwas bräunlich. Pfeifendes Fluggeräusch; kreisender Imponier- und Balzflug; sitzt meist auf Bäumen. Stimme: Reviergesang »buhu-u-up«, »hu-ru-u« oder »huwe«; bei Störung »ru«. Lebensraum: Aufgelockerte Wälder mit Altbaumbestand, Parkanlagen; Dünen und Felsküsten. Nahrung: Hauptsächlich Samen, Beeren und grüne Pflanzenteile. Brut: III–IX, 2 Eier, B 16–18 Tage, N 23–28 Tage; 2–3 Bruten/Jahr. Höhlenbrüter, meist in Schwarzspechthöhlen; nimmt auch Nistkästen an.

1

2

3

1 Ringeltaube

Columba palumbus (Tauben)

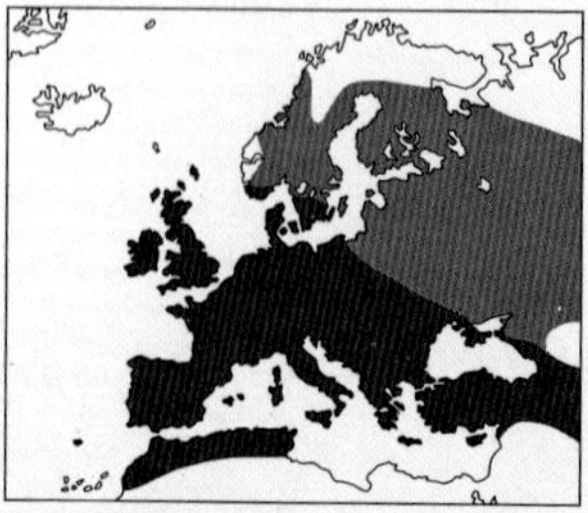

In Mitteleuropa: I–XII. Kennzeichen: 41 cm/500 g. Größer und langschwänziger als Felsentaube, mit auffälligem, weißem Fleck an den Halsseiten, Kropf und Brust weinrötlich getönt, Augen hellgelb; im Flug weißes Flügelfeld sichtbar. ♀ kleinerer Halsfleck. Scheu; oft auf Äckern; pfeifendes Fluggeräusch, Balzflug. Stimme: Dumpfes Gurren »ruguhgu gugu«, auf der zweiten Silbe betont. Lebensraum: Misch- und Nadelwälder, Parks. Nahrung: Hauptsächlich Samen, Beeren und grüne Pflanzenteile. Brut: IV–IX, 2 Eier, B 16–17 Tage, N 28–29 Tage; 2–3 Bruten/Jahr. Baumbrüter.

2 Felsentaube

Columba livia (Tauben)

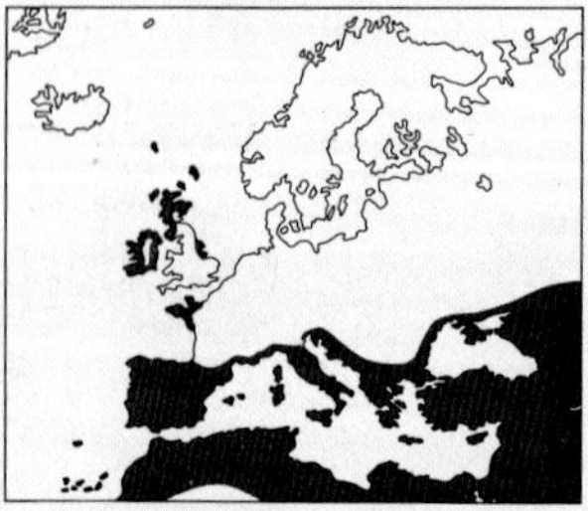

In Mitteleuropa: I–XII. Kennzeichen: 33 cm/330 g. Stammform der Haustaube; Hals dunkelgrau, seitlich grün und violett schillernd, Flügel hellgrau mit 2 dunklen Querbinden, Bürzel und Hinterrücken meist weiß, Augen rotbraun, Wachshaut weiß. ♀ wie ♂. Gesellig, fliegt oft in Schwärmen; selten auf Bäumen. Stimme: Dumpf gurrend »ruckedi-kuh« (Balz); »ruh-ruh-ruh« (Nestlocken). Lebensraum: Felswände mit Höhlen, zerklüftete Felsküsten; zur Nahrungssuche auf Ödland und Äckern. Nahrung: Hauptsächlich Samen und grüne Pflanzenteile. Brut: II–IX, 2 Eier, B 17–18 Tage, N 23–25 Tage; 2–3 Bruten/Jahr. Koloniebrüter.

3/4 Kuckuck

Cuculus canorus (Kuckucke)

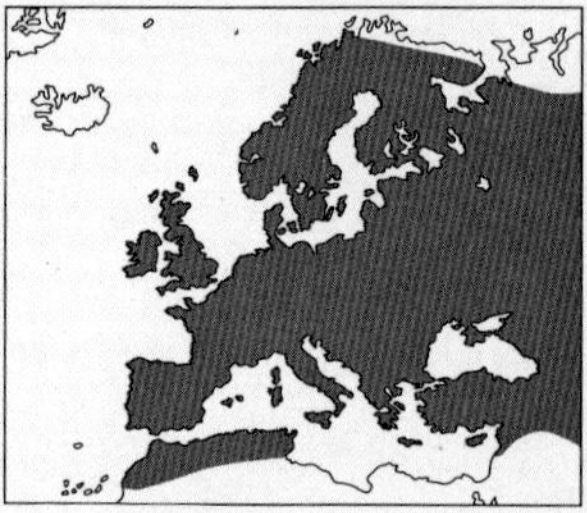

In Mitteleuropa: IV–IX. Kennzeichen: 33 cm/100 g. Ähnlich wie Sperber (Seite 56), aber spitzflügeliger und langschwänziger; Sperberung der Unterseite reicht beim ♂ bis zum Kropf (Bild 3), beim ♀ bis zur Kehle (Bild 4); rotbraune Färbungsvariante nur ♀ (Bild 4). Jungvögel oberseits geschuppt. Einzelgänger; fliegt mit flachem Flügelschlag, Flugsilhouette falkenartig. Stimme: Ruft »kuckuck«. Lebensraum: In fast allen Lebensräumen, bevorzugt Auwälder, Waldränder. Nahrung: Vorwiegend Raupen, auch stark behaarte Arten. Brut: Brutschmarotzer; V–VII, 9–11 Eier (pro Wirtsvogelnest nur 1 Ei), Bebrütung durch den Wirtsvogel (Singvogel) 11–12 Tage, N 19–24 Tage. Der junge Kuckuck wirft Eier und Junge des Wirtsvogels aus dem Nest.

1

2

3|4

1 Eisvogel

Alcedo atthis (Eisvögel)

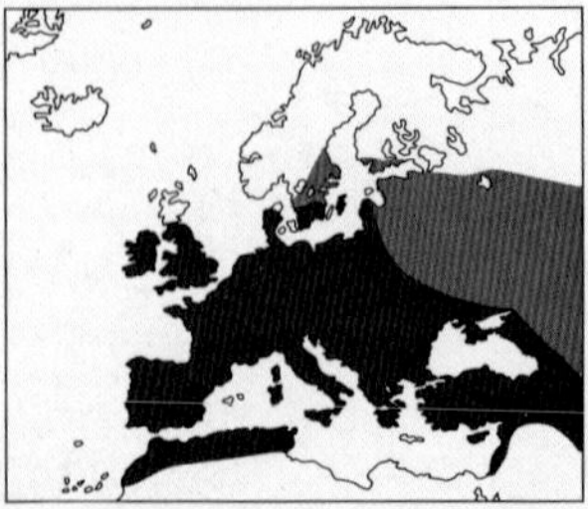

In Mitteleuropa: I–XII. Kennzeichen: 16,5 cm/38 g. Gedrungener Körper, großer, dunkler Schnabel; Oberseite blau und türkis leuchtend, Unterseite rostrot; ♀ mit rötlicher Unterschnabelwurzel. Fliegt pfeilschnell und geradlinig; oft auf Ansitzwarten über dem Wasser. Stimme: Ruft durchdringend »tiiiit« oder »tiitü«; bei Erregung gereiht »tititititi«. Lebensraum: Klare Bäche und Flüsse, vor allem mit Steilufern. Nahrung: Kleine Fische, Larven von Wasserinsekten, Kaulquappen. Brut: IV–VII, 6–8 Eier, B 19–21 Tage, N 25 Tage; 2–3 Bruten/Jahr. Höhlenbrüter in Steilufern.

2 Blauracke

Coracias garrulus (Racken)

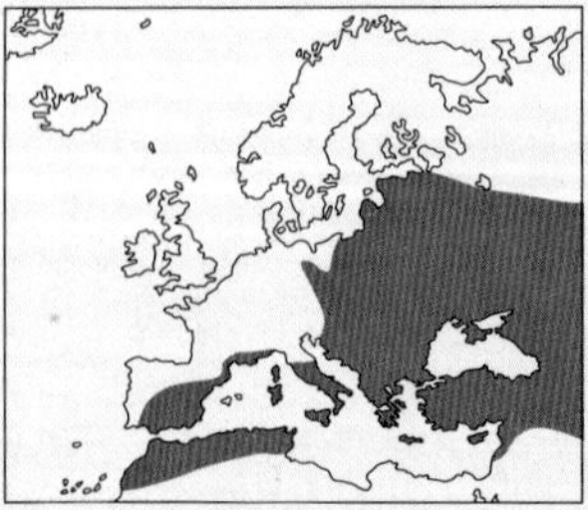

In Mitteleuropa: IV–IX. Kennzeichen: 31 cm/140 g. Kopf, Unterseite, Ober- und Unterflügeldecken türkisblau, Rücken und Schultern rötlich zimtbraun, Schwungfedern und Schwanz schwärzlich, Schwanz mit blauer Endbinde. ♀ wie ♂. Gewandter Balzflug mit Sturzflügen und Drehungen um die Körperachse; sitzt oft auf exponierten Warten (oft Leitungsmasten). Stimme: Ruft rauh »rack-rack«, »rackerak«; im Balzflug »rärrärrärr«; Warnruf »ärrr« oder »kraah«. Lebensraum: Offenes Gelände mit Bäumen, lichte Laub- und Kiefernwälder. Nahrung: Großinsekten, kleine Reptilien, Frösche und Mäuse, Beeren. Brut: V–VI, 4–6 Eier, B 18–19 Tage, N 26–28 Tage. Höhlenbrüter in Erdwänden und Baumhöhlen.

3 Bienenfresser

Merops apiaster (Spinte)

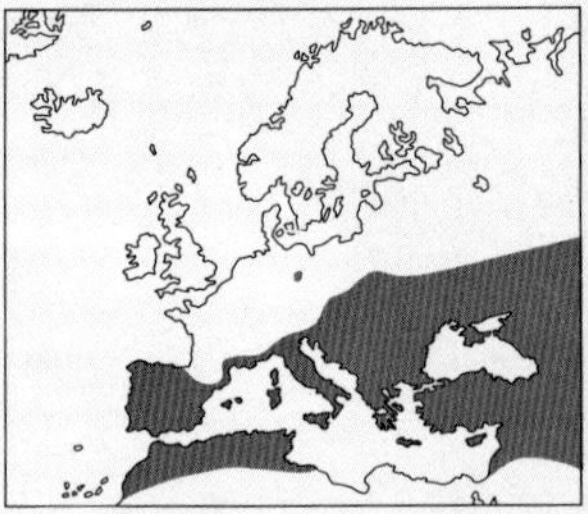

In Mitteleuropa: V–IX. Kennzeichen: 28 cm/60 g. Oberseite kastanienbraun, Unterseite grünlichblau, Kinn und Kehle leuchtendgelb, langer, abwärts gebogener Schnabel, Schwanzspieß. ♀ wie ♂. Gesellig; fliegt schwalbenähnlich und gewandt, segelt zwischendurch, dabei fallen die 3eckigen Flügel mit schwarzem Hinterrand auf. Stimme: Ruft klingelnd »bürr-bürr« oder »rüpp« (meist im Flug); Alarmruf »dickdickdick«. Lebensraum: Offene Landschaft mit einzelnen Bäumen und Büschen. Nahrung: Große, fliegende Insekten, bevorzugt Hautflügler. Brut: V–VII, 5–7 Eier, B 20–22 Tage, N 31–33 Tage. Koloniebrüter in Erdwänden.

1|2

3

1 Wiedehopf

Upupa epops (Wiedehopfe)

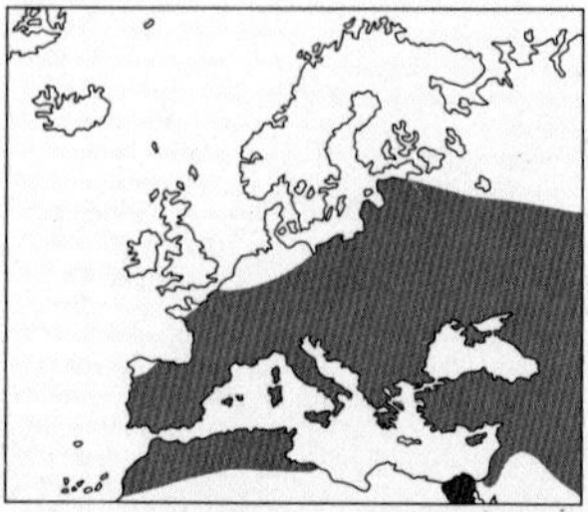

In Mitteleuropa: IV–IX. Kennzeichen: 28 cm/65 g. Fächerartig aufrichtbare Haube mit schwarzen Federspitzen, langer, schlanker, abwärts gebogener Schnabel; Flügel und Schwanz breit schwarz-weiß quergebändert, übriges Gefieder hell orangebraun. ♀ wie ♂. Flug wirkt durch weichen, unregelmäßigen Flügelschlag schmetterlingsartig; stellt bei der Landung und bei Erregung Federhaube auf; läuft auf dem Boden mit ruckartigen Kopfbewegungen, stochert oft im Boden. Stimme: Singt dumpf und weit hörbar 3silbig »hubhubhub«; bei Erregung krächzend »chrää«. Lebensraum: Lichte Au- und Kiefernwälder, Parklandschaften, offenes Gelände; in Südeuropa häufig in Dörfern.

Nahrung: Großinsekten, Würmer, Schnecken, kleine Eidechsen und Frösche. Brut: IV–VII, 5–8 Eier, B 15–17 Tage, N 24–27 Tage; Nestlinge spritzen Eindringlingen dünnflüssigen Kot entgegen und sondern ein übelriechendes Sekret der Bürzeldrüse ab. Höhlenbrüter.

2 Wendehals

Jynx torquilla (Wendehälse)

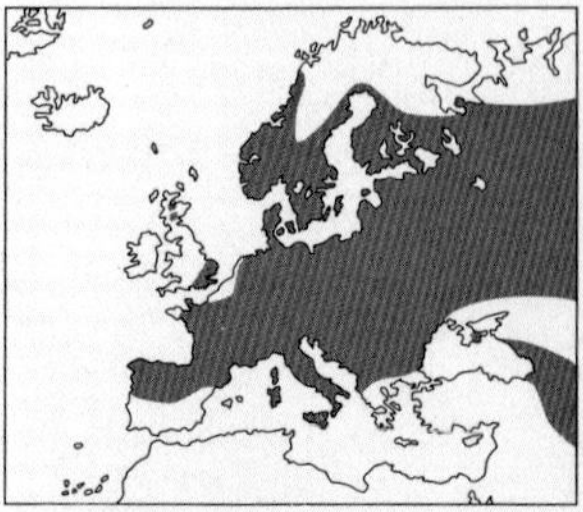

In Mitteleuropa: IV–IX. Kennzeichen: 16,5 cm/35 g. Kleiner, schlanker, spechtartiger Vogel mit baumrindenartiger Gefiederzeichnung; Unterseite hellbraun mit feinen, dunkelbraunen Querbändern; Füße wie bei den Spechten mit 2 nach vorn und 2 nach hinten gerichteten Zehen. ♀ wie ♂. Klettert nicht, sucht auf dem Boden nach Nahrung; Flug wellenförmig. Stimme: ♂ wie ♀ singen anschwellende, monotone »gjägjägjä«-Reihen; warnt in Nestnähe mit geräuschvollem »tätätä«. Lebensraum: Lichte Laubwälder, Obstgärten, Parks, Flußauen. Nahrung: Vorwiegend Ameisen und -puppen, die er mit seiner langen, spechtartigen Leimruten-Zunge aus den Gängen holt; auch andere Insekten. Brut: V–VII, 7–11 Eier, B 12–14 Tage, N 20–22 Tage; 1–2 Bruten/Jahr. Höhlenbrüter. Als Spätankömmling aus dem afrikanischen Winterquartier findet er die meisten Bruthöhlen von anderen Arten besetzt vor und wirft deshalb oft das fremde Nest samt Eiern und Jungvögeln aus der Höhle. Er trägt kein Nistmaterial ein.

1

2

1 Schwarzspecht

Dryocopus martius (Spechte)

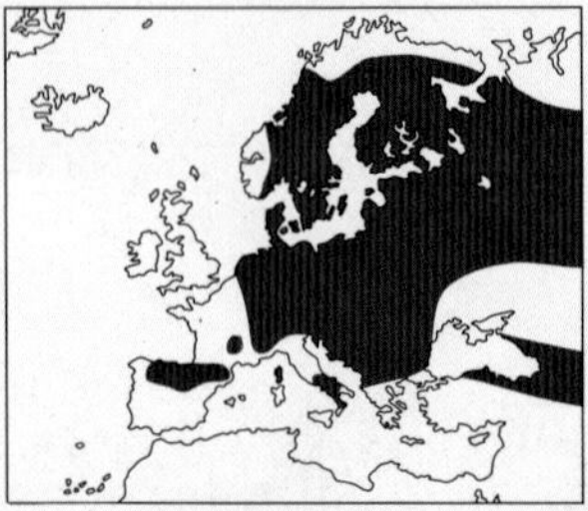

In Mitteleuropa: I–XII. Kennzeichen: 46 cm/300 g. Krähengroß, langhalsig und schlank; Gefieder schwarz, nur am Oberkopf leuchtendrot; Schnabel und Iris hellgelb; ♀ nur roter Fleck am Hinterkopf. Jungvögel nicht so tiefschwarz, Geschlechtsunterscheidung wie bei Altvögeln. Stimme: Ruft »kliöh«; im Frühjahr schnell gereiht »kwikwikwi«; im Flug »krükrükrü«; ≈ 2,5 Sekunden lange Trommelwirbel mit relativ langsamer Schlagfolge. Lebensraum: Lichte Hochwälder mit Altholzbestand. Nahrung: Käferlarven, Ameisen und -puppen, die er vorwiegend in Baumstümpfen sucht. Brut: IV–VI, B 12–14 Tage, N 27–28 Tage. Höhlenbrüter, hochovales Flugloch.

2 Grauspecht

Picus canus (Spechte)

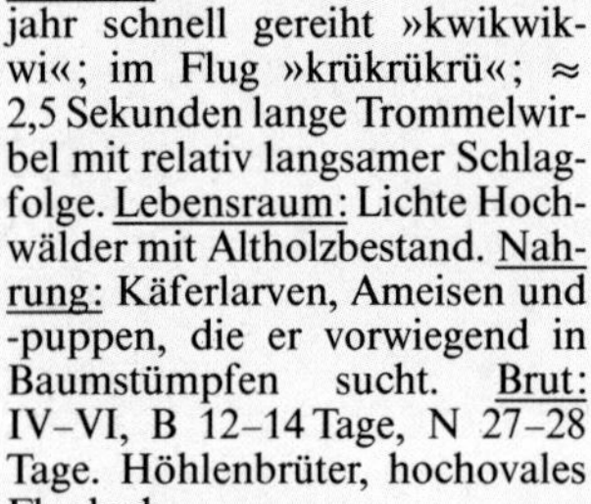

In Mitteleuropa: I–XII. Kennzeichen: 26 cm/130 g. Kopf und Hals grau, Iris rotbraun, dünner, schwarzer Bartstreif, Stirn rot; ♀ wie ♂, aber ohne Rot. Jungvögel ähnlich wie Altvögel. Meist auf dem Boden Nahrung suchend. Stimme: Abfallende Reihe aus 8–12 weichen Pfeiftönen »gügügü«, zum Ende hin verlangsamt; leise »glück«-Rufe; gleichmäßige, knapp 2 Sekunden lange Trommelwirbel, 20 Schläge/Sekunde. Lebensraum: Lockere Laub- und Mischwälder, Parkanlagen. Nahrung: Ameisen und -puppen, andere Insekten; im Winter sogar Samen und Früchte. Brut: V–VI, 7–9 Eier, B 15–17 Tage, N 24–25 Tage. Höhlenbrüter.

3 Grünspecht

Picus viridis (Spechte)

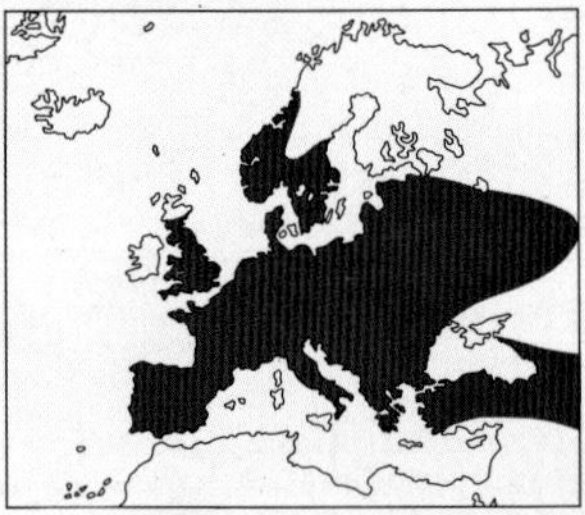

In Mitteleuropa: I–XII. Kennzeichen: 32 cm/180 g. Bis zum Nacken ausgedehnte rote Kopfkappe, Iris hellgelb, schwarzes Augenumfeld; ♂ mit rotem, ♀ mit schwarzem Bartstreif. Jungvögel gesprenkelt. Nahrungssuche fast ausschließlich auf dem Boden (Erdspecht). Stimme: Lachende Strophe »glückglückglück«, Tonhöhe und Silbenabstand nahezu gleichbleibend; trommelt sehr selten, Trommelwirbel kurz. Lebensraum: Lichte Laubwälder, Parkanlagen, Obstgärten. Nahrung: Fast ausschließlich Ameisen und -puppen, die er mit seiner Leimrutenzunge fängt. Brut: IV–V, 5–8 Eier, B 15–17 Tage, N 23–27 Tage. Höhlenbrüter, querovales Flugloch.

1|2

3

1 Buntspecht

Picoides major (Spechte)

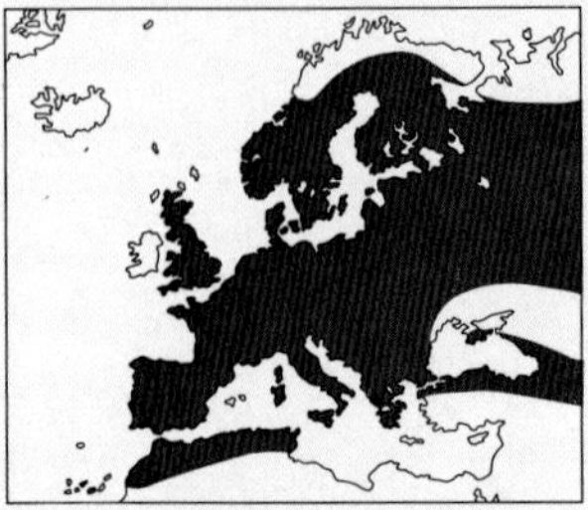

In Mitteleuropa: I–XII. Kennzeichen: 23 cm/80 g. Sehr kontrastreich, schwarzer Bartstreif verläuft bis zum Hinterkopf, Unterseite reinweiß, Unterschwanzdecken leuchtendrot, weiße Schulterflecken, roter Fleck am Hinterkopf; ♀ ohne Rot am Kopf; Jungvögel mit rotem Scheitel. Stimme: Ruft hart »kick«; zur Balzzeit heiser »räräfrä«; Trommelwirbel ≈ 0,5 Sekunden lang, Hiebfolge schneller werdend. Lebensraum: Wälder, Parkanlagen, Gärten. Nahrung: Im Holz lebende Insekten und Larven; im Winter auch Nüsse und Koniferensamen; zur Bearbeitung klemmt er Nüsse und Zapfen in Astgabeln oder Rindenspalten (Spechtschmiede); Baumsaft (Ringeln, wie Dreizehenspecht Seite 164). Brut: V–VI, 5–7 Eier, B 12 Tage, N 18–21 Tage. Höhlenbrüter.

2 Mittelspecht

Picoides medius (Spechte)

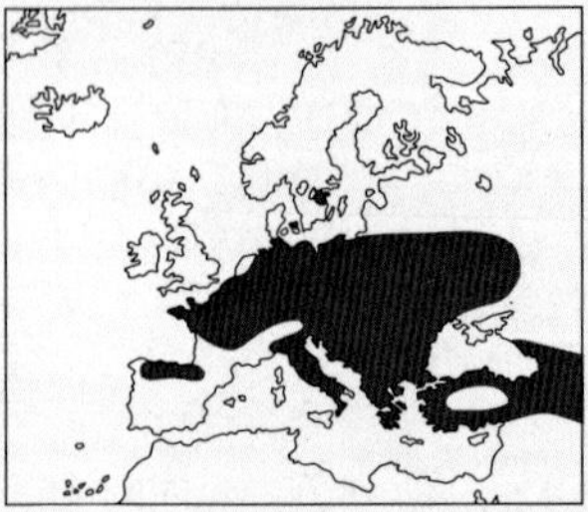

In Mitteleuropa: I–XII. Kennzeichen: 22 cm/60 g. Scheitel leuchtend hellrot, kein schwarzer Bartstreif; Flanken schwarz längsgestrichelt, Unterschwanzdecken rosa, weiße Schulterflecken; ♀ Scheitel gelblichrot. Jungvögel ähnlich wie Altvögel. Stimme: Ruft »gägägägä«, »kük«; zur Paarungszeit heiser quäkend »quäää«; trommelt sehr selten, Trommelwirbel langsam. Lebensraum: Laubwälder und Parkanlagen mit alten Eichen und Hainbuchen. Nahrung: Insekten und Larven im Holz, Nüsse, Samen. Brut: IV–VI, 5–6 Eier, B 12 Tage, N 22–23 Tage. Höhlenbrüter.

3 Kleinspecht

Picoides minor (Spechte)

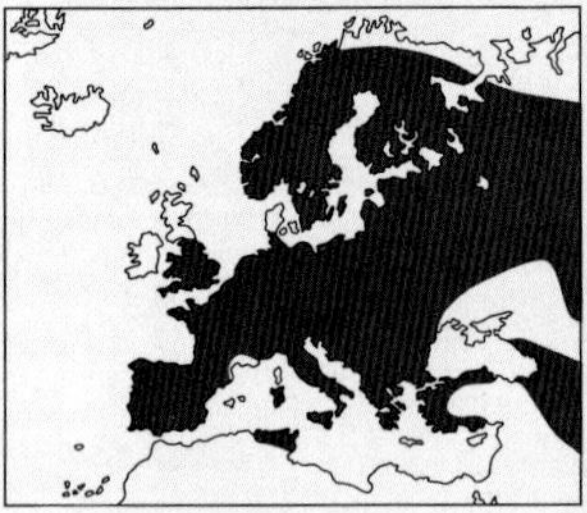

In Mitteleuropa: I–XII. Kennzeichen: 14,5 cm/22 g. Kleinster Specht Europas; Oberseite schwarz mit durchgehender weißer Querbänderung, Unterseite weißlich, schwarz längsgestrichelt, Scheitel rot; ♀ Scheitel weißlich; Jungvögel mit schmutzigweißem Scheitel. Stimme: Hoch »kikikiki«; trommelt sehr ausdauernd, Wirbel 1–2 Sekunden lang, mit gleichmäßiger, relativ langsamer Schlagfolge. Lebensraum: Laub- und Mischwälder, Parkanlagen. Nahrung: Insekten an Zweigen und Blättern (Blattläuse), Larven in Holz. Brut: IV–VI, 4–6 Eier, B 11 Tage, N 19–21 Tage. Höhlenbrüter.

1

2|3

1 Weißrückenspecht

Picoides leucotos (Spechte)

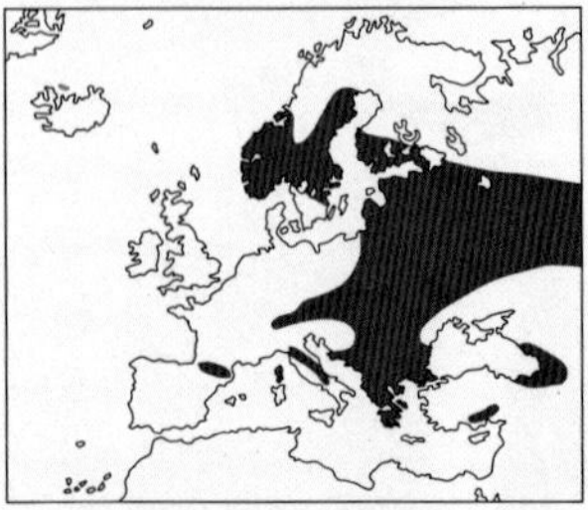

In Mitteleuropa: I–XII. Kennzeichen: 25 cm/90 g. Größer und schlanker als Buntspecht (Seite 162); Vorderrücken schwarz, Rückenmitte bis Bürzel weiß (nur im Flug sichtbar), ohne weiße Schulterflecke; Unterseite weiß, zu den Unterschwanzdekken allmählich in Rot übergehend, Flanken schwarz längsgestrichelt; Scheitel matt karminrot; ♀ Scheitel schwarz; Jungvögel mit rotem Scheitel. Stimme: Ruft weicher als Buntspecht »kjück« und »gjü-gjü-kürr«, Rufreihen »ki-ki-ki«; Trommelwirbel ≈ 1,5 Sekunden lang, schneller werdend. Lebensraum: Urwaldartige Bergmischwälder mit vielen Laubhölzern und abgestorbenen Bäumen; im Norden des Verbreitungsgebietes Birken- und Espenbestände, Flußauen. Nahrung: Vorwiegend große, in morschem Holz lebende Insektenlarven, auch Beeren und Nüsse. Nahrungssuche oft an liegenden, vermoderten Baumstämmen. Brut: IV–VI, 3–5 Eier, B 14–16 Tage, N 27–28 Tage. Höhlenbrüter.

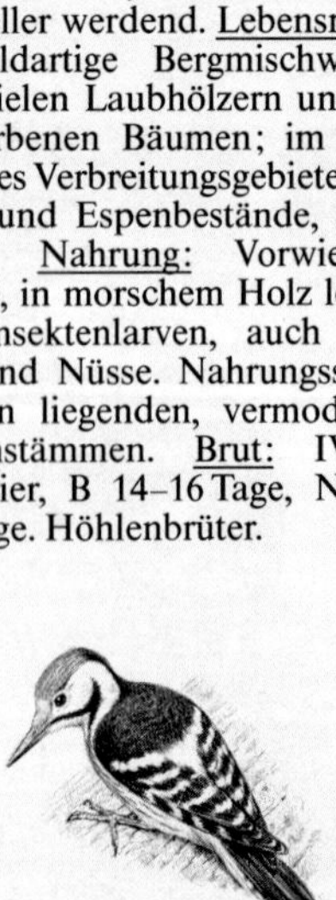

2 Dreizehenspecht

Picoides tridactylus (Spechte)

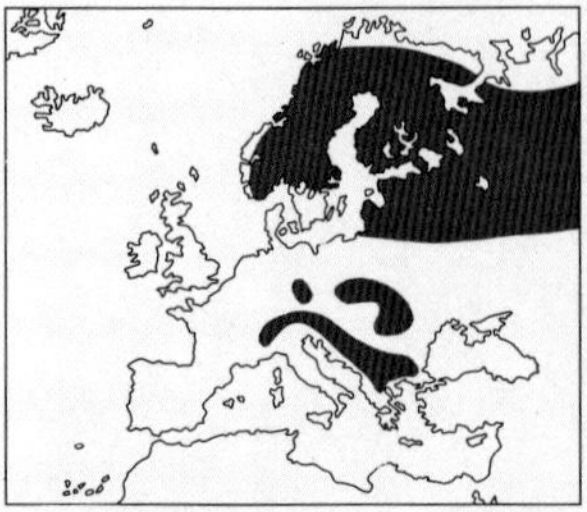

In Mitteleuropa: I–XII. Kennzeichen: 22 cm/65 g. Knapp buntspechtgroß, kontrastreich schwarz-weiß gezeichnet, ohne Rot, mit gelbem Scheitel und bläulichweißer Iris; Oberseite schwarz mit weißem Streifen vom Nacken bis zum Bürzel, Unterseite weißlich mit schwarz quergebänderten Flanken. Füße mit nur 3 Zehen, 2 nach vorn, 1 nach hinten gerichtet. ♀ mit fein schwarz-weiß gesprenkeltem Scheitel. Jungvögel ähnlich wie ♀, aber unterseits grau, Iris braun. Stimme: Ruft weicher und tiefer als Buntspecht »ügg«, Rufreihen »grägrägrä«; Trommelwirbel ≈ 1,3 Sekunden lang, langsamere Schlagfolge als beim Buntspecht (Seite 162), die letzten Schläge beschleunigt. Lebensraum: Fichten- und Kiefernwälder, vor allem im Gebirge zwischen 800 und 1700 m; im Norden auch in Birkenwäldern. Nahrung: In Holz und unter Rinde lebende Insekten und Larven, Baumsaft. Um an Baumsaft zu gelangen, schlägt er eine Reihe von kleinen Löchern in die Rinde (Ringeln) und kommt dann regelmäßig, um den austretenden Saft zu lecken. Brut: V–VII, 3–4 Eier, B 11 Tage, N 20–24 Tage. Höhlenbrüter.

1

2

Bildtafel Tauben und Spechte

Flugbilder und Silhouetten der Vögel.

Bildtafel Singvögel 1

Flugbilder und Silhouetten der Rabenvögel.

1 Haubenlerche

Galerida cristata (Lerchen)

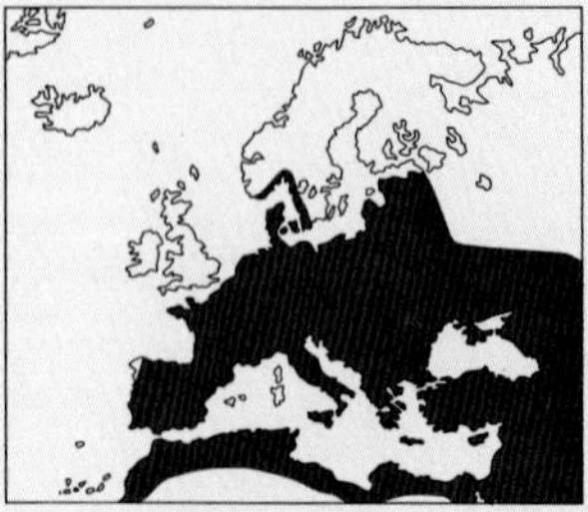

In Mitteleuropa: I–XII. Kennzeichen: 17 cm/45 g. Gedrungener, kurzschwänziger, weniger kontrastreich gefleckt als Feldlerche; spitze Federhaube, Schnabel relativ lang. ♀ wie ♂. Singt meist vom Boden, seltener im kreisenden Singflug; wenig scheu. Stimme: Ruft melodisch »diedidriē« und »dü dü dür dli«. Gesang: viele Pfeifelemente und Nachahmungen anderer Vogelstimmen, wirkt durch Pausen zerhackt. Lebensraum: Brachland, Steppengebiete, Halbwüsten; Stadtränder, Bahndämme. Nahrung: Samen, grüne Pflanzenteile, Insekten. Brut: IV–VI, 3–5 Eier, B 13 Tage, N 9–10 Tage; 2 Bruten/Jahr. Bodenbrüter.

2 Feldlerche

Alauda arvensis (Lerchen)

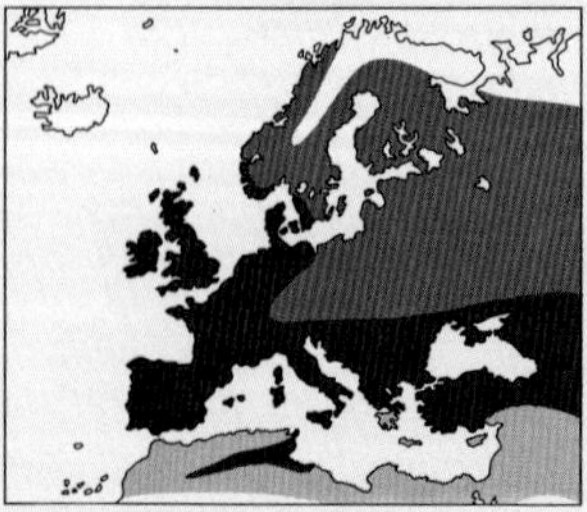

In Mitteleuropa: I–XII. Kennzeichen: 18 cm/40 g. Oberseite hell- und dunkelbraun gefleckt, Unterseite weißlich, Brust längsgefleckt; relativ langer Schwanz mit weißen Außenkanten; kleine, aufrichtbare Federhaube. ♀ wie ♂. Rüttelt im hohen Singflug mehr oder weniger auf der Stelle. Stimme: Ruft »tirr« oder »tschrl«, Zugruf »zizi«. Gesang: im Singflug bis zu 15 Minuten ohne Unterbrechung trillernd und wirbelnd, mit Nachahmungen anderer Vogelstimmen. Lebensraum: Offene, weiträumige Landschaft, im Süden auch Gebirge. Nahrung: Samen, grüne Pflanzenteile, Insekten, Spinnen. Brut: IV–VII, 3–4 Eier, B 12–14 Tage, N 9–10 Tage; 2 Bruten/Jahr. Bodenbrüter.

3 Heidelerche

Lullula arborea (Lerchen)

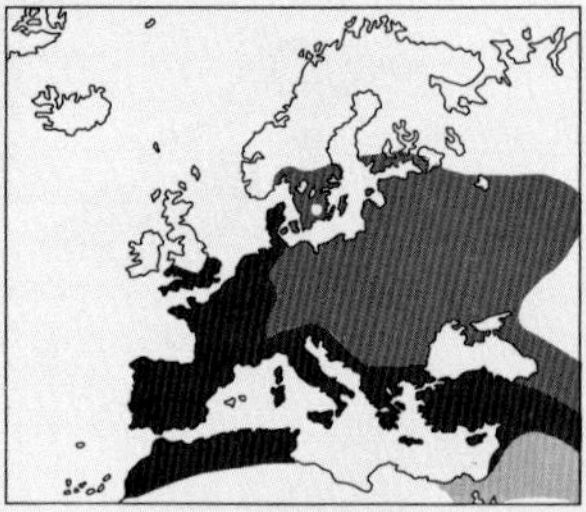

In Mitteleuropa: II–X. Kennzeichen: 15 cm/26 g. Kurzschwänzig, mit schwachem Schnabel, weißliche, am Hinterkopf zusammenlaufende Überaugenstreifen, schwarz-weißes Abzeichen am Flügelrand. ♀ wie ♂. Singt von Bäumen oder im hohen, wellenförmig kreisenden Singflug, auch nachts. Stimme: Ruft »titroit«, »dadidloi«. Gesang: melancholisch weich lullend, aus sehr vielen verschiedenen kurzen Strophen, die schnell aufeinander folgen. Lebensraum: Trockene Waldblößen, Kiefernwälder, Heide. Nahrung: Insekten, Spinnen, Samen, grüne Pflanzenteile. Brut: III–VI, 3–5 Eier, B 12–15 Tage, N 12–15 Tage; 2–3 Bruten/Jahr. Bodenbrüter.

1

2

3

1 Ohrenlerche

Eremophila alpestris (Lerchen)

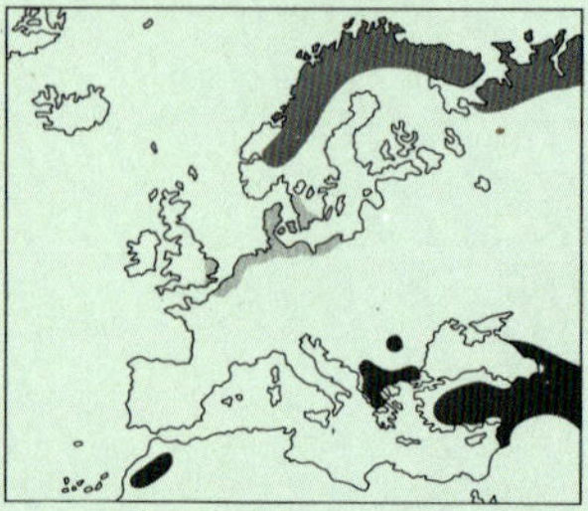

In Mitteleuropa: X–III an der Nord- und Ostseeküste. Kennzeichen: 16,5 cm/36 g. Auffällige, schwarz-blaßgelbe Gesichtszeichnung, »Federohren«, relativ langer Schwanz mit weißen Außenkanten. ♀ und ♂ im Winterkleid kaum sichtbare Federohren, weniger kontrastreich. Singt auf Steinen oder im hohen, kreisenden Singflug. Im Winter in kleinen Trupps. Stimme: Ruft »tsip«; im Flug »tsi-di-dü«. Gesang: kurze, aneinandergereihte, eilig zwitschernde Strophen. Lebensraum: Steinige Tundra, Gebirge über der Baumgrenze, felsige Hochflächen. Nahrung: Insekten, Spinnen, Samen. Brut: V–VII, 3–4 Eier, B 11–12 Tage, N 9–12 Tage; 1–2 Bruten/Jahr. Bodenbrüter.

2 Uferschwalbe

Riparia riparia (Schwalben)

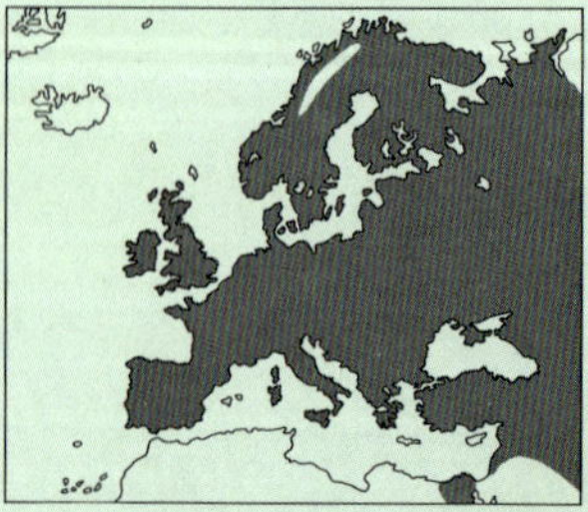

In Mitteleuropa: IV–X. Kennzeichen: 12 cm/14 g. Klein, Oberseite braun, Unterseite weiß mit braunem Brustband, Schwanz ungezeichnet, schwach gegabelt. ♀ wie ♂. Gesellig, übernachten nach der Brutzeit in großen Schwärmen in Schilfflächen. Stimme: Ruft »tschrrip« und schnell gereiht »brbrbr«; bei Gefahr scharf »zier«. Gesang: leise zwitschernd. Lebensraum: Offenes Gelände mit Steilufern und Sandgruben, meist in Gewässernähe; sandige Steilküste. Nahrung: Kleine Fluginsekten. Brut: V–VIII, 4–5 Eier, B 12–16 Tage, N 16–22 Tage; 2 Bruten/Jahr. Koloniebrüter; selbstgegrabene Brutröhren in sandigen Erdwänden.

3 Felsenschwalbe

Ptyonoprogne rupestris (Schwalben)

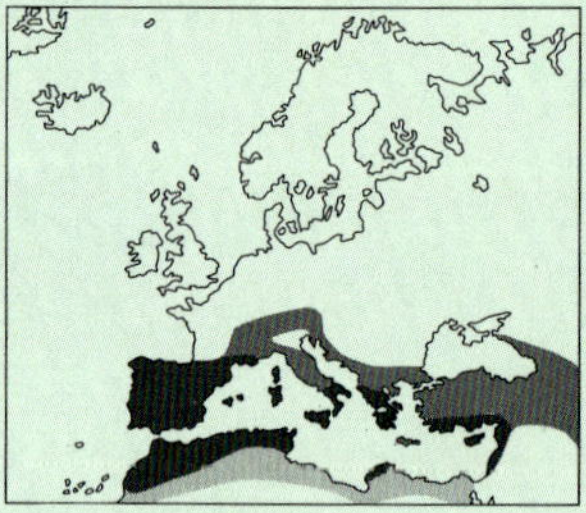

In Mitteleuropa: III–X. Kennzeichen: 15 cm/20 g. Größer als Uferschwalbe, Oberseite braun, Unterseite sandfarben, ohne braunes Brustband, Kinn fein gestrichelt, Schwanz mit Querband aus weißen Tupfen, nicht gegabelt. ♀ wie ♂. Nicht so gesellig wie Uferschwalbe. Stimme: Ruft »tittit«, »pritit« oder »zirrr«. Gesang: eilig zwitschernd. Lebensraum: Bergregionen mit Felswänden und Schluchten, Felsküsten. Nahrung: Kleine Fluginsekten. Brut: V–VII, 4–5 Eier, B 14 Tage, N 25 Tage; 2 Bruten/Jahr. Brütet in kleinen, lockeren Kolonien unter Felsüberhängen.

1

2

3

1 Mehlschwalbe

Delichon urbica (Schwalben)

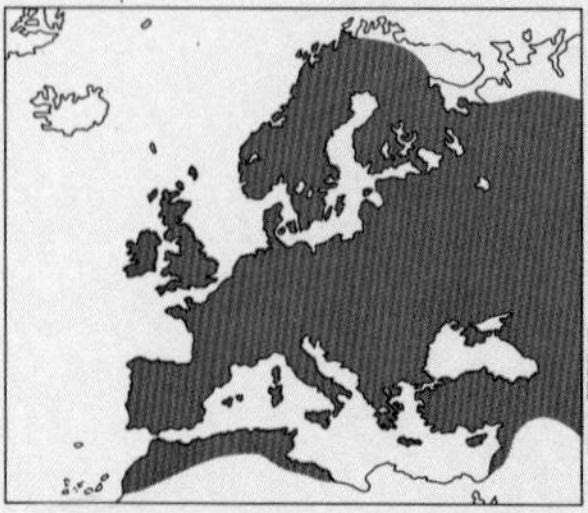

In Mitteleuropa: IV–X. Kennzeichen: 13 cm/20 g. Wirkt so groß wie Rauchschwalbe, Schwanz gegabelt, aber ohne Schwanzspieße, Oberseite blauschwarz schillernd, weithin sichtbarer, weißer Bürzel; Kinn, Kehle und Unterseite reinweiß, Füße zart weiß befiedert. ♀ wie ♂. Jungvögel oberseits braunschwarz. Gesellig; fliegt flatternd, nicht so elegant wie Rauchschwalbe. Stimme: Ruft »trr trr«, »dschrb« oder »brüd«; Warnruf hoch und durchdringend »zier zier«. Gesang: kurz schwatzend und zwitschernd, ohne schnurrendes Endmotiv; unauffälliger und vokalärmer als Rauchschwalbe. Lebensraum: Dörfer, Kulturland, Felswände. Nahrung: Kleine Fluginsekten. Brut: V–IX, 4–5 Eier, B 12–13 Tage, N 16–23 Tage; 2–3 Bruten/Jahr. Koloniebrüter außen an Gebäuden unter dem Dach, Nest viertelkugelig, sauber gemörtelt mit kleinem Einschlupfloch; ursprünglich Felsbrüter.

2 Rauchschwalbe

Hirundo rustica (Schwalben)

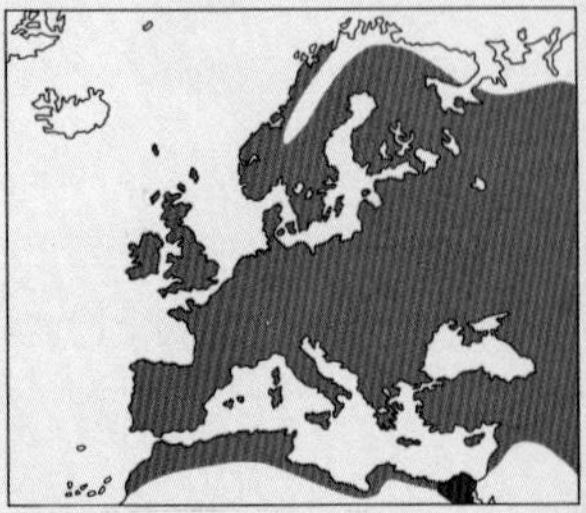

In Mitteleuropa: IV–X. Kennzeichen: 19 cm/20 g. Einzige mitteleuropäische Schwalbe mit langen Schwanzspießen; Flügel schlank und spitz; Stirn, Kinn und Kehle rotbraun, Oberseite und Kropf blauschwarz schillernd, Brust, Bauch und Unterschwanzdecken weiß, Schwanz schwarz mit Querband aus weißen Tupfen. ♀ wie ♂, aber Schwanzspieße kürzer. Jungvögel blasser und ohne Schwanzspieße. Gesellig; geschickter, eleganter Flieger, reißender Flügelschlag, fängt Insekten im Flug, nimmt auch Insekten von der Wasseroberfläche auf und trinkt sogar im Tiefflug. Stimme: Ruft »witt-witt« oder »dschäddschäd«, Warnruf scharf »ziwitt ziwitt«. Gesang: hastig vorgetragene Strophen, zwitschernd und plaudernd, mit schnurrendem Endmotiv. Lebensraum: Dörfer, Einzelgehöfte, Kulturland, Wasserflächen. Nahrung: Kleine Fluginsekten. Brut: V–IX, 4–6 Eier, B 13–18 Tage, N 20–22 Tage; 2–3 Bruten/Jahr. Brütet in lockeren Kolonien in Viehställen und Scheunen; holt Lehmklümpchen für den Nestbau an Pfützen, oft zusammen mit Mehlschwalben. Nester oben offen, herabhängende Grashalme mit eingemörtelt.

1

2

1 Wasserpieper

Anthus spinoletta (Stelzen)

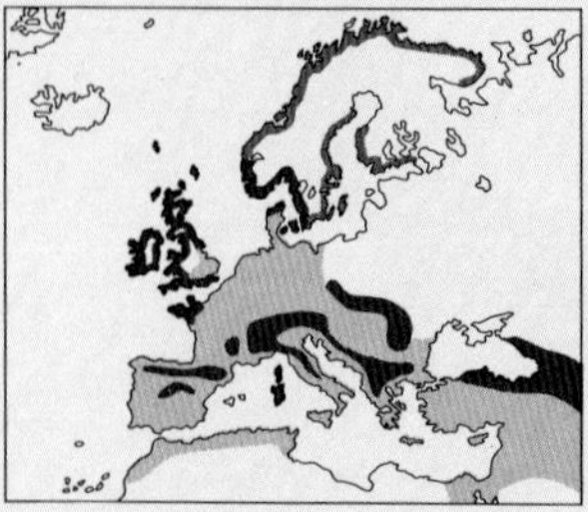

In Mitteleuropa: I–XII. Kennzeichen: 16,5 cm/24 g. Oberseite hellgrau, weißlicher Überaugenstreif, Unterseite weißlich, ungefleckt, Brust leicht rosa getönt; im Winter Brust dunkel gefleckt. An Nord- und Ostsee bräunliche Rassen mit auch im Sommer gefleckter Brust (**Strandpieper**). ♀ wie ♂. Scheu; Singflug. Stimme: Ruft »hisst«, »psiet«, warnt wiederholt »zitt«. Gesang: lange, schneller werdende Reihen »zwi zwi zwi«, hoch und dünn. Lebensraum: Bergwiesen, Hochmatten; im Winter an Gewässern. Nahrung: Vorwiegend Insekten. Brut: IV–VII, 4–5 Eier, B 14–16 Tage, N 15 Tage; 1–2 Bruten/Jahr. Bodenbrüter.

2 Baumpieper

Anthus trivialis (Stelzen)

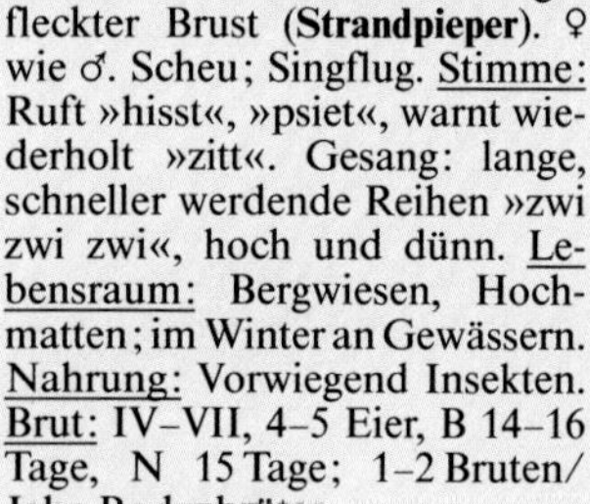

In Mitteleuropa: IV–IX. Kennzeichen: 15 cm/23 g. Oberseite hellbraun, schwach gefleckt, Unterseite hell rahmfarben, Brust gelblichbraun, dunkel gefleckt. ♀ wie ♂. Singt von Baumspitzen und im Singflug, kehrt dabei meist auf dieselbe Singwarte zurück. Stimme: Ruft hoch und heiser »psieh«, warnend »zipp-zipp«. Gesang: laut schmetternd und zwitschernd mit Trillern und pfeifenden Touren wie »ziazia-zia-zia«, üiüi-üi-üi«. Lebensraum: Offenes Gelände mit Bäumen, Waldränder und Lichtungen. Nahrung: Vorwiegend Insekten. Brut: V–VII, 5–6 Eier, B 12–13 Tage, N 10–11 Tage; 2 Bruten/Jahr. Bodenbrüter.

3 Wiesenpieper

Anthus pratensis (Stelzen)

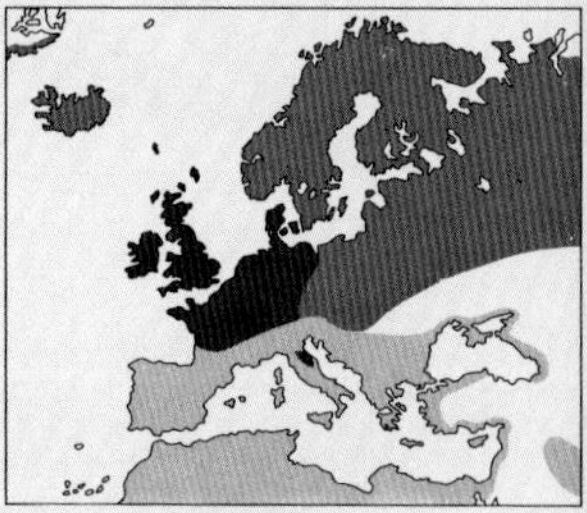

In Mitteleuropa: I–XII, einige Vögel überwintern. Kennzeichen: 14,5 cm/20 g. Gefiederzeichnung wie Baumpieper, aber insgesamt grauer, Kralle der Hinterzehe stark verlängert. ♀ wie ♂. Steigt in der Regel vom Boden zu weiten Singflügen auf, kehrt meist nicht zum Ausgangspunkt zurück. Im Winter in Trupps. Stimme: Ruft hoch »ist-ist«. Gesang: lange, eintönige Strophe aus mehreren Touren, hoch und dünn, heiser klirrend, eingeleitet von schneller werdenden »dip dip«. Lebensraum: Feuchte Wiesen, Moore, Ödland, Dünen. Nahrung: Vorwiegend Insekten. Brut: IV–VII, 4–6 Eier, B 13 Tage, N 12–14 Tage; 2 Bruten/Jahr. Bodenbrüter.

1

2

3

1 Brachpieper

Anthus campestris (Stelzen)

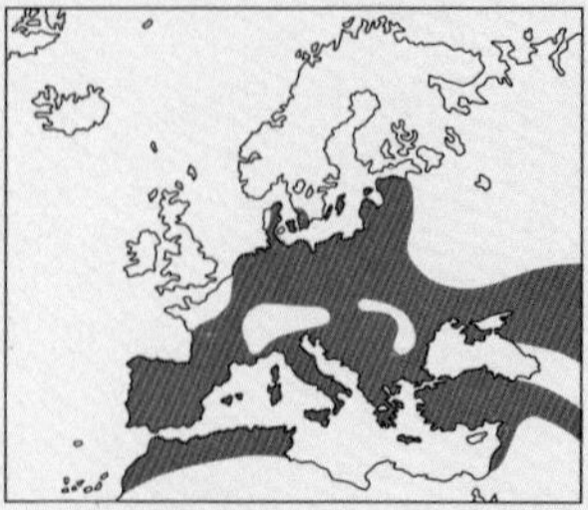

In Mitteleuropa: IV–IX. Kennzeichen: 17 cm/23 g. Schlanker, langschwänziger und heller als Baumpieper (Seite 172); Oberseite sandfarben, Unterseite weißlich, ungefleckt; deutlicher rahmweißer Überaugenstreif. ♀ wie ♂. Bodenvogel, läuft stelzenartig und wippt gelegentlich mit dem Schwanz. Singt von Bodenerhebungen oder im wellenförmig aufsteigenden Singflug. Stimme: Verschiedenartige Rufe wie »ziehp«, »zschlipp« oder »ziäh«. Gesang: ständig wiederholtes »zirlui«, »träih« oder ähnlich. Lebensraum: Trockenes Brachland, Steppen, offene Heide, sandige Ufer. Nahrung: Vorwiegend Insekten. Brut: IV–VII, 4–5 Eier, B 14–16 Tage, N 15 Tage; 1–2 Bruten/Jahr. Bodenbrüter.

2 Schafstelze

Motacilla flava (Stelzen)

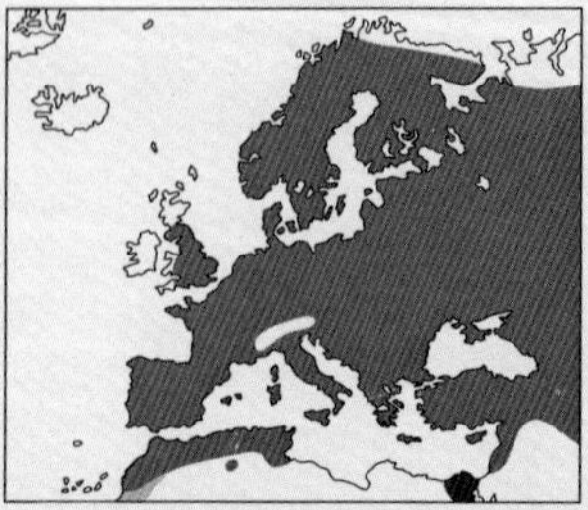

In Mitteleuropa: III–IX. Kennzeichen: 16,5 cm/18 g. Kurzschwänziger als Bachstelze (Seite 176), Kehle gelb, Kopf grau, Oberseite olivgrün, Unterseite schwefelgelb. ♀ und Winterkleid blasser. Bodenvogel, wippt mit dem Schwanz, singt gelegentlich in wellenförmigem Singflug. Stimme: Ruft »psüip« oder psiehp«. Gesang: gereihtes »zierzier«. Lebensraum: Viehweiden, Kulturland, Sümpfe, Moore, Heiden. Nahrung: Kleine Insekten. Brut: V–VII, 5–6 Eier, B 13 Tage, N 11–13 Tage; 1–2 Bruten/Jahr. Bodenbrüter.

3 Gebirgsstelze

Motacilla cinerea (Stelzen)

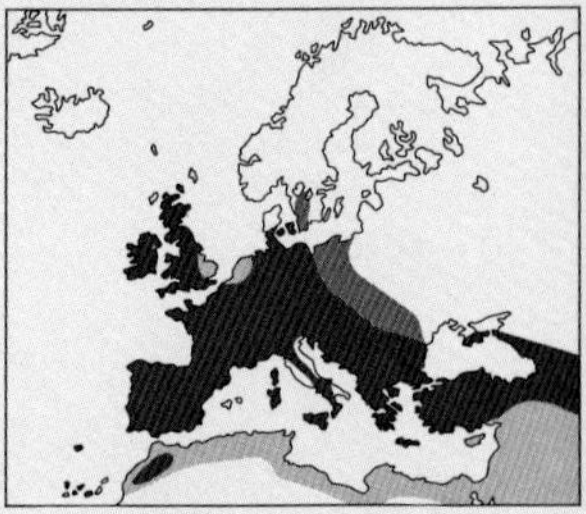

In Mitteleuropa: I–XII. Kennzeichen: 18 cm/20 g. Deutlich langschwänziger als Schafstelze, Kopf und Oberseite grau, Kinn und Kehle schwarz, Unterseite hellgelb. ♀ und Winterkleid Kinn und Kehle weißlich. Wippt mit dem Schwanz, Flug wellenförmig, oft niedrig über dem Wasser. Singt sitzend oder im Flug. Stimme: Ruft schärfer als Bachstelze »zickick«, Warnruf hoch »züih«. Gesang: verschiedene Strophentypen, zwitschernd mit Pfeiftönen und Rollern. Lebensraum: Bäche und Flüsse im Gebirge und im Flachland. Nahrung: Insekten. Brut: III–VII, 4–6 Eier, B 12–14 Tage, N 12–13 Tage; 2 Bruten/Jahr. Nest in Halbhöhlen.

1

2

3

1 Bachstelze

Motacilla alba (Stelzen)

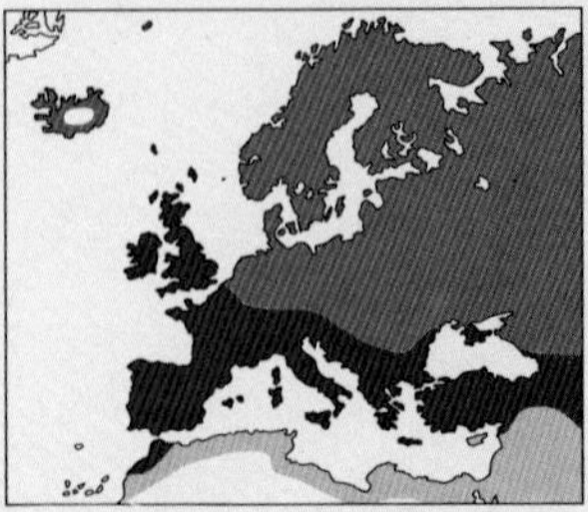

In Mitteleuropa: I–XII. Kennzeichen: 18 cm/23 g. Langschwänzig, Kopf und Hals schwarz-weiß, Oberseite grau, Unterseite weiß; ♀ etwas blasser. Im Winter Kinn und Kehle weiß, schwärzliches Kropfband. Jungvögel blaß, ohne Schwarz. Läuft mit ruckartigen Kopfbewegungen, wippt ständig mit dem Schwanz, Flug wellenförmig. Stimme: Ruft »zitt«, »ziwlitt« oder »zipp-zipp-zilipp«. Gesang: zwitschernd und schwatzend mit rufähnlichen Motiven. Lebensraum: Offenes Gelände, Dörfer, Gärten, meist in Wassernähe. Nahrung: Insekten. Brut: IV bis VIII, 5–6 Eier, B 12–14 Tage, N 14–15 Tage; 2 Bruten/Jahr. Nest in Halbhöhlen.

2 Seidenschwanz

Bombycilla garrulus (Seidenschwänze)

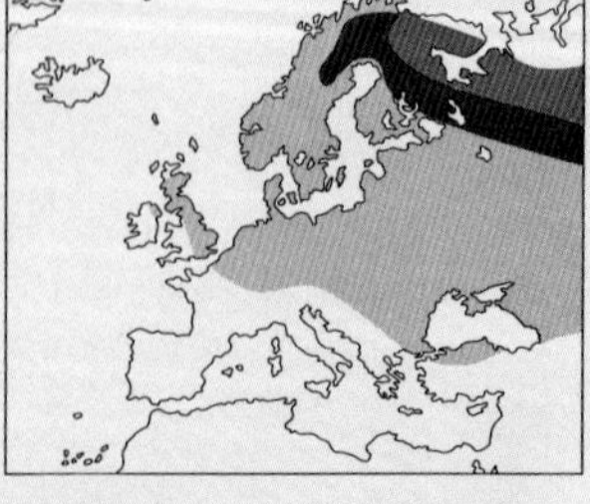

In Mitteleuropa: XI–III. Kennzeichen: 18 cm/60 g. Rotbraunes, seidiges Gefieder, Federhaube, Kinn und Kehle schwarz, Flügel bunt mit lackroten Hornplättchen, Schwanz mit gelber Endbinde. ♀ blasser. Jungvögel unterseits gestrichelt. Gesellig, nicht scheu, wandert in manchen Wintern invasionsartig bis Südeuropa. Stimme: Ruft hoch »sirr«. Gesang: aus wiederholten, klirrenden und sirrenden Elementen. Lebensraum: Nadel- (vor allem Lärchen-) und Birkenwälder; im Winter Gärten und Parks mit Beerensträuchern. Nahrung: Insekten, Beeren, Obst. Brut: V–VI, 4–5 Eier, B 12–15 Tage, N 14–16 Tage. Baumbrüter in lockeren Kolonien.

3 Schwarzstirnwürger

Lanius minor (Würger)

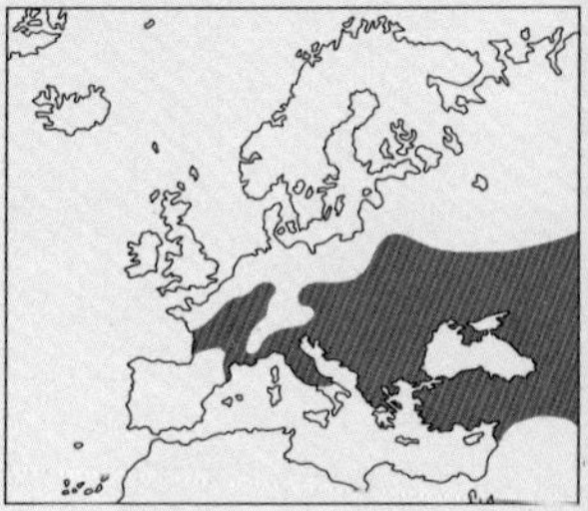

In Mitteleuropa: V–IX. Kennzeichen: 20 cm/50 g. Dem Raubwürger (Seite 178) ähnlich, aber kleiner. Oberseite hellgrau; breiter, über die Stirn ziehender Augenstreif; Unterseite weiß mit rötlichem Anflug. ♀ wie ♂. Stimme: Beim Schauflug Rufreihen wie »kerrib-kerrib« oder »tschilip tschilip«. Gesang: leise schwätzend mit Nachahmungen anderer Vogelstimmen. Lebensraum: Obstplantagen, Obstbaumalleen, offenes Gelände, Weinberge. Nahrung: Vor allem Großinsekten (Käfer, Heuschrecken, Grillen). Brut: V–VII, 4–5 Eier, B 15 Tage, N 16 Tage. Baumnest.

1

2

3

1 Raubwürger

Lanius excubitor (Würger)

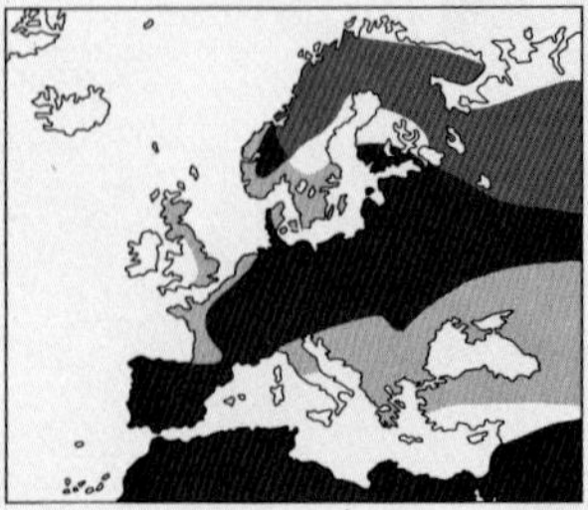

In Mitteleuropa: I–XII. Kennzeichen: 24 cm/65 g. Größter Würger, drosselgroß; Kopf und Rücken hellgrau, schwarzer Augenstreif, Unterseite weiß, weiße Flügelspiegel. ♀ wie ♂. Stimme: Bei Störung scharfes, 2- oder 3silbiges »wäd«, auch elsterartiges Schäckern. Gesang: langanhaltendes, schwirrendes Lied aus rauhen Tönen und Pfeiflauten, oft mit Nachahmungen anderer Vogelstimmen. Lebensraum: Offenes Gelände mit Baumgruppen, Moore, Heiden; Obstgärten, Hecken. Nahrung: Großinsekten, Mäuse, Kleinvögel. Brut: IV–VI, 5–6 Eier, B 15 Tage, N 20 Tage. Baumnest.

2 Rotrückenwürger

Lanius collurio (Würger)

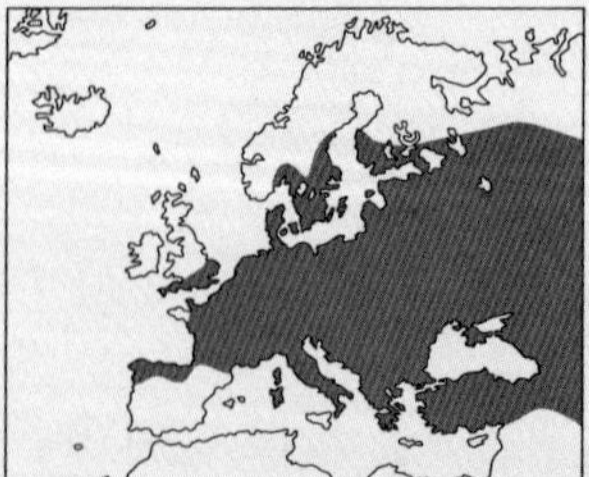

In Mitteleuropa: V–IX. Kennzeichen: 17 cm/30 g. ♂ Kopf aschgrau mit dickem, schwarzem Augenstreif, Rücken rotbraun, Unterseite rötlichweiß; ♀ ohne Augenstreif, Oberseite bräunlich, Unterseite quergewellt. Spießt Beutetiere auf Dornen und Stacheln auf. Stimme: Ruft erregt »dschä« oder »trrt-trrt«, bei Störung am Nest hartes »tek« oder »dschrää«. Gesang: gepreßtes Zwitschern und Murmeln mit vielen Nachahmungen anderer Vogelstimmen; selten zu hören. Lebensraum: Offenes Gelände mit Hecken und Dornsträuchern; Waldränder, Moor- und Heideflächen. Nahrung: Großinsekten, auch kleine Frösche und Eidechsen, Jungvögel, Kleinsäuger. Brut: V–VII, 4–6 Eier, B 14–16 Tage, N 15 Tage. Nest in dichtem Dorngestrüpp.

3 Rotkopfwürger

Lanius senator (Würger)

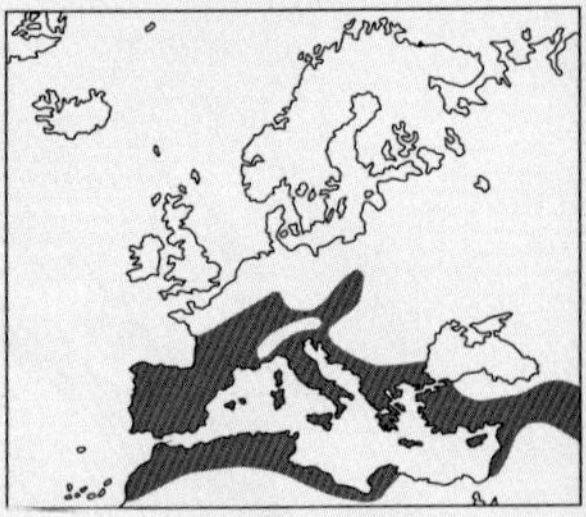

In Mitteleuropa: IV–IX. Kennzeichen: 17 cm/40 g. Größe wie Rotrückenwürger, wirkt aber gedrungener und dickköpfiger; ♂ Oberkopf und Nacken rostrot, Stirn schwarz, Rücken und Flügel schwarz, Unterseite weiß. ♀ wie ♂, aber blasser gefärbt. Stimme: Ruft bei Störung ratternd »dsched-dsched« oder »dschädschä«, aggressiv klangvolles »grüg«. Gesang: kontinuierliches, wohlklingendes Schwätzen, mit rauhen Lauten und Nachahmungen durchsetzt. Lebensraum: Offenes, baumbestandenes Gelände, Obstplantagen. Nahrung: Großinsekten. Brut: V–VII, 4–6 Eier, B 15 Tage, N 14–16 Tage. Baumnest.

1

2|3

1 Feldschwirl

Locustella naevia (Grasmücken)

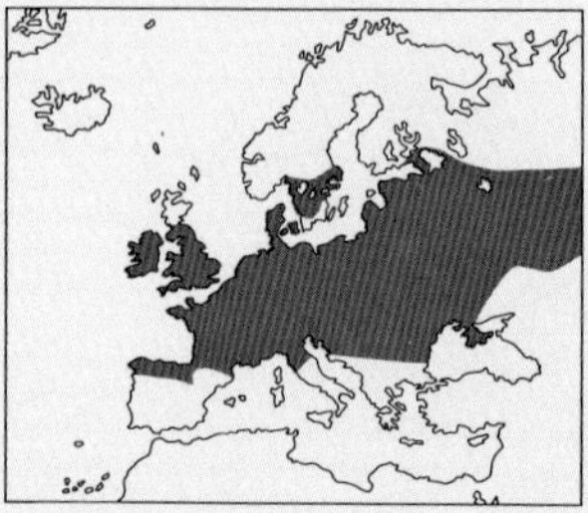

In Mitteleuropa: IV–IX. Kennzeichen: 13 cm/14 g. Größe wie Teich- oder Sumpfrohrsänger (Seite 184); Oberseite olivbraun, dunkel gestreift, Unterseite schmutziggrau. ♀ wie ♂. Bodenvogel, der sich meist im hohen Gras aufhält, mäuseartig huschend oder schreitend. Stimme: Ruf ein scharfes »tze tze« oder »tschick«. Gesang: langanhaltendes Schwirren »sirrr«, dem Schwirren der Grünen Laubheuschrecke sehr ähnlich. Lebensraum: Sumpfige Wiesen mit Buschwerk, Bruchwald mit Weiden und Erlen, Moore. Nahrung: Insekten und Spinnen. Brut: V–VII, 4–6 Eier, B 13 Tage, N 11 Tage; 1–2 Bruten/Jahr. Bodennest.

2 Rohrschwirl

Locustella luscinoides (Grasmücken)

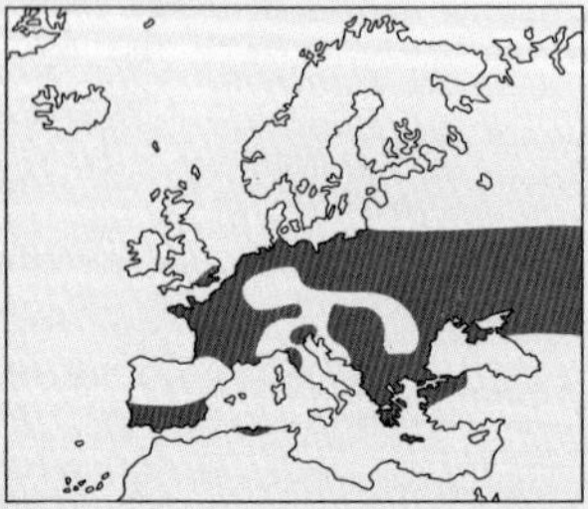

In Mitteleuropa: IV–IX. Kennzeichen: 14 cm/16 g. Größer als Feldschwirl, rötlichbraun (wie Nachtigall, Seite 204), ohne Fleckung auf Ober- und Unterseite. ♀ wie ♂. Stimme: Ruft scharf »zick«, bei Störung am Nest »pit pit«. Gesang: ähnlich wie Feldschwirl, aber weniger lang anhaltend und nicht rein konsonantisch, sondern deutlich vokalisch gefärbt wie »örrrrr«. Lebensraum: Verlandungszonen der Gewässer mit Schilf, Rohr und Binsen. Viel stärker an Wasser und Schilf gebunden als Feldschwirl. Nahrung: Insekten, Spinnen. Brut: V–VIII, 3–5 Eier, B 12 Tage, N 12–14 Tage; 2 Bruten/Jahr. Nest niedrig im Schilf.

3 Schlagschwirl

Locustella fluviatilis (Grasmücken)

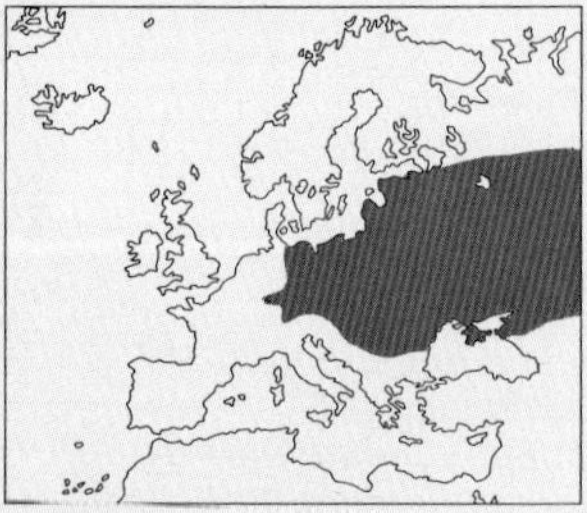

In Mitteleuropa: IV–IX. Kennzeichen: 13 cm/19 g. Dem Rohrschwirl ähnlich, aber etwas kleiner; Oberseite wie Rohrschwirl ungestreift, aber Kehle und Brust verwaschen dunkel längsgestreift. ♀ wie ♂. Stimme: Ruft rauh »dschrä«. Gesang: nicht schwirrend, sondern ein anhaltendes rhythmisches Wetzen wie »dze dze dze«. Singt vorwiegend in der Dämmerung und nachts. Lebensraum: Lichtungen in unterholzreichen Auwäldern, Flußauen, Sumpf- und Bruchwälder mit reicher Krautschicht. Nahrung: Insekten, Spinnen. Brut: V–VII, 4–6 Eier, B 12–13 Tage, N 12 Tage. Bodennest.

1

2

3

1 Teichrohrsänger

Acrocephalus scirpaceus
(Grasmücken)

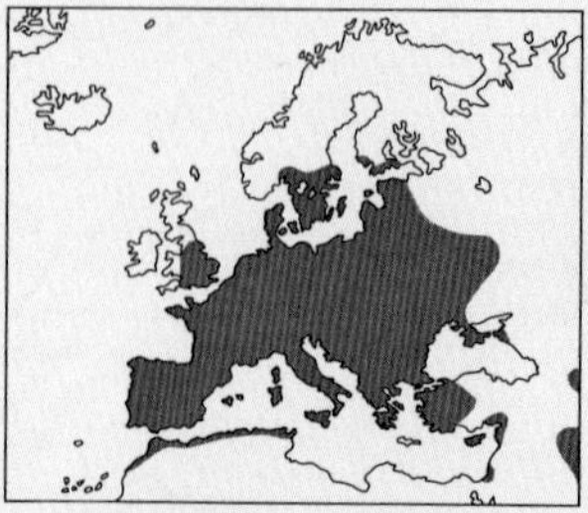

In Mitteleuropa: V–IX. Kennzeichen: 13 cm/13 g. Vom gleich großen Sumpfrohrsänger kaum zu unterscheiden; Gefieder aber rötlichbraun, nicht olivfarben. ♀ wie ♂. Stimme: Ruft bei Störung hart »wäd«. Gesang: ähnlich wie Drosselrohrsänger, aber viel anhaltender, leiser und hastiger, aus nahtlos aneinandergereihten, je 2- bis 3mal wiederholten Motiven. Lebensraum: Schilfgürtel der Gewässer, Weidenbüsche an Flußufern. Nahrung: Insekten, Spinnen. Brut: V–VIII, 3–5 Eier, B 13 Tage, N 12 Tage. Hängenest zwischen Schilfhalmen.

2 Sumpfrohrsänger

Acrocephalus palustris
(Grasmücken)

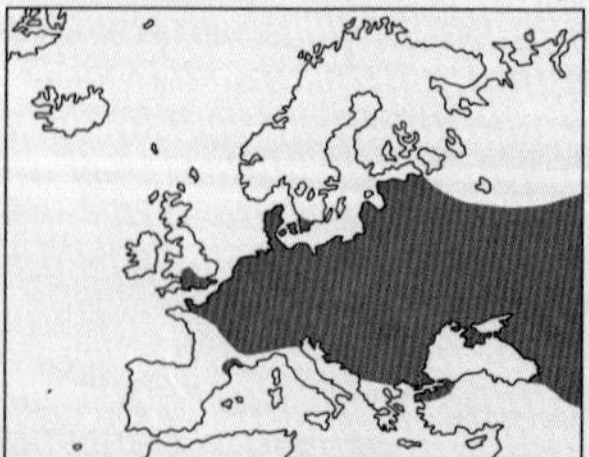

In Mitteleuropa: V–IX. Kennzeichen: 13 cm/12 g. Größe und Gestalt wie Teichrohrsänger, aber Gefieder olivbraun, nicht rötlichbraun, Beine meist heller (fleischfarben). ♀ wie ♂. Stimme: Ruft alarmiert hart »tak« oder »wäd«. Gesang: abwechslungsreich und wohltönend, nicht in Strophen gegliedert, aus schnarrenden, zeternden und zirpenden Lauten mit vielen Nachahmungen anderer Vogelstimmen, beispielsweise von Blaumeise, Rauchschwalbe und Blaukehlchen. Lebensraum: Weidengebüsch und Brennesselbestände an Flußufern und Gräben, Getreidefelder. Nahrung: Insekten, Spinnen. Brut: V–VII, 4–5 Eier, B 13 Tage, N 12 Tage. Hängenest in dichtem Gestrüpp.

3 Drosselrohrsänger

Acrocephalus arundinaceus
(Grasmücken)

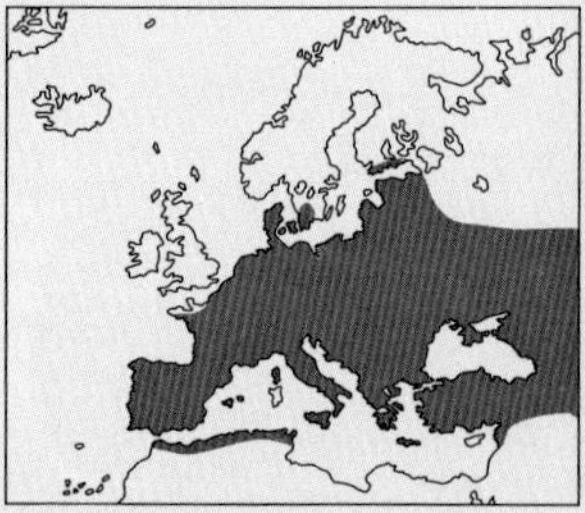

In Mitteleuropa: IV–IX. Kennzeichen: 19 cm/30 g. Größter Rohrsänger Europas; tief rotbraun, Kehle und Unterseite heller. ♀ wie ♂. Stimme: Ruft erregt tief »karr«. Gesang: weithin hörbar, klingt knarrend und besteht aus deutlich abgesetzten, kurzen Strophen wie »karre karre karre kiet kiet dorre dorre«. Lebensraum: Ausgedehnte Schilfbestände an Seen und Teichen. Nahrung: Insekten, Spinnen, winzige Frösche. Brut: V–VII, 4–6 Eier, B 13–15 Tage, N 12 Tage; 1–2 Bruten/Jahr. Hängenest zwischen Schilfhalmen.

1|2

3

1 Schilfrohrsänger

Acrocephalus schoenobaenus (Grasmücken)

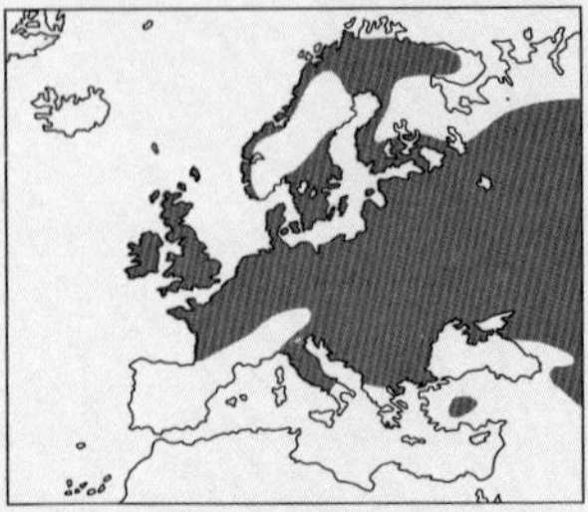

In Mitteleuropa: IV–X. Kennzeichen: 13 cm/12 g. Auffällig dunkel gestreifte Oberseite, heller Überaugenstreif, Bürzel hell rötlichbraun. ♀ wie ♂. Stimme: Ruft alarmiert hart »tsrrr« oder »karr«. Gesang: ähnlich wie Teichrohrsänger (Seite 184), aber nicht so gleichförmig, abwechslungsreicher mit Wiederholungen, Nachahmungen und einer typischen »woid-woid-woid-« Strophe; häufig kurzer Singflug. Lebensraum: Schilfrohrbestände und dichte Vegetation in Ufernähe. Nahrung: Insekten, Spinnen. Brut: V–VII, 5–6 Eier, B 13 Tage, N 12 Tage; 2 Bruten/Jahr. Bodennest im Schilf.

2 Cistensänger

Cisticola juncidis (Grasmücken)

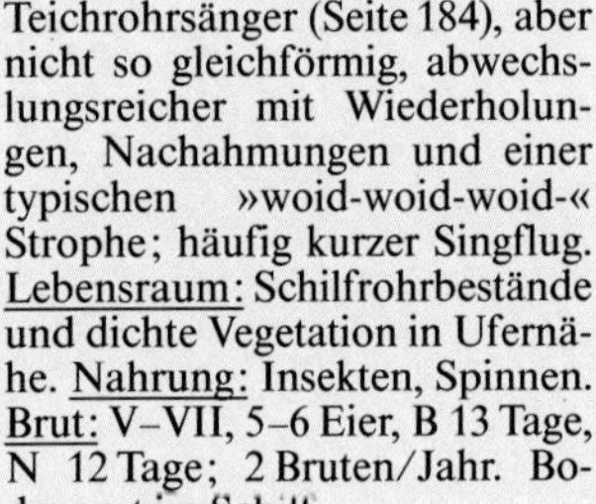

Kennzeichen: 10 cm/8 g. Winzig klein, gefärbt wie Schilfrohrsänger, aber ohne hellen Überaugenstreif; Oberseite gelblichbraun mit starker Streifung, Schwanz kurz und stufig. ♀ wie ♂. Stimme: Ruft bei Störung tonlos kurz »pt-pt-pt«; zudem ein weiches »tjü«. Gesang: scharfes, ständig wiederholtes »zip-zip-zip«, meist im Singflug vorgetragen. Lebensraum: Feuchte Küstenebenen, Grasland, Sümpfe. Nahrung: Insekten, Spinnen. Brut: IV–VII, 3–5 Eier, B 12 Tage; 2 Bruten/Jahr. Hängenest in niedriger Vegetation.

3 Gelbspötter

Hippolais icterina (Grasmücken)

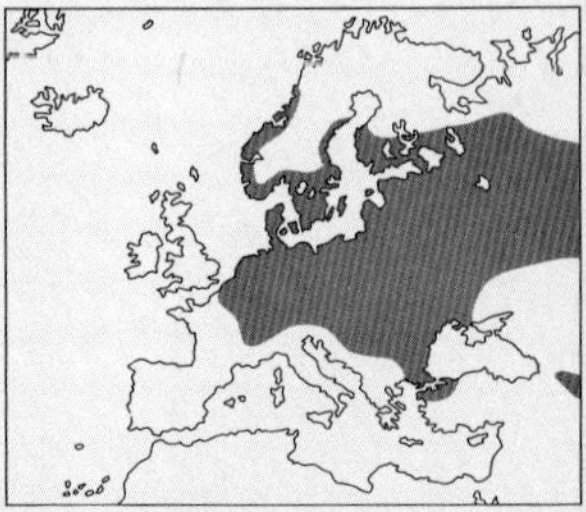

In Mitteleuropa: V–VIII. Kennzeichen: 13,5 cm/13 g. Wie großer, gelbgrüner Laubsänger, aber kräftiger, mit langem, breitem, orangefarbenem Schnabel. ♀ wie ♂. Stimme: Ruft erregt »dederoid«, Alarmruf schmatzend »tze tze tze«. Gesang: fortlaufend, ohne Strophengliederung, von gequetschter, rauher Klangfarbe mit oft wiederholten melodischen Motiven und vielen Nachahmungen. Lebensraum: Lichte Laubwälder, Auwälder, Gärten, Parkanlagen. Nahrung: Insekten, Spinnen; im Herbst auch Beeren. Brut: V–VII, 4–6 Eier, B 12–14 Tage, N 13 Tage. Nest in Büschen und jungen Bäumen.
Ähnliche Art: **Orpheusspötter,** *Hippolais polyglotta*. Sehr ähnlich wie Gelbspötter, jedoch Unterseite variabel von sattgelb bis rahmfarben. Brutvogel auf der Iberischen Halbinsel, in Frankreich, Italien und der Südschweiz.

1

2

3

1 Dorngrasmücke

Sylvia communis (Grasmücken)

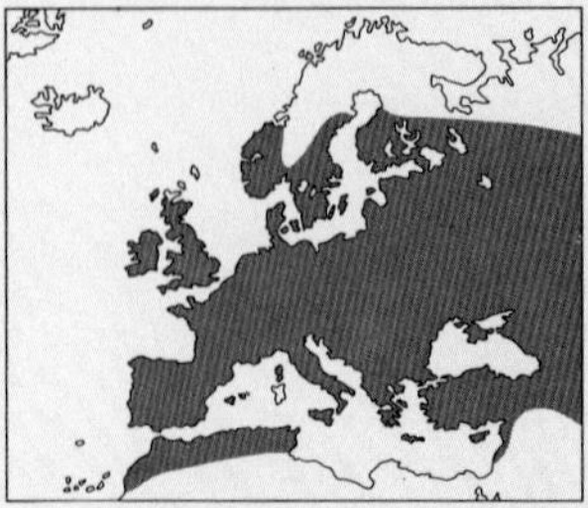

In Mitteleuropa: IV–IX. Kennzeichen: 14 cm/15 g. ♂ Oberkopf und Wangen hellgrau, Kehle reinweiß, Oberseite graubraun, Flügel rostbraun, Unterseite rötlich rahmweiß; ♀ Kopf bräunlich, Unterseite nicht rötlich. Stimme: Ruft »tek«, »woid-woid« und »dscharp«. Gesang: kurzes, rauhes Geplauder in kratzender oder schleifender Klangfarbe, das so klingt, als wenn zwei Kieselsteine aneinander gerieben werden; kurzer Singflug. Lebensraum: Dorngestrüpp und dornige Hekken an Feldrändern. Nahrung: Insekten, Spinnen, Beeren. Brut: V–VII, 4–6 Eier, B 12 Tage, N 12 Tage; 2 Bruten/Jahr. Nest niedrig in Dorngestrüpp.
Ähnliche Art: **Weißbartgrasmükke,** *Sylvia cantillans.* Kehle und Brust rötlichbraun, auffälliger, weißer Bartstreif, roter Augenring, weiße äußere Schwanzfedern; stelzt häufig den Schwanz. Brutvogel der Mittelmeerländer.

2 Klappergrasmücke

Sylvia curruca (Grasmücken)

In Mitteleuropa: IV–X. Kennzeichen: 13,5 cm/12 g. Wie kleine Dorngrasmücke, sehr ähnlich in der Färbung, doch Wangen grau, Unterseite nicht rötlich rahmfarben, sondern bräunlich überhaucht, Flügel ohne rostbraunen Farbton. ♀ wie ♂. Stimme: Ruft schmatzend »tek«, Flugfeindalarm ein kurzes »wäd«. Gesang:

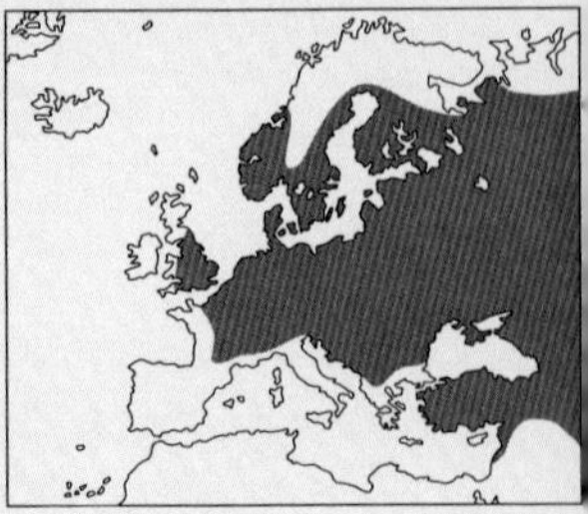

auf ein leises, rauhes Zwitscherr folgt eine laute, monotone, höl zern klingende Klapperstrophe Lebensraum: Gärten, Parks Feldgehölze, Waldränder. Nah rung: Insekten; im Herbst auch Beeren. Brut: V–VII, 4–6 Eier, E 12 Tage, N 12 Tage. Nest in nied rigen Büschen.

3 Gartengrasmücke

Sylvia borin (Grasmücken)

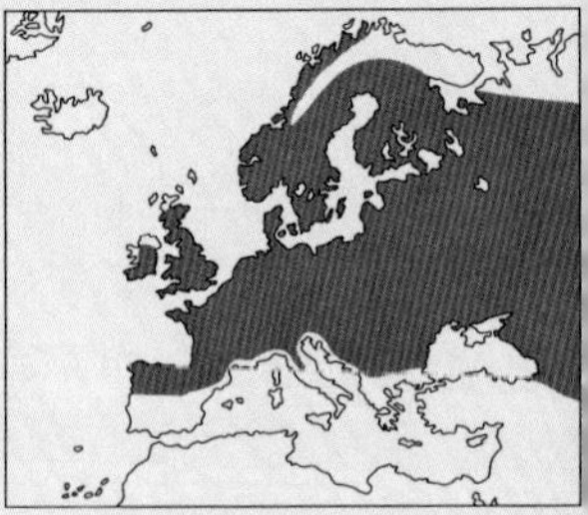

In Mitteleuropa: V–IX. Kennzei chen: 14 cm/20 g. Etwas größer und gedrungener als Mönchs grasmücke (Seite 190); einfarbig olivbraun mit hellerer Unterseite ♀ wie ♂. Stimme: Ruft alarmier »wet wet« oder »tzeck tzeck« Gesang: langanhaltende Stro phen in sprudelnd-schwätzende Vortragsweise, mit tiefen, orgeln den Tönen durchsetzt; Klangfar be amselartig. Lebensraum Lichte Laub- und Mischwälder Gärten, Parks. Nahrung: Insek ten, Spinnen und Beeren. Brut V–VII, 4–5 Eier, B 13–14 Tage, N 12 Tage. Nest niedrig in Brom beer- oder Brennesselgestrüpp

1

2

3

1 Mönchsgrasmücke

Sylvia atricapilla (Grasmücken)

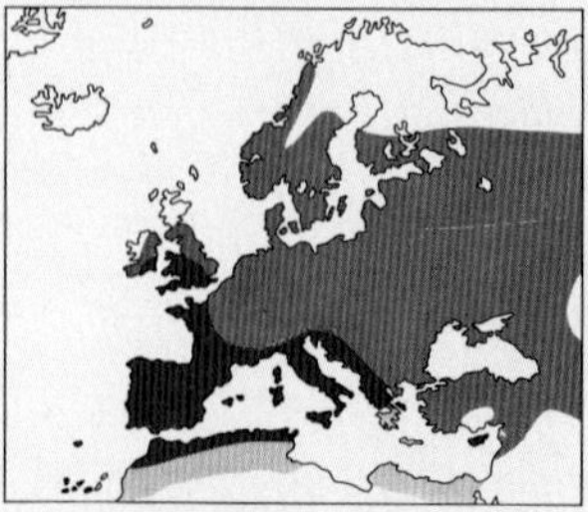

In Mitteleuropa: IV–X. Kennzeichen: 14 cm/20 g. ♂ Oberseite graubraun, Unterseite aschgrau, Kopfplatte schwarz; ♀ Unterseite bräunlich, Kopfplatte rotbraun. Stimme: Ruft bei Störung am Nest hart »tak« oder »tzek«, sonst »wäd«. Gesang: beginnt mit hastig zwitschernden Tönen und endet in einer lauten, klangvollen Flötenstrophe (Überschlag). Lebensraum: Fichtenschonungen, Gärten, Parks, Auwälder, Waldränder. Nahrung: Insekten, Spinnen; im Herbst viele Beeren, vor allem Holunderbeeren. Brut: V–VII, 4–6 Eier, B 12 Tage, N 12 Tage; 2 Bruten/Jahr. Nest in niedrigem Gebüsch. Ähnliche Art: **Samtkopfgrasmücke,** *Sylvia melanocephala*. Wenig kleiner als Mönchsgrasmücke, Oberkopf und Kopfseiten tiefschwarz, roter Augenring. In den Mittelmeerländern I–XII.

2 Sperbergrasmücke

Sylvia nisoria (Grasmücken)

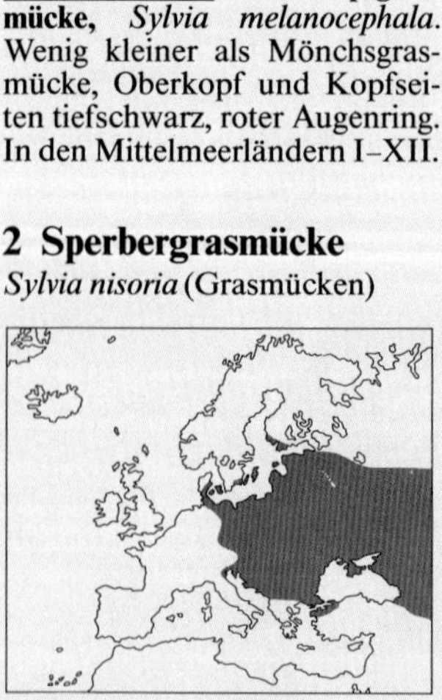

In Mitteleuropa: V–IX. Kennzeichen: 15 cm/30 g. Größer als Mönchsgrasmücke; Oberseite braungrau, Unterseite weißlich mit grauer Querwellung (gesperbert), Auge stechend gelb. ♀ wie ♂, aber bräunlicher und blasser gefärbt. Stimme: Ruft gestört »tr tr« oder »dädädä«. Gesang: gartengrasmückenartig, aber Strophen kürzer, mit rauhen »errr«-Lauten und tiefen Flötentönen. Lebensraum: Waldränder mit dornigem Gebüsch, Wacholderheiden. Nahrung: Insekten, Spinnen, Beeren. Brut: V–VII, 5–6 Eier, B 14 Tage, N 14–16 Tage. Nest im Dorngestrüpp.

3 Provencegrasmücke

Sylvia undata (Grasmücken)

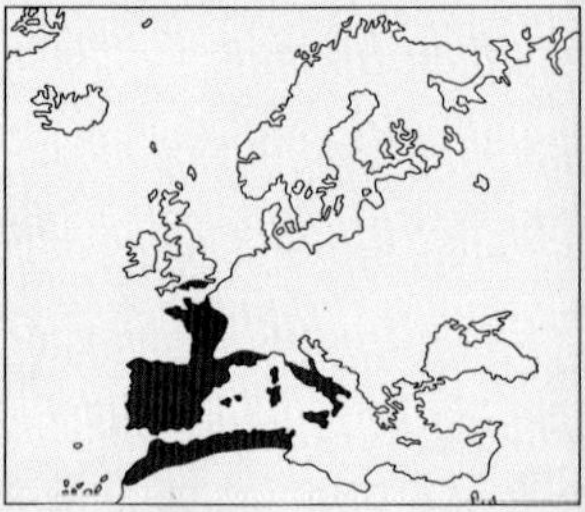

Kennzeichen: 12,5 cm/8,5 g. Sehr kleine, dunkle Grasmücke mit langem, häufig gestelztem Schwanz; Kehle mit feiner, weißer Strichelung; roter Augenring. ♀ wie ♂, aber blasser gefärbt. Stimme: Ruft nasales, gedehntes »djärr« oder schnatternd »trtrtrtr«. Gesang: kurze, hastig vorgetragene Strophe aus ratternden und pfeifenden Elementen, dorngrasmückenartig. Lebensraum: Macchia und Garigue (immergrüne Hartlaub-Strauchgebiete des Mittelmeerraums), Heidekrautgebiete. Nahrung: Insekten, Spinnen, Beeren. Brut: IV–VII, 3–6 Eier, B 12–13 Tage, N 12 Tage. Nest niedrig in der Macchia.

1

2

3

1 Fitis

Phylloscopus trochilus
(Grasmücken)

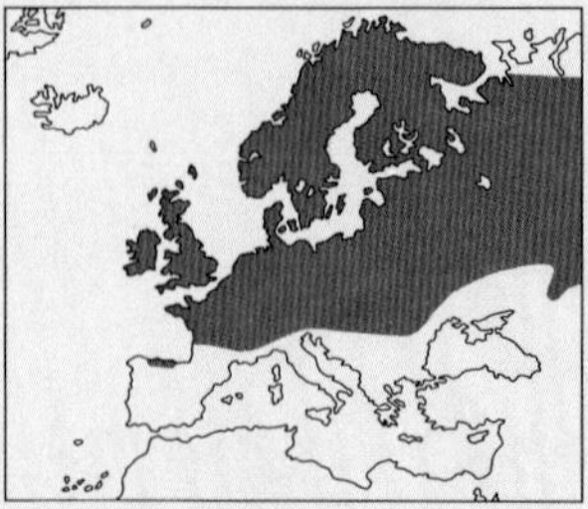

In Mitteleuropa: IV–X. Kennzeichen: 11 cm/9 g. Größe und Gestalt wie Zilpzalp, aber Gefiedertönung gelblicher mit deutlichem, hellem Überaugenstreif und dunklem Augenstreif; Beine meist hell fleischfarben. ♀ wie ♂. Stimme: Ruft 2silbig »hü-id«. Gesang: weiche, abfallende Strophe aus reinen Tönen von schwermütigem Charakter. Lebensraum: Lichte Wälder, Auwald, niedrige, lockere Birkenbestände im Moor, Schonungen, Gärten. Nahrung: Insekten und Spinnen. Brut: V–VI, 4–7 Eier, B 13 Tage, N 13 Tage. Kugelnest am Boden.

2 Zilpzalp

Phylloscopus collybita
(Grasmücken)

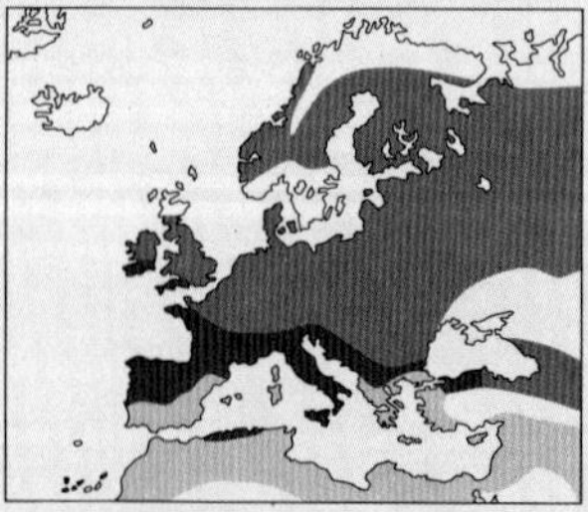

In Mitteleuropa: III–XI. Kennzeichen: 11 cm/9 g. Dem nahe verwandten Fitis sehr ähnlich, aber weniger gelblich, mehr olivbraun, Beine stets dunkel. ♀ wie ♂. Stimme: Ruft 1silbig zart »hüid«. Gesang: lange, stammelnde Strophe aus zwei miteinander abwechselnden Elementen wie »zilp-zalp-zelp-zilp-zalp«. Lebensraum: Lichte Laub- und Mischwälder, Feldgehölze, Gärten, Parks. Nahrung: Insekten, Spinnen. Brut: IV–VI, 5–6 Eier, B 14 Tage, N 13 Tage; 1–2 Bruten/Jahr. Kugelnest in Bodennähe.

3 Waldlaubsänger

Phylloscopus sibilatrix
(Grasmücken)

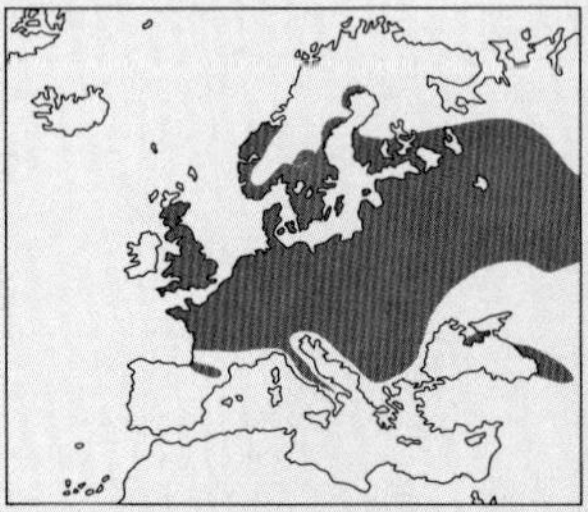

In Mitteleuropa: IV–IX. Kennzeichen: 13 cm/10 g. Größter Laubsänger Mitteleuropas; Oberseite gelblichgrün, auffälliger, schwefelgelber Überaugenstreif, Kehle und Brust schwefelgelb, Bauch weiß. ♀ wie ♂. Stimme: Ruft bei Störung weich »düh«. Gesang: schwirrende Strophe, die mit immer schneller werdendem »sip sip sip« beginnt und in einem monotonen Schwirren endet; meist in flachem Singflug vorgetragen; zudem Strophe aus flötend-klagenden Pfeiftönen wie »djü-djü-djü«. Lebensraum: Vor allem Buchenhochwald. Nahrung: Insekten, Spinnen. Brut: V–VI, 6–7 Eier, B 13 Tage, N 12–13 Tage. Kugelnest am Boden.

1

2

3

1 Berglaubsänger

Phylloscopus bonelli
(Grasmücken)

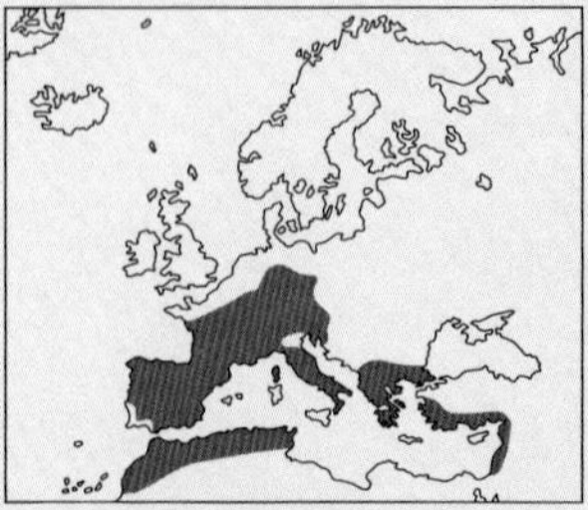

In Mitteleuropa: IV–IX. Kennzeichen: 11,5 cm/8 g. Größe und Färbung wie Zilpzalp (Seite 192), aber grauer, Kehle und Unterseite weißlich. ♀ wie ♂. Stimme: Ruft 2silbig »ho-ihd«. Gesang: kurzes, schwirrendes Tongebilde aus 7 bis 13 gleich hohen Elementen, erinnert an das Schwirren des Waldlaubsängers (Seite 192), aber etwas langsamer und ohne Einleitung. Lebensraum: Kiefern- und Mischwald an sonnigen Berghängen bis zur Baumgrenze. Nahrung: Insekten, Spinnen. Brut: V–VI, 5–6 Eier, B 13 Tage, N 12 Tage. Bodennest.

2 Wintergoldhähnchen

Regulus regulus (Grasmücken)

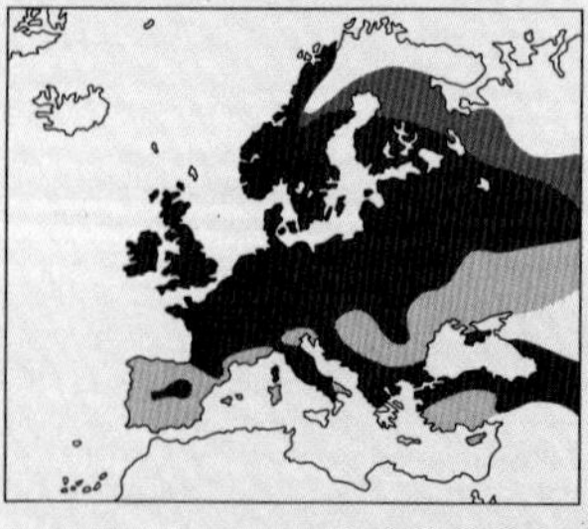

In Mitteleuropa: I–XII. Kennzeichen: 9 cm/5 g. Winzig, neben Sommergoldhähnchen kleinster Vogel Europas; mit orangerotem (♂) oder gelbem (♀) Krönchen, das seitlich durch schwarze Streifen begrenzt ist. Stimme: Rufe hoch und dünn »sih-sih-sih«. Gesang: kurze Strophe aus sehr hohen Tönen, die deutlich auf- und abschwingt und mit einem »energischen« Schlußton endet. Lebensraum: Nadelwälder, vor allem Fichtenwald, Mischwälder, Parkanlagen. Nahrung: Insekten, Spinnen. Brut: IV–VI, 8–10 Eier, B 14–15 Tage, N 15–16 Tage; 2 Bruten/Jahr. Hängenest in Fichten und Tannen.

3 Sommergoldhähnchen

Regulus ignicapillus
(Grasmücken)

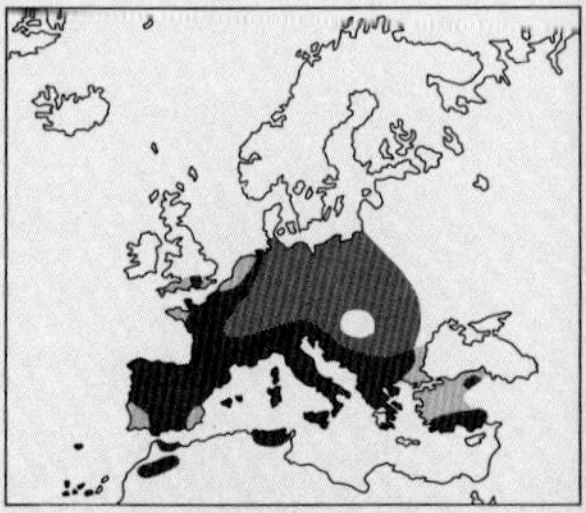

In Mitteleuropa: III–X. Kennzeichen: 9 cm/5 g. Dem häufigeren Wintergoldhähnchen sehr ähnlich, aber lebhafter gefärbt; schwarzer Augenstreif und weißer Überaugenstreif, Scheitel (Krönchen) beim ♂ orangerot, beim ♀ gelb, beiderseits und an der Stirn schwarz gesäumt; Halsseiten goldgelb. Stimme: Ruft schärfer »sisisi« als Wintergoldhähnchen. Gesang: kurze, anschwellende Strophe aus gleich hohen Tönen mit betontem Schlußtriller. Lebensraum: Nadel-, Misch- und Laubwald. Nahrung: Insekten, Spinnen. Brut: V–VII, 7–12 Eier, B 14–15 Tage, N 15–16 Tage; 2 Bruten/Jahr. Hängenest in Nadelbäumen.

1

2

3

1 Grauschnäpper

Muscicapa striata (Sänger)

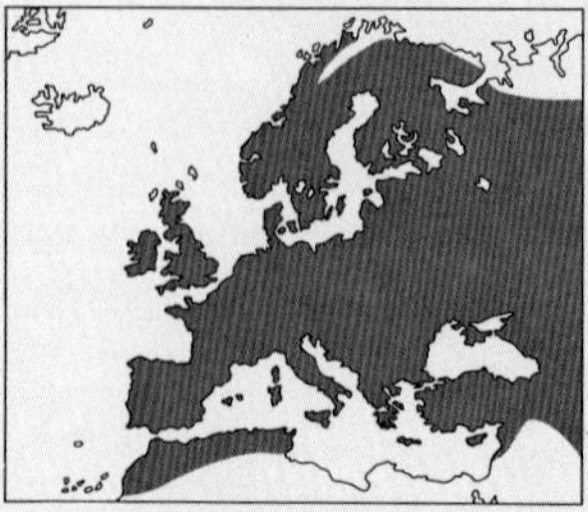

In Mitteleuropa: IV–IX. Kennzeichen: 14 cm/18 g. Unscheinbar graubraun gefärbter Fliegenschnäpper; Stirn und Brust gestreift. ♀ wie ♂. Sehr schlank, sitzt aufrecht, jagt von Sitzwarten nach vorüberfliegenden Insekten, nach dem Niedersetzen Flügelzucken. Stimme: Ruft verhalten »zieh« oder »pst«; Gesang: unauffällige, abgehackte, hohe Töne wie »zizi sir zrü tzr«. Lebensraum: Lichte Laubwälder, Parkanlagen, Gärten, Friedhöfe. Nahrung: Fast ausschließlich Fluginsekten. Brut: V–VII, 4–6 Eier, B 13 Tage, N 15 Tage; 1–2 Bruten/Jahr. Halbhöhlenbrüter.

2 Halsbandschnäpper

Ficedula albicollis (Sänger)

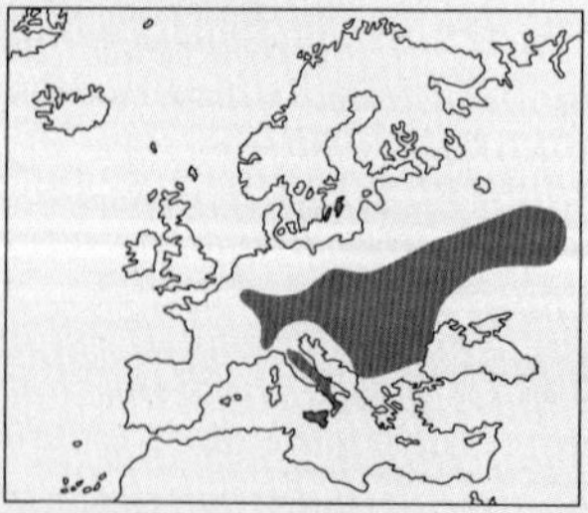

In Mitteleuropa: IV–IX. Kennzeichen: 13 cm/13 g. ♂ wie Trauerschnäpper, aber mit weißem Nackenband, weißem Bürzel und breiterer, weißer Flügelbinde; ♀ graubraun, Stirn und Flügelspiegel weiß. Stimme: Ruft bei Störung ein feines »sieb« oder »fiit«; zudem kurzes »tk«. Gesang: dünn und hoch in langsamem Tempo, beginnt häufig mit »fiit« und endet mit tieferen Flötentönen. Lebensraum: Wie Trauerschnäpper. Nahrung: Insekten, die er im Kronenbereich der Bäume jagt. Brut: V–VII, 4–7 Eier, B 13 Tage, N 16 Tage. Höhlenbrüter.

3 Trauerschnäpper

Ficedula hypoleuca (Sänger)

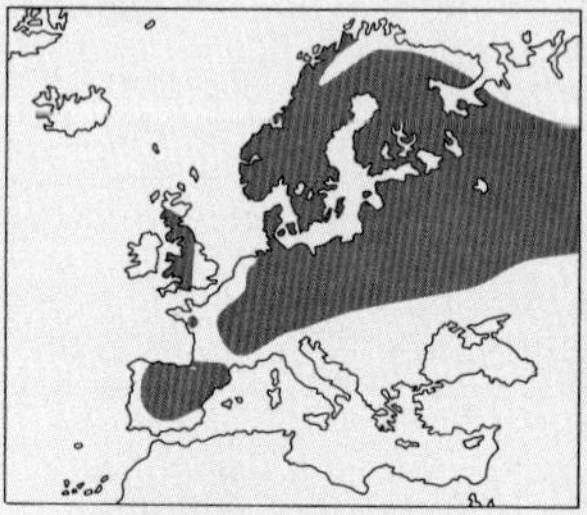

In Mitteleuropa: IV–IX. Kennzeichen: 13 cm/13 g. Etwas kleiner und gedrungener als Grauschnäpper; ♂ Oberseite schwarz, Unterseite, Stirn und Flügelspiegel weiß; ♂♂ aus Mittel- und Osteuropa mit brauner Oberseite. ♀ braungrau mit hellerer Unterseite. Stimme: Ruft »bitt« oder warnend »tzeck«. Gesang: kurze Strophe aus 2silbigen, aneinandergereihten Tönen »wutiwutiwuti«. Lebensraum: Laub- und Mischwälder, Gärten, Parks. Nahrung: Insekten, die im Fluge gefangen oder vom Laub der Bäume abgesammelt werden. Brut: V–VI, 5–7 Eier, B 13 Tage, N 16 Tage. Höhlenbrüter.

Ähnliche Art: **Halbringschnäpper,** *Ficedula semitorquata.* Durch unterbrochenes weißes Nackenband, auffällige weiße Schwanzkanten und breiteres weißes Flügelfeld vom Halsbandschnäpper unterschieden. Brütet in Griechenland und Südbulgarien.

1|2

3

1 Zwergschnäpper

Ficedula parva (Sänger)

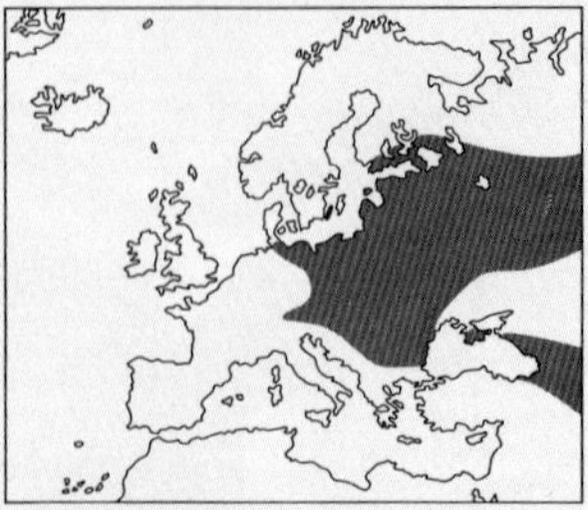

In Mitteleuropa: V–IX. Kennzeichen: 11,5 cm/10 g. ♂ in der Färbung dem Rotkehlchen (Seite 202) ähnlich, doch kleiner und zierlicher; typischer, kurzbeiniger Fliegenschnäpper, stelzt häufig den an der Wurzel weiß gesäumten Schwanz. ♂ Kehle und Brust rostrot; ♀ und vorjährige ♂♂ ohne Rot. Stimme: Ruft zaunkönigartig »zirrr«; bei Erregung hohes »zit«; bei Störung »düli«. Gesang: abfallende Strophe aus reinen Tönen, erinnert an Fitisgesang (Seite 192). Lebensraum: Laubwälder, vor allem Buchenhochwald. Nahrung: Fluginsekten, jagt hoch in Baumkronen. Brut: V–VII, 5–7 Eier, B 13 Tage, N 13–14 Tage. Halbhöhlenbrüter.

2/3 Braunkehlchen

Saxicola rubetra (Sänger)

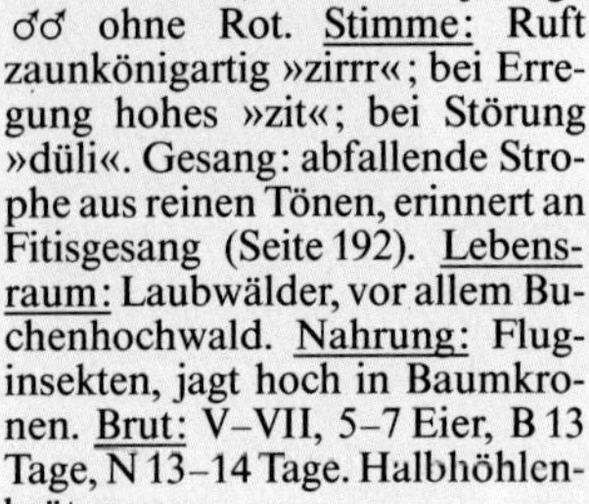

In Mitteleuropa: IV–IX. Kennzeichen: 13 cm/18 g. Gedrungener Vogel mit kurzem Schwanz; ♂ (Bild 2) Oberseite braunstreifig, weißer Schulterfleck, breiter, weißer Überaugen- und Bartstreif, Unterseite hell rostfarben; ♀ (Bild 3) matter gefärbt. Wippt mit dem Schwanz, zuckt mit den Flügeln. Stimme: Bei Störung hart »tk tk« im Wechsel mit weichem »djü«. Gesang: kurzes, »abgebrochenes« Liedchen aus rauhen, kratzenden und flötenden Tönen. Lebensraum: Weite Wiesenflächen, Moore, offenes Gelände mit Stechginster und Stauden. Nahrung: Flug- und Bodeninsekten. Brut: V–VI, 5–6 Eier, B 14 Tage, N 13 Tage. Bodennest.

4 Schwarzkehlchen

Saxicola torquata (Sänger)

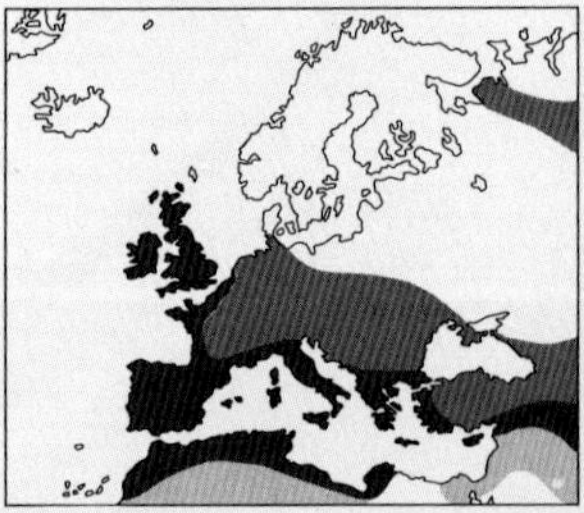

In Mitteleuropa: III–X. Kennzeichen: 13 cm/15 g. Dem Braunkehlchen ähnlich in Gestalt und Verhalten; ♂ Kopf schwarz, Halsseiten weiß, Rücken schwarzbraun, weißer Flügelfleck, Unterseite rostbraun; ♀ blasser gefärbt, bräunlicher. Stimme: Ruft erregt »krr«; bei Störung »fid« oder kombiniert »fid-krr-krr« oder »fid-tak-tak«. Gesang: kurzes, rauhes Lied aus dünnen, vibrierenden Pfeif- und Krächzlauten. Lebensraum: Weite, steinige Ödflächen, Wacholderheiden, Moore, Sandgruben, Bahndämme. Nahrung: Insekten. Brut: IV–VII, 5–6 Eier, B 14 Tage, N 16 Tage; 2 Bruten/Jahr. Bodennest.

1

2|3

4

1 Blaumerle

Monticola solitarius (Sänger)

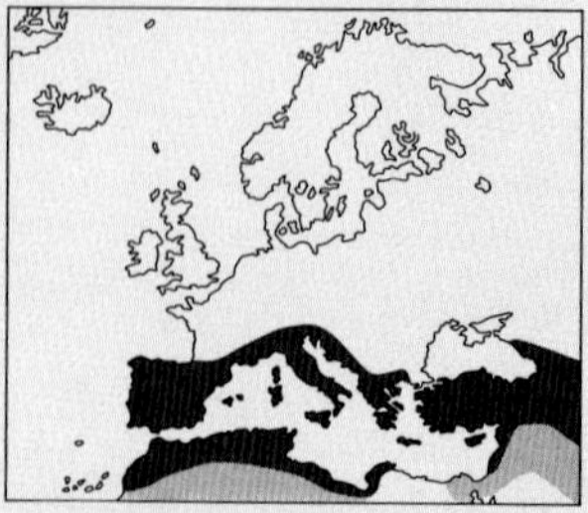

Kennzeichen: 20 cm/65 g. ♂ dunkel blaugrau, Schnabel und Beine dunkelgrau; ♀ dunkel graubraun, feine Schuppung auf Ober- und Unterseite. Stimme: Bei Störung hartes »tak-tak« oder »trr zi tak-tak-tak«; reines flötendes »jü«. Gesang: kurze, laut flötende Strophen mit abfallender Tonfolge; auch im Singflug vorgetragen. Lebensraum: Felsige Berghänge und Meeresküsten, Steinbrüche, auch in Siedlungen. Nahrung: Insekten, Spinnen, Würmer, Beeren. Brut: IV–VI, 3–5 Eier, B 13 Tage, N 18 Tage; 1–2 Bruten/Jahr. Nest in Felsspalten.

2 Steinrötel

Monticola saxatilis (Sänger)

In Mitteleuropa: IV–IX. Kennzeichen: 19 cm/60 g. Kleiner als Blaumerle, kurzschnäbeliger und kurzschwänziger. ♂ Kopf und Hals graublau, Unterseite rostrot, Bürzel weiß, Schwanz rostrot; im Winterkleid Kopf und Unterseite mit weißlichen Federsäumen; ♀ braun mit starker Schuppung. Stimme: Ruft bei Störung rotschwanzartig »tack tack« und »jü«. Gesang: wohlklingende Flötenstrophen, oft im Singflug. Lebensraum: Trockene, sonnige Felshänge, Steinbrüche, Ruinen. Nahrung: Insekten, Spinnen, Würmer, Beeren. Brut: V–VI, 4–5 Eier, B 13 Tage, N 13–16 Tage. Nest in Felsspalten.

3 Steinschmätzer

Oenanthe oenanthe (Sänger)

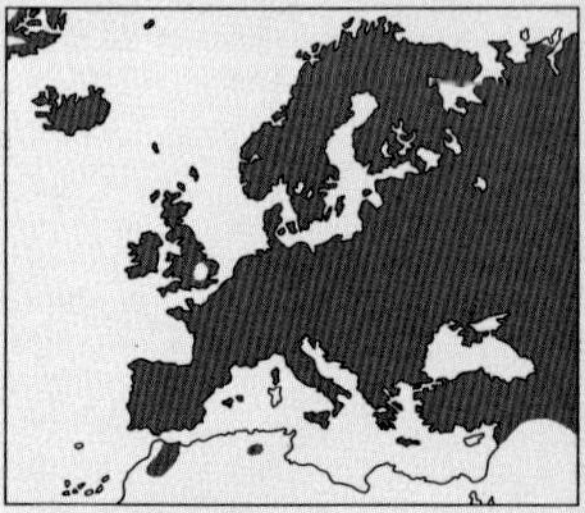

In Mitteleuropa: IV–X. Kennzeichen: 15 cm/25 g. ♂ Scheitel und Rücken hellgrau, Überaugenstreif hell, Kopfseiten schwarz; Unterseite, Kehle und Brust cremefarben; Bürzel und Schwanzbasis weiß; ♀ und Jungvögel bräunlich rahmfarben. Stimme: Ruft erregt hart »tk tk tk« und einzelne »fid«-Laute. Gesang: kurze, schwätzende und murmelnde Strophe, mit Pfeiftönen durchmischt. Lebensraum: Offenes, steiniges Gelände, Ödland, Dünen, Schuttplätze, Weinberge. Nahrung: Insekten und Spinnen. Brut: IV–VI, 5–6 Eier, B 14 Tage, N 15 Tage. Bodenbrüter.
Ähnliche Art: **Mittelmeersteinschmätzer,** *Oenanthe hispanica.* Wie Steinschmätzer, aber Ober- und Unterseite ockerfarben oder cremeweiß. Variante mit schwarzer Kehle. Bewohnt steinige, trockene Landschaft Südeuropas.

1

2

3

1 Hausrotschwanz

Phoenicurus ochruros (Sänger)

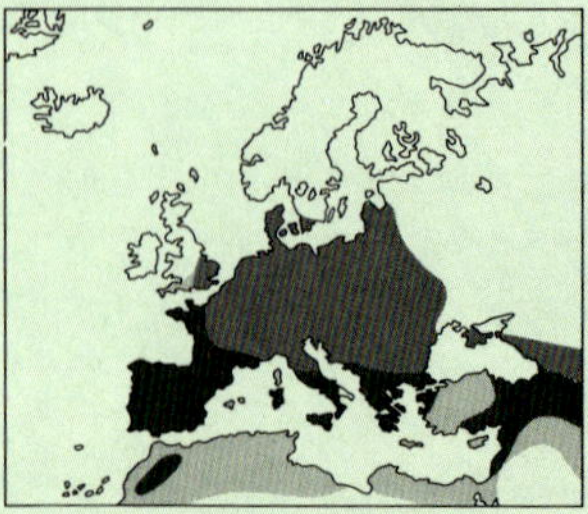

In Mitteleuropa: III–X. Kennzeichen: 14 cm/17 g. Düster schwarz, Oberkopf und Rücken dunkel aschgrau, weißlicher Flügelfleck, Schwanz und Bürzel rostrot; ♀ dunkel graubraun, Schwanz und Bürzel rostrot. Stimme: Ruft erregt »hid teck teck«. Gesang: beginnt mit einigen hellen Pfeiflauten, denen ein gepreßtes, kratzendes Zischen und wiederum einige Pfeiflaute folgen. Lebensraum: Felshänge und Klippen im Gebirge, Gebäude in Dörfern und Städten. Nahrung: Insekten und Spinnen. Brut: IV–VII, 5–6 Eier, B 13 Tage, N 15 Tage; 2 Bruten/Jahr. Halbhöhlenbrüter.

2 Gartenrotschwanz

Phoenicurus phoenicurus (Sänger)

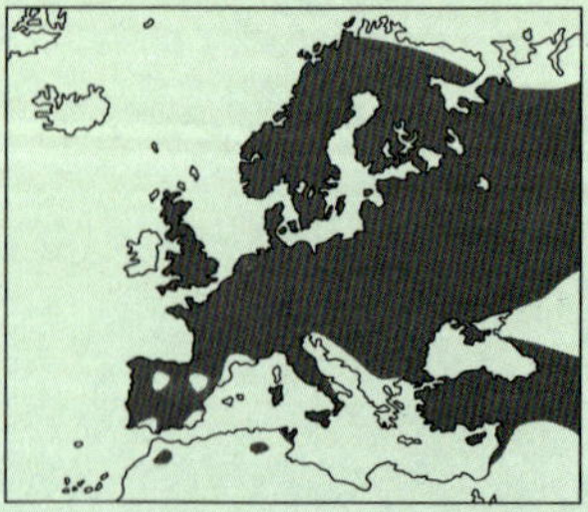

In Mitteleuropa: IV–X. Kennzeichen: 14 cm/15 g. ♂ Stirn leuchtendweiß, Kehle und Kopfseiten schwarz, Oberseite schiefergrau, Unterseite, Bürzel und Schwanz rostrot; ♀ bräunlich mit heller Unterseite. Stimme: Ruft erregt »huid-teck-teck«. Gesang: beginnt mit einem gezogenen Pfeifton, auf den eine kurze Reihe von kurz angeschlagenen tieferen Tönen folgt »üü trä trä …«; Klangfarbe wie Trauerschnäppergesang (Seite 198). Lebensraum: Lichte Laub- und Mischwälder, Gärten, Parks. Nahrung: Insekten und Spinnen. Brut: V–VII, 5–6 Eier, B 13–14 Tage, N 12–14 Tage; 2 Bruten/Jahr. Höhlenbrüter.

3 Rotkehlchen

Erithacus rubecula (Sänger)

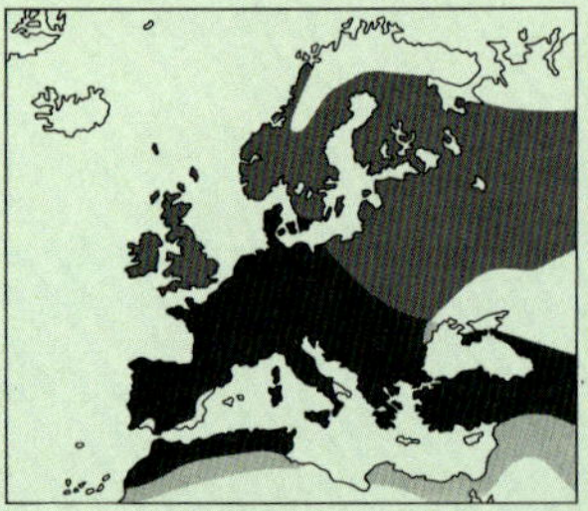

In Mitteleuropa: I–XII. Kennzeichen: 14 cm/16 g. Stirn, Kehle und Brust rostrot, Oberseite olivbraun. ♀ wie ♂. Jungvögel bräunlich gefleckt. Rundliche Gestalt, große, dunkle Augen; knickst häufig und stelzt den Schwanz, läßt die Flügel hängen. Stimme: Ruft sehr schnell »zikzikzik« (Schnickern); Warnruf vor Luftfeinden »zieh«. Gesang: melancholisch, feierlich flötend, beginnt mit einigen hohen Pfeiftönen, auf die klare, herabperlende Tonreihen und Triller folgen. Lebensraum: Unterholzreiche Wälder, Gärten, Parks. Nahrung: Insekten, Spinnen. Brut: V–VII, 4–6 Eier, B 14 Tage, N 13–14 Tage; 2 Bruten/Jahr. Bodenbrüter.

1

2

3

1 Blaukehlchen

Luscinia svecica (Sänger)

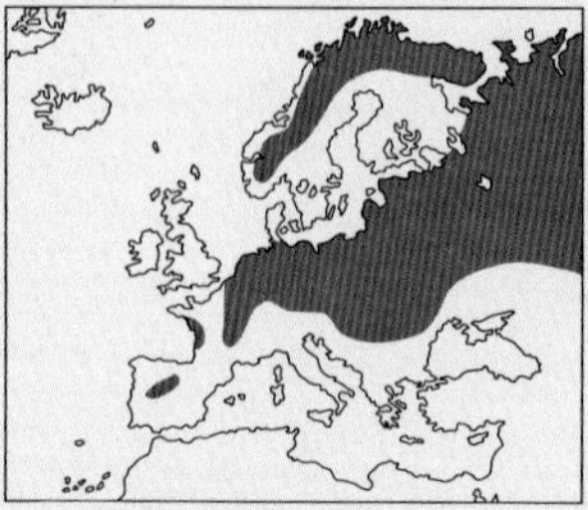

In Mitteleuropa: III–IX. Kennzeichen: 14 cm/18 g. Größe wie Rotkehlchen (Seite 204), aber schlanker, hochbeiniger, rostrote Schwanzwurzel; ♂ Kehle und Kropf leuchtendblau mit weißem »Stern«. Die skandinavische Rasse mit rostrotem Stern (Bild U1). ♀ mit weißlicher Kehle. Stimme: Ruft hart »tack« oder »tk«. Gesang: hastig vorgetragene, zirpende und schnurrende Strophen, mit Schwirrlauten, Pfeiftönen und Imitationen durchmischt. Lebensraum: Verlandende Teiche und Tümpel mit Schilf und Weiden; Strauchtundra. Nahrung: Insekten, Spinnen. Brut: IV–VI, 5–6 Eier, B 13 Tage, N 13–14 Tage. Bodenbrüter.

2 Nachtigall

Luscinia megarhynchos (Sänger)

In Mitteleuropa: IV–IX. Kennzeichen: 16,5 cm/22 g. Oberseite, Flügel, Schwanz rötlichbraun, Unterseite heller braun; hochbeinig. ♀ wie ♂. Unauffällig, versteckt lebend, hüpft mit großen Sprüngen, stelzt häufig den Schwanz. Stimme: Bei Erregung weiches, klagendes »hüid« oder tiefes »karr«. Gesang: laut, sehr abwechslungsreich, viele verschiedenartige, kristallklare, sich überschlagende Motive wechseln mit monotonen Schmettertouren ab, dazwischen langgezogene, anschwellende Töne (Schluchzen); singt auch nachts. Lebensraum: Laubwälder, Auwälder, Gärten, Parks. Nahrung: Insekten, Spinnen. Brut: V–VI, 4–6 Eier, B 13–14 Tage, N 11 Tage. Bodenbrüter.

3 Sprosser

Luscinia luscinia (Sänger)

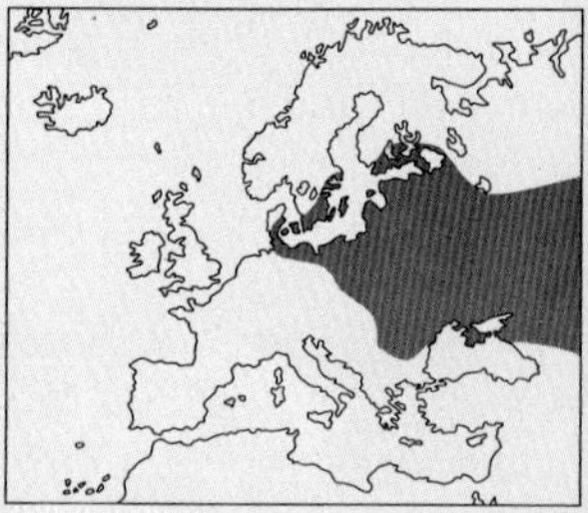

In Mitteleuropa: V–IX. Kennzeichen: 16,5 cm/23 g. Der Nachtigall sehr ähnlich, aber Oberseite und Schwanz olivbraun, nicht rötlichbraun, Brust bräunlich gewölkt. Drehendes Schwanzstelzen. ♀ wie ♂. Stimme: Ruft erregt nachtigallenartig, aber tiefer »karr« und hell »hiid«. Gesang: viel langsamer im Tempo als bei der Nachtigall, Tonlage tiefer; glockenartig reine Töne, 1- oder 2silbig, zu kurzen Strophen gefügt ohne »Schluchzen«; Klangcharakter metallisch. Lebensraum: Feuchte Auwälder, Bruchwald mit Erlen und Weiden. Nahrung: Insekten, Spinnen. Brut: V–VI, 4–6 Eier, B 13–14 Tage, N 11 Tage. Bodenbrüter.

1

2

3

Bildtafel Singvögel 2

Flugbilder und Silhouetten der Vögel.

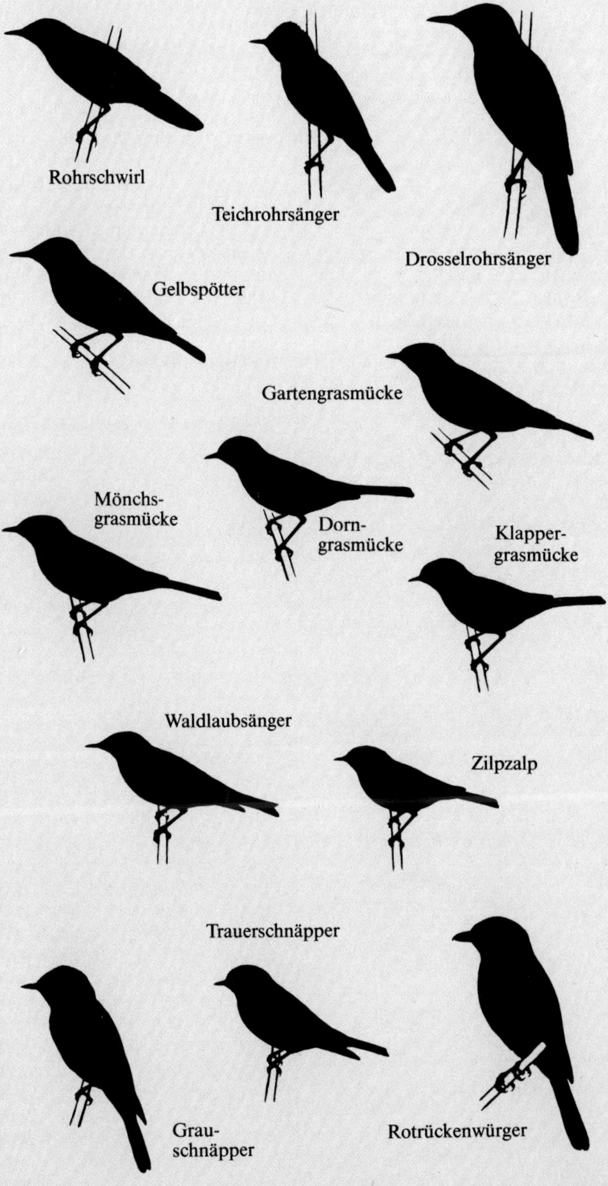
Rohrschwirl
Teichrohrsänger
Drosselrohrsänger
Gelbspötter
Gartengrasmücke
Mönchs-
grasmücke
Dorn-
grasmücke
Klapper-
grasmücke
Waldlaubsänger
Zilpzalp
Trauerschnäpper
Grau-
schnäpper
Rotrückenwürger

1 Amsel

Turdus merula (Sänger)

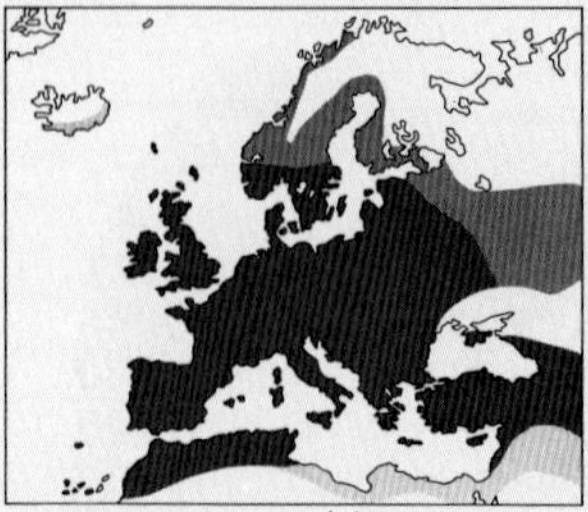

In Mitteleuropa: I–XII. Kennzeichen: 25 cm/95 g. ♂ tiefschwarz mit orangegelbem Schnabel; ♀ dunkelbraun mit leicht gefleckter Brust. Jungvögel braun mit starker Fleckung der Unterseite. Stimme: Ruft erregt »tak tak« oder sehr schnell »tixtixtixtix«, bei Bedrohung durch Bodenfeinde (Katze) verhaltenes »duk duk«, Luftfeindalarm (Sperber) »zieh«. Gesang: volltönende Strophen von flötender und orgelnder Klangfarbe. Lebensraum: Wälder, Gärten, Parks; häufig in Dörfern und Städten. Nahrung: Regenwürmer, Insekten; im Herbst auch Beeren und andere Früchte. Brut: III–VII, 3–5 Eier, B 13–14 Tage, N 13 Tage; 2 Bruten/Jahr. Nest in Büschen und Bäumen.

2 Ringdrossel

Turdus torquatus (Sänger)

In Mitteleuropa: III–IX. Kennzeichen: 25 cm/100 g. In Größe und Färbung wie Amsel, doch nicht so tiefschwarz, mit weißem, halbmondförmigem Brustband und weißen Federsäumen an Unterseite und Flügeln; ♀ bräunlich, Brustband nur angedeutet. Stimme: Ruft amselartig »tak« oder »tocktock tock«; im Flug »tschwierr«. Gesang: singdrosselartig in Strophen gegliedert, weniger klangvoll und abwechslungsreich, Tonqualität erinnert an Misteldrosselgesang (Seite 210). Lebensraum: Nadelwald im Gebirge, an der Baumgrenze und in der Latschenregion. Nahrung: Wie Amsel. Brut: IV–VII, 4–5 Eier, B 12–14 Tage, N 14–16 Tage; 2 Bruten/Jahr. Nest in Bäumen und Büschen.

3 Wacholderdrossel

Turdus pilaris (Sänger)

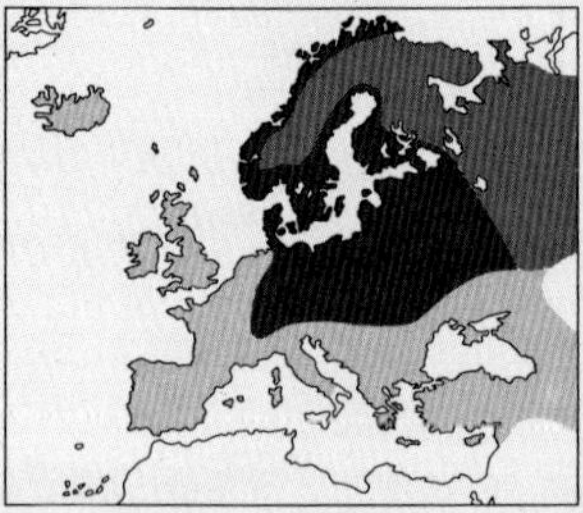

In Mitteleuropa: I–XII. Kennzeichen: 25,5 cm/100 g. Kopf und Bürzel grau, Rücken kastanienbraun, Kehle und Brust rostgelb. ♀ wie ♂. Viel geselliger als Amsel, meist in kleinen Trupps. Stimme: Ruft fliegend »schack-schack-schack«; bei Nestverteidigung schnarrend »trarrat«. Gesang: unauffällig, kurzes, schirkendes, gepreßtes Zwitschern, meist im Flug. Lebensraum: Birkenwälder, Pappelalleen, Feldgehölze, Waldränder, Parks. Nahrung: Würmer, Schnecken, Insekten und Beeren. Brut: IV–VI, 5–6 Eier, B 13–14 Tage, N 14 Tage; 2 Bruten/Jahr. Baumnester in lockeren Kolonien.

1

2

3

1 Rotdrossel

Turdus iliacus (Sänger)

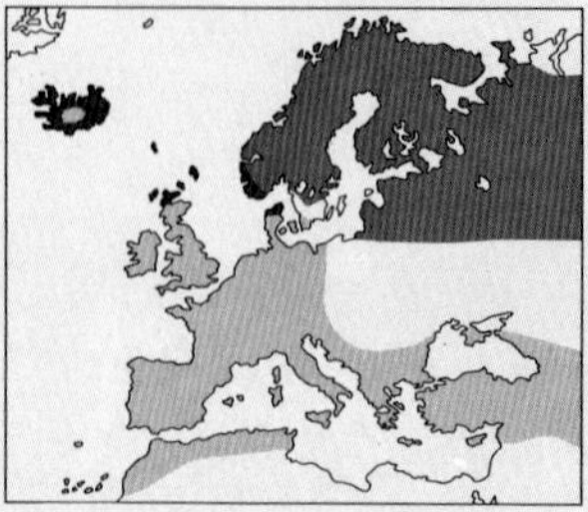

In Mitteleuropa: X–III. Kennzeichen: 21 cm/60 g. Kleiner als Singdrossel, Flanken und Unterflügel rotbraun, rahmfarbener Überaugen- und Bartstreif. ♀ wie ♂. Stimme: Beim Zug und im Flug hohes, gedehntes »zjieh«. Gesang: abfallende Reihe von Flötentönen, auf die ein kratzend-schnarrendes Gezwitscher folgt. Lebensraum: Birkenwälder, Misch- und Nadelwälder. Nahrung: Würmer, Schnecken, Insekten, Beeren. Brut: V–VII, 5–6 Eier, B 13–14 Tage, N 12–14 Tage; 1–2 Bruten/Jahr. Nest in Bäumen und Büschen, auch am Boden.

2 Singdrossel

Turdus philomelos (Sänger)

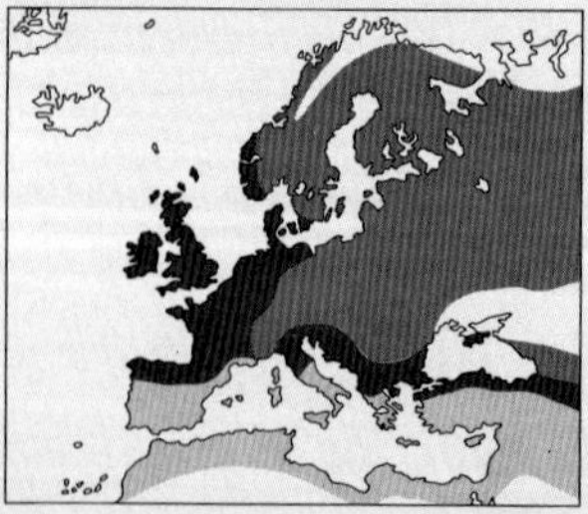

In Mitteleuropa: III–X. Kennzeichen: 23 cm/70 g. Kleiner als Amsel (Seite 208). Oberseite dunkelbraun, Unterseite weißlich mit dichter Fleckung, Brust rostfarben. ♀ wie ♂. Stimme: Zetert bei Bedrohung am Nest amselartig, aber gedämpfter »dickdickdick«; im Flug kurzes »zipp«. Gesang: wohllautend, in Strophen gegliedert, die aus 2- bis 4mal wiederholten Motiven wie »judiet-judiet-judiet« bestehen. Lebensraum: Wälder, Parks, Gärten. Nahrung: Vor allem Gehäuseschnecken, die sie auf einem Stein, der »Drosselschmiede«, aufschlägt; auch Würmer, Insekten, Beeren. Brut: IV–VII, 3–6 Eier, B 12–13 Tage, N 14 Tage; 2 Bruten/Jahr. Nest in Bäumen und Büschen.

3 Misteldrossel

Turdus viscivorus (Sänger)

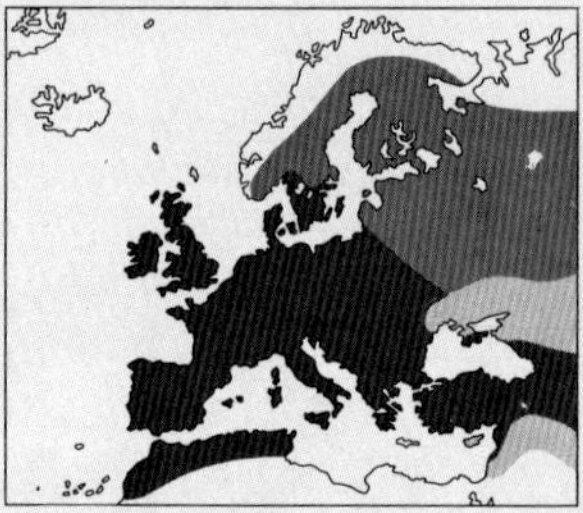

In Mitteleuropa: I–XII. Kennzeichen: 27 cm/120 g. Größte Drossel in Mitteleuropa. Oberseite graubraun, Unterseite weißlich mit grober Tropfenfleckung. ♀ wie ♂. Stimme: Im Flug hart schnarrend »schnärr«. Gesang: amselartig in der Klangfarbe, doch kürzere, melancholische, monotone Strophen, die sich auf gleicher Tonhöhe halten. Lebensraum: Nadelhochwald bis zur Baumgrenze, Misch- und Laubwald, Parkanlagen, Gärten. Nahrung: Würmer, Schnecken, Insekten; im Herbst und Winter Mistelbeeren und Fallobst. Brut: III–VI, 4–5 Eier, B 14 Tage, N 15–16 Tage. Baumnest.

1

2

3

1 Bartmeise

Panurus biarmicus
(Papageischnäbel)

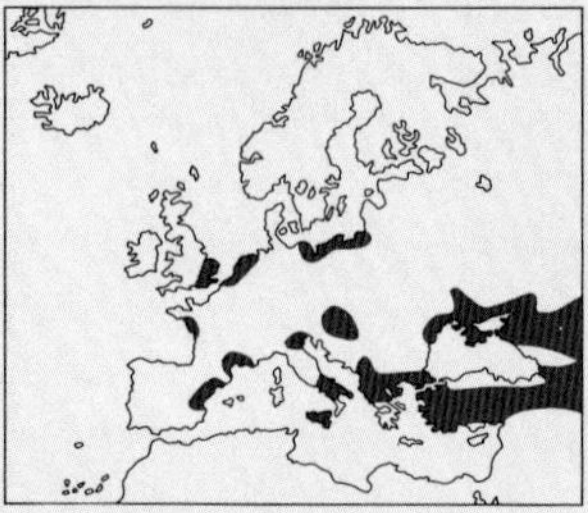

In Mitteleuropa: I–XII. Kennzeichen: 16,5 cm/14 g. Gefieder zimtbraun, Kopf hellgrau, schwarzer Bartstreif, langer, stufiger Schwanz. ♀ Oberkopf zimtbraun, ohne Bartstreif. Klettert im Schilf, fliegt schwirrend niedrig über Schilfflächen. Stimme: Flugruf nasal »ping-ping«, bei Störung »pitt«. Gesang: verschiedene Motive in unregelmäßigen Abständen »tschri pitt-pitt tschäd drüü«. Lebensraum: Ausgedehnte Schilfflächen. Nahrung: Insekten, Schilfsamen. Brut: IV–VII, 5–7 Eier, B 12–13 Tage, N 10–13 Tage; 2 Bruten/Jahr. Napfförmiges Nest auf umgeknickten Schilfhalmen.

2 Schwanzmeise

Aegithalos caudatus
(Schwanzmeisen)

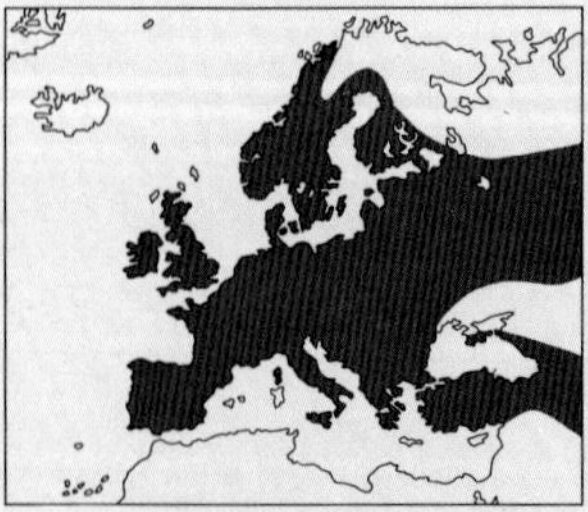

In Mitteleuropa: I–XII. Kennzeichen: 14 cm/9 g. Kleiner, kugeliger Körper mit sehr langem, stufigem Schwanz; Kopf weiß mit breitem, schwarzem Überaugenstreif (nordeuropäische Rasse mit reinweißem Kopf, Bild). ♀ wie ♂. Jungvögel Kopfseiten dunkelbraun. Gesellig, im Winter in größeren Trupps, nordische Rasse dann auch in Mitteleuropa. Stimme: Ruft häufig »tschrrt«, »tserr« oder »siet siet«. Gesang: leise zirpend und trillernd. Lebensraum: Laub- und Mischwälder, Auwälder, Heidelandschaften, Gärten und Parks. Nahrung: Insekten und Spinnen. Brut: IV–VI, 8–10 Eier, B 12–14 Tage, N 14–16 Tage; 2 Bruten/Jahr. Kugelnest.

3 Beutelmeise

Remiz pendulinus (Beutelmeisen)

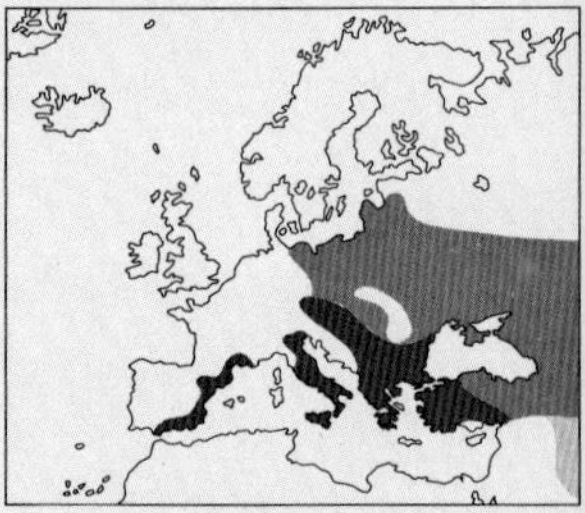

In Mitteleuropa: I–XII. Kennzeichen: 11 cm/10 g. Kopf weißlich, Stirn und Wangen schwarz, Rücken und Flügeldecken kastanienbraun, Unterseite rahmfarben; ♀ blasser gefärbt; Jungvögel ohne Schwarz am Kopf. Turnt an dünnen Zweigen; außerhalb der Brutzeit gesellig. Stimme: Ruft hoch und leicht abfallend »zieh«. Gesang: kurze, wiederholte Elemente wie »sit«, werden mit den Rufen kombiniert. Lebensraum: Auwälder, Weidendickicht an Flüssen und Seen. Nahrung: Insekten und Spinnen; im Winter auch Samen. Brut: IV–VI, 6–8 Eier, B 12–15 Tage, N 15–20 Tage; 2 Bruten/Jahr. An Zweigenden frei hängendes, filziges Beutelnest.

1|2

3

1 Kohlmeise

Parus major (Meisen)

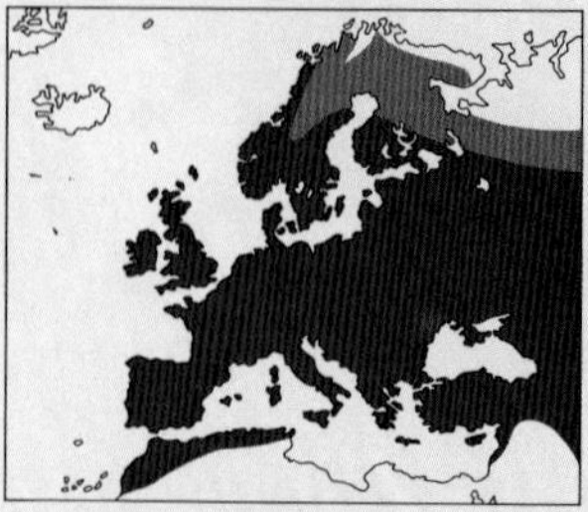

In Mitteleuropa: I–XII. Kennzeichen: 14 cm/20 g. Kopf schwarz mit weißen Wangen, Rücken olivgrün, Unterseite gelb mit schwarzem Längsstreif in der Mitte; ♀ etwas blasser gefärbt. Nicht scheu; turnt im Gezweig, hüpft häufig auf dem Boden. Stimme: Ruft »zituit«, »pink«, bei Störung schnarrend »tscherr-r-r« oder »pink dädädä«. Gesang: wiederholte 2- bis 4silbige, pfeifende Motive wie »zizibä«, »zipe« oder ähnlich. Lebensraum: Wälder aller Art, Gärten, Parks. Nahrung: Insekten, Beeren, Samen; häufig an Futterhäuschen. Brut: IV–VII, 8–12 Eier, B 12–14 Tage, N 15–20 Tage; 2 Bruten/Jahr. Höhlenbrüter.

2 Blaumeise

Parus caeruleus (Meisen)

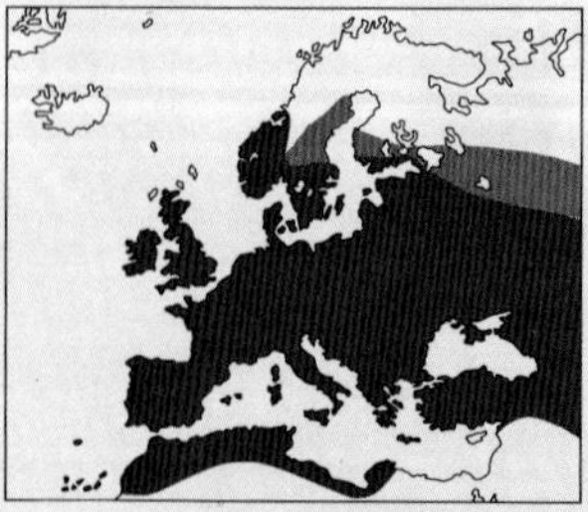

In Mitteleuropa: I–XII. Kennzeichen: 11,5 cm/11 g. Scheitel blau, Kopfseiten weiß mit schwarzem Augenstreif, Flügel und Schwanz blau, Unterseite gelb; ♀ blasser gefärbt. Nicht scheu; hängt oft an dünnen Zweigen; kurzer Balzflug mit vibrierenden Flügeln. Stimme: Ruft ansteigend »zerrretetetet« oder »zie-zi-zi«. Gesang: heller Triller »zie-zi-zirrrr«, »zi-zi-trrü-trrü« oder »tsi-tsi-tsi-tsi«. Lebensraum: Laub- und Mischwälder, Gärten und Parks. Nahrung: Kleine Insekten (auch Blattläuse), Samen (Birke); häufig an Futterhäuschen. Brut: IV–VI, 7–14 Eier, B 13–15 Tage, N 16–18 Tage; 1–2 Bruten/Jahr. Höhlenbrüter.

3 Haubenmeise

Parus cristatus (Meisen)

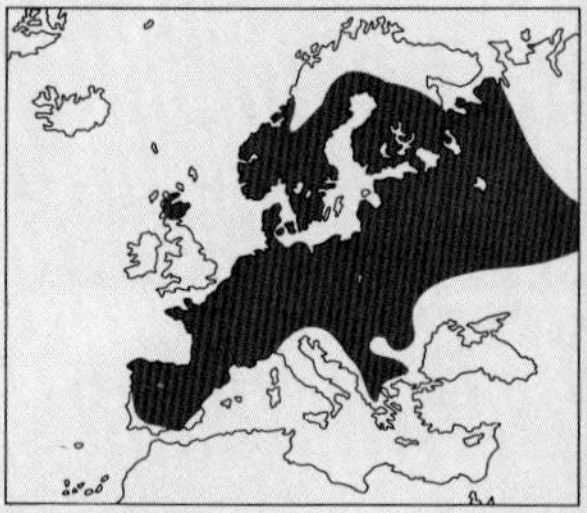

In Mitteleuropa: I–XII. Kennzeichen: 11,5 cm/11 g. Kleine, braune Meise mit auffälliger, schwarz-weiß »geschuppter« Federhaube. ♀ wie ♂. Turnt lebhaft, meist hoch in Nadelbäumen. Stimme: Ruft schnurrend »ürrr-r« oder »zi zi gürrrr«. Gesang: wie gereihte Rufe »zie zi zi gürrrr zigürrrr«. Lebensraum: Nadelwälder im Flachland und im Gebirge bis zur Baumgrenze, Mischwälder; in Südeuropa auch Laubwälder. Nahrung: Kleine Insekten und Spinnen, Koniferensamen; gelegentlich an Futterhäuschen. Brut: IV–VI, 5–8 Eier, B 13–15 Tage, N 17–21 Tage; 1–2 Bruten/Jahr. Höhlenbrüter.

1

2

3

1 Sumpfmeise

Parus palustris (Meisen)

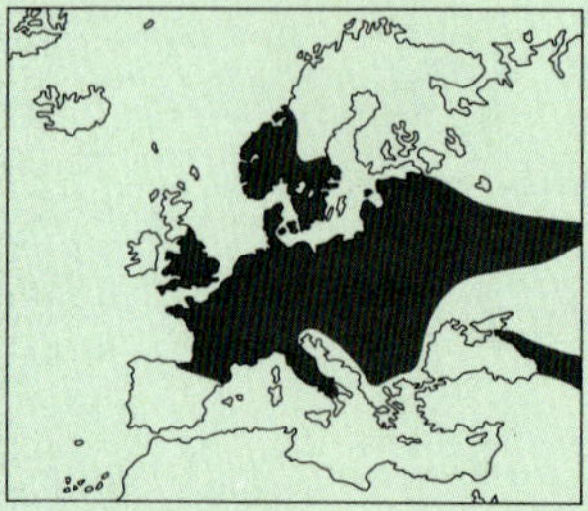

In Mitteleuropa: I–XII. Kennzeichen: 11,5 cm/11 g. Sehr ähnlich wie Weidenmeise, aber Kopf kleiner, glänzendschwarze Kopfkappe, ohne helles Flügelfeld, kleiner, schwarzer Kinnfleck; Oberseite graubraun (Graumeise), Unterseite schmutzigweiß. ♀ wie ♂. Stimme: Ruft auffällig »pistjä« mit nachfolgendem schnellem Zetern »dädädä«. Gesang: kurze klappernde Reihen wie »zjezjezje«, »djepdjepdjep« oder »ti-wüdti-wüd«. Lebensraum: Unterholzreiche Laubwälder, Parkanlagen, Obstgärten, im Gebirge bis 1400 m; nicht in Sümpfen. Nahrung: Insekten, Samen. Brut: IV–V, 7–8 Eier, B 12–13 Tage, N 17–20 Tage. Höhlenbrüter.

2 Weidenmeise

Parus montanus (Meisen)

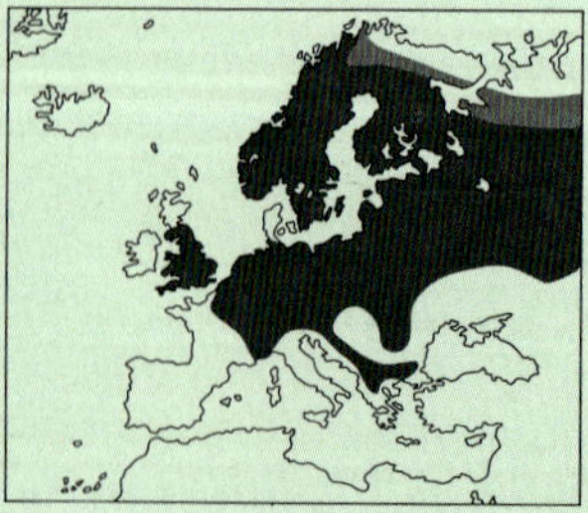

In Mitteleuropa: I–XII. Kennzeichen: 11,5 cm/11 g. Sehr ähnlich wie Sumpfmeise, aber Kopf größer, Kopfkappe mattschwarz, helles Flügelfeld, Kinn und Kehle schwarz, Flanken bräunlich. ♀ wie ♂. Stimme: Ruft breit gedehnt, nasal »däh-däh-däh« oder »zi-zi-däh-däh«. Gesang: Reihen heller, klarer Pfeiftöne »zjü-zjü-zjü« oder »zie-zie-zie«. Lebensraum: Sumpfige Auwälder mit Birken, Erlen, Weiden und Pappeln, Misch- und Nadelwälder. In den Alpen bis zur Latschenregion lebt eine etwas größere, gleichgefärbte Rasse, die **Alpenmeise** *(P. m. montanus)*. Nahrung: Insekten, Samen. Brut: IV–V, 7–9 Eier, B 13–14 Tage, N 17–19 Tage. Höhlenbrüter in oft selbstgezimmerten Höhlen.

3 Tannenmeise

Parus ater (Meisen)

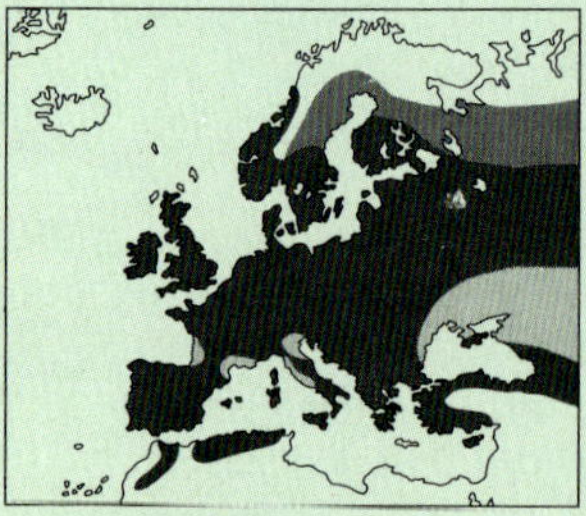

In Mitteleuropa: I–XII. Kennzeichen: 11 cm/9 g. Ähnlich gezeichnet wie Kohlmeise (Seite 214), aber viel kleiner, Unterseite hell graubraun; länglicher, weißer Nackenfleck. ♀ wie ♂. Stimme: Ruft hoch und dünn »tsi«, »ziti« oder ähnlich. Gesang: kurze Strophen aus 2- bis 3silbigen Motiven wie »wizewize-wize«, »zewi-zi-zewi-zi« oder »sitü-düti-düti«. Lebensraum: Nadelwälder, Parks mit Nadelbäumen, Gebirge bis zur Baumgrenze. Nahrung: Insekten, Koniferensamen. Brut: IV–VI, 8–10 Eier, B 14–16 Tage, N 16–17 Tage; 2 Bruten/Jahr. Höhlenbrüter.

1

2

3

1 Kleiber

Sitta europaea (Kleiber)

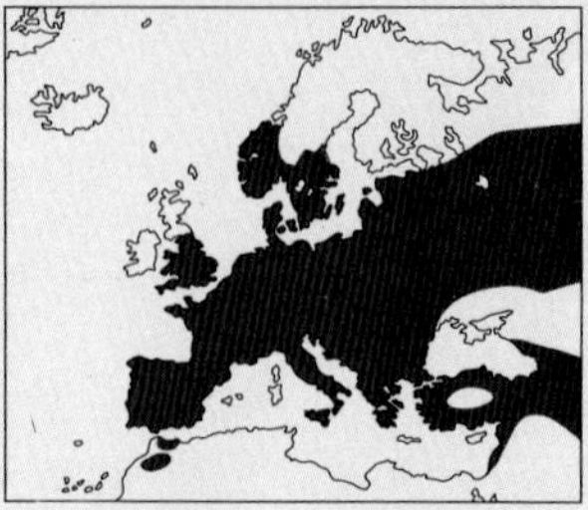

In Mitteleuropa: I–XII. Kennzeichen: 14 cm/23 g. Kurzschwänzig und gedrungen, spechtartiger Schnabel; Oberseite blaugrau, Unterseite hell rostfarben, bei der skandinavischen Rasse weiß mit kastanienbraunen Flanken. ♀ wie ♂. Klettert an Baumstämmen, auch kopfunter. Stimme: Ruft »tuit tuituit«, »twiet«, erregt »zirrrr«, Stimmfühlung »tsit«. Gesang: lange Reihen von Pfeiftönen oder Triller »tüi-tüi-tüi«, »wiwiwiwi« oder »türrrr«. Lebensraum: Laub- und Mischwälder, Gärten, Parks. Nahrung: Insekten in Baumrinde, Samen. Brut: IV–VI, 6–8 Eier, B 13–15 Tage, N 22–25 Tage. Höhlenbrüter, verengt den Höhleneingang mit Lehm bis zum eigenen Körperdurchmesser.

2 Waldbaumläufer

Certhia familiaris (Baumläufer)

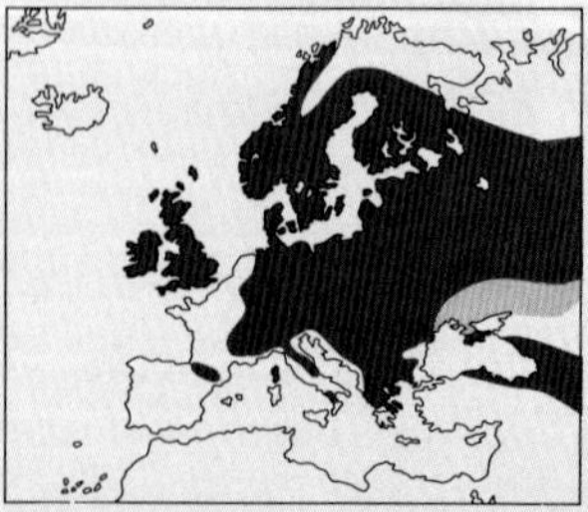

In Mitteleuropa: I–XII. Kennzeichen: 12,5 cm/9 g. Rindenfarbig, langer Stützschwanz, langer, gebogener Schnabel; wie Gartenbaumläufer, aber Vorderstirn weiß gefleckt, Schnabel etwas kürzer, Kralle der Hinterzehe länger, Oberseite weiß gefleckt (nicht gestrichelt), Unterseite reinweiß. ♀ wie ♂. Klettert spechtartig an Bäumen. Stimme: Ruft hoch und dünn »srrie«, »sirr« oder »sit«, meist gereiht. Gesang: abfallende, perlende Tonreihe »sirr-uisiri-tierrrruit«. Lebensraum: Geschlossene Nadel- und Mischwälder; bis zur Baumgrenze. Nahrung: Insekten in Baumrinde. Brut: IV–VII, 4–7 Eier, B 13–15 Tage; N 16–17 Tage; 2 Bruten/Jahr. Nest in Rindenspalten.

3 Gartenbaumläufer

Certhia brachydactyla (Baumläufer)

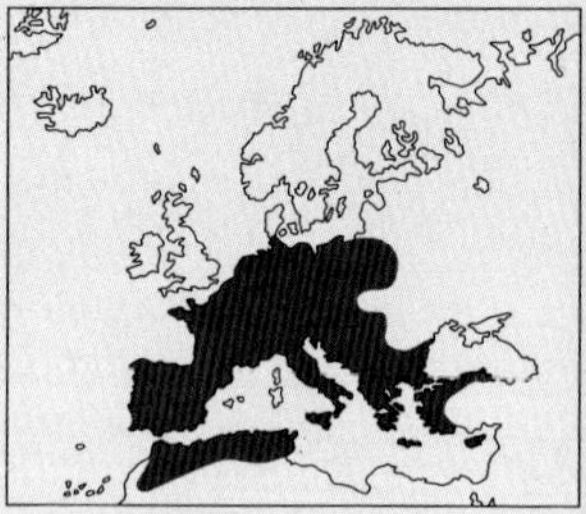

In Mitteleuropa: I–XII. Kennzeichen: 12,5 cm/9 g. Wie Waldbaumläufer, aber Vorderstirn ungefleckt, Schnabel etwas länger, Kralle der Hinterzehe kürzer, Oberseite weißlich gestrichelt, Flanken bräunlich. ♀ wie ♂. Stimme: Ruft hoch und laut »ti ti ti«, warnend »tüt tüt«. Gesang: ansteigende Reihe hoher, dünner Pfeiftöne wie »zi zi zirlui-zi«. Lebensraum: Laub- und Mischwälder, Gärten, Parks; nicht über 1400 m. Nahrung: Insekten in Baumrinde. Brut: IV–VII, 5–7 Eier, B 14–15 Tage, N 16–17 Tage; 2 Bruten/Jahr. Nest in Rindenspalten.

1

2|3

1 Mauerläufer

Tichodroma muraria (Mauerläufer)

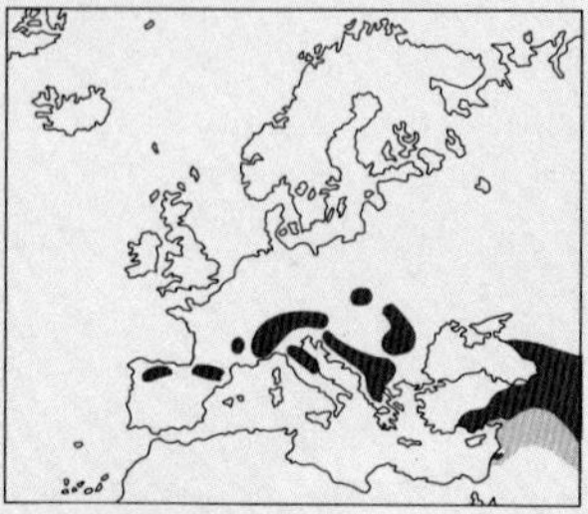

In Mitteleuropa: I–XII. Kennzeichen: 18 cm/18 g. Große, abgerundete, rot-schwarze Flügel mit weißen Tupfen, langer, gebogener Schnabel; Oberseite grau, Kinn und Kehle schwarz; ♀ und Winterkleid Kinn und Kehle weißlich. Klettert an senkrechten Felswänden; Flug schmetterlingsartig leicht; kommt im Winter oft bis in die Täler. Stimme: Ruft pfeifend »tui«. Gesang: ansteigende Strophe aus 3–5 gedehnten Pfeiftönen, der letzte Ton absinkend »däh-brüh-ziehdjööh« oder »uit-trie-tjüu«. Lebensraum: Felswände im Hochgebirge. Nahrung: Insekten. Brut: V–VII, 3–5 Eier, B 18–19 Tage, N 21–26 Tage. Nest in Felsspalten.

2 Wasseramsel

Cinclus cinclus (Wasseramseln)

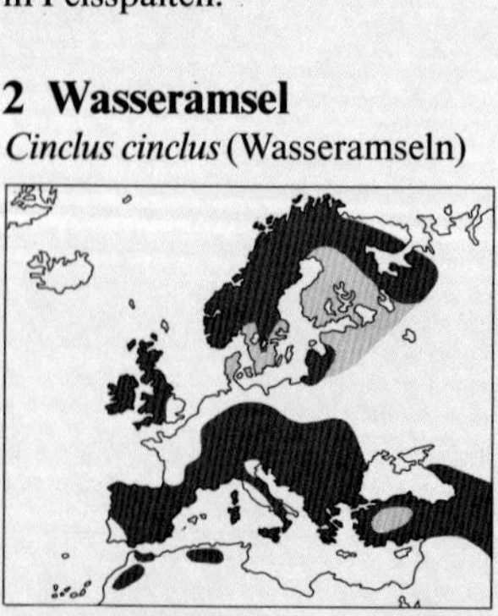

In Mitteleuropa: I–XII. Kennzeichen: 18 cm/60 g. Plumper, kurzschwänziger, dunkelbrauner, drosselgroßer Vogel mit großem, weißem Kehl- und Brustlatz. ♀ wie ♂. Jungvögel fleckig graubraun. Häufig knicksend; schwimmt und taucht; Flug geradlinig schwirrend. Stimme: Ruft hart »zitt« oder »schrätt-schrätt«. Gesang: schwatzende Folge von Pfeiftönen und kratzenden Lauten, wie »zi-zi-trrü-trrü-witt-witt-trrü«. Lebensraum: Schnellfließende, klare Gewässer; bis über 2000 m. Nahrung: Wasserinsekten und deren Larven, kleine Krebse, Würmer. Brut: III–VII, 4–6 Eier, B 14–17 Tage, N 20 Tage; 2 Bruten/Jahr. Kugelförmiges Moosnest in Felsnischen und unter Brücken.

3 Zaunkönig

Troglodytes troglodytes (Zaunkönige)

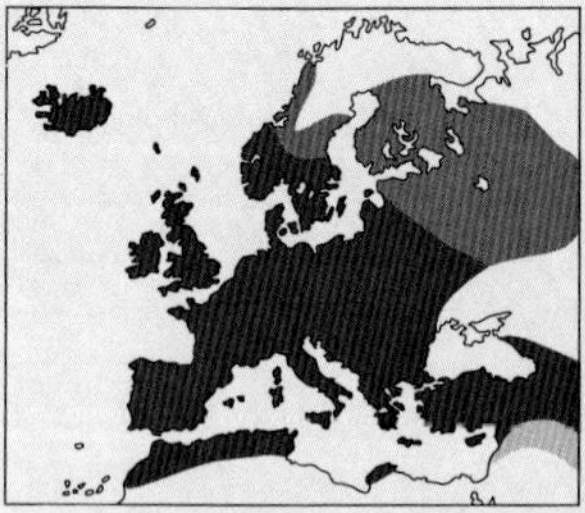

In Mitteleuropa: I–XII. Kennzeichen: 9,5 cm/9 g. Winziger, rundlicher, brauner Vogel mit kurzem, häufig gestelztem Schwanz; rahmfarbener Überaugenstreif. Sehr lebhaft; Flug geradlinig schwirrend; singt von erhöhter Warte. Stimme: Ruft hart »teck teck«, »tr tr« oder schnurrend »zerrrr«. Gesang: laut schmetternde, zwitschernde Strophe mit langem Roller am Ende. Lebensraum: Unterholz, Reisighaufen, Dickicht, Gestrüpp, oft in Wassernähe. Nahrung: Insekten. Brut: IV–VII, 5–7 Eier, B 14–16 Tage, N 15–18 Tage; 2 Bruten/Jahr. Kugeliges Moosnest.

1

2

3

1 Goldammer

Emberiza citrinella (Ammern)

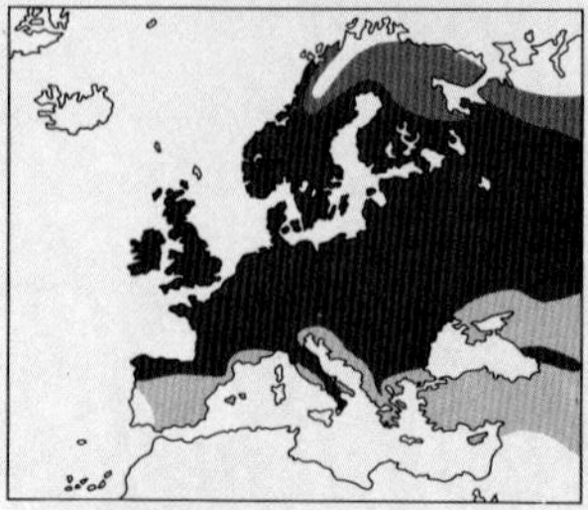

In Mitteleuropa: I–XII. Kennzeichen: 16,5 cm/30 g. Kopf und Unterseite zitronengelb, Oberseite gelblichbraun, dunkelbraun längsgefleckt, Bürzel zimtbraun. ♀ und Jungvögel bräunlicher. Zur Nahrungssuche auf dem Boden; singt von erhöhten Warten, zuckt häufig mit dem Schwanz; im Winter in kleineren Schwärmen. Stimme: Ruft »zrik«, zürr«, »zip-zi-zi«, Luftwarnruf hoch »zieh«, abfliegend »tirr-tirr«. Gesang: kurze, stereotype, ansteigende Strophe mit einem tieferen, gezogenen Schlußton »zizizizizizie-düh«. Lebensraum: Offenes Kulturland, Feldgehölz, Bahndämme, Waldränder, Fichtenschonungen. Nahrung: Sämereien, grüne Pflanzenteile, Insekten. Brut: IV–VII, 3–5 Eier, B 12–13 Tage, N 9–14 Tage; 2 Bruten/Jahr. Napfförmiges Nest niedrig in Gebüsch.

Kappenammer

Ähnliche Art: **Kappenammer,** *Emberiza melanocephala,* zu unterscheiden durch die schwarze Kopfkappe und die hell kastanienbraune Oberseite. ♀ und Jungvögel fahlgelb, ohne deutliche Kopfkappe. Von erhöhter Warte singt das ♂ eine kurze, wohltönende Strophe aus sich beschleunigenden Elementen unterschiedlicher Tonhöhe. Die Kappenammer bewohnt offenes Gelände mit Bäumen und Büschen, Obst- und Weingärten Südosteuropas; nur von Mai bis Juli im Brutgebiet.

2 Grauammer

Emberiza calandra (Ammern)

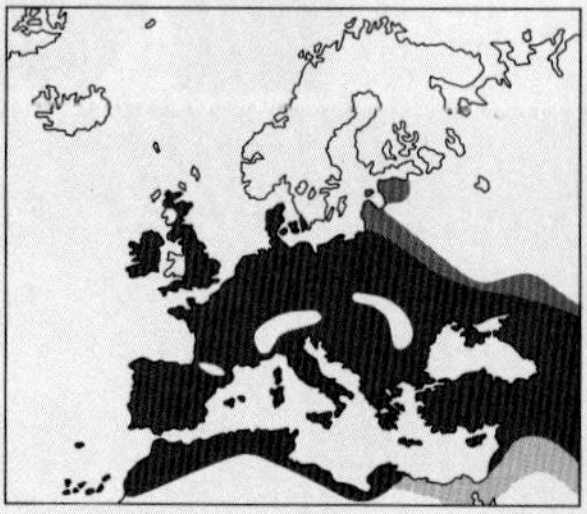

In Mitteleuropa: I–XII. Kennzeichen: 18 cm/50 g. Größte Ammer Europas, plumpe, gedrungene Gestalt mit sehr kräftigem Schnabel; unscheinbar lerchenartig gefärbt, Flügel und Schwanz ohne Weiß. ♀ wie ♂. Nahrungssuche auf dem Boden; singt von erhöhter Warte; Flug schwirrend, oft mit hängenden Beinen; im Winter in Trupps. Stimme: Ruft »zick zick«, bei Erregung »zrä zrä«, Stimmfühlungsruf »slib«. Gesang: eine kurze, stereotype Strophe, die mit schneller werdenden Elementen beginnt und in einem schrillen Klirren endet, wie »zick zick zickzickschnirrrp«. Lebensraum: Offenes, trockenes Kultur- und Grasland mit einzelnen Bäumen und Büschen, bevorzugt warme Gegenden. Nahrung: Sämereien, grüne Pflanzenteile, Insekten. Brut: V–VII, 4–5 Eier, B 12–14 Tage, N 9–12 Tage; 1–2 Bruten/Jahr. Bodenbrüter.

1

2

1 Spornammer

Calcarius lapponicus (Ammern)

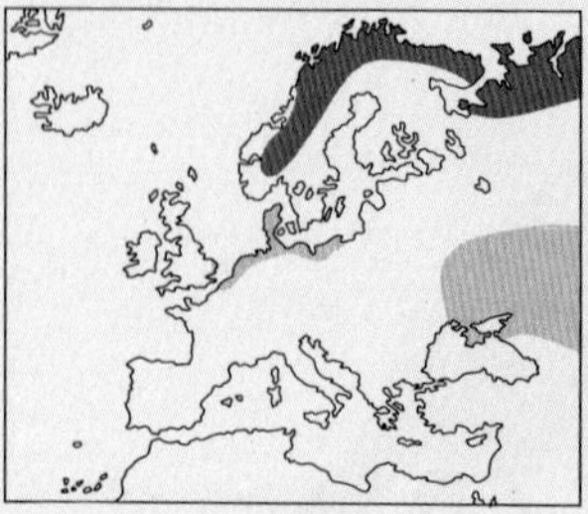

In Mitteleuropa: IX–III, Wintergast an Nord- und Ostseeküste. Kennzeichen: 15 cm/24 g. Kopf und Kehle schwarz, weißlicher Streifen hinter dem Auge, Schnabel gelb; Oberseite rötlichbraun, schwarz längsgefleckt. ♀ und Winterkleid Kopf braunfleckig, Kinn und Kehle weißlich. Singt von einer Warte oder im Singflug; meist auf dem Boden. Stimme: Ruft »tiü«, im Flug trillernd »tititi«. Gesang: kurze, feldlerchenartige Strophe. Lebensraum: Tundra in Flachland und Gebirge; im Winter oft küstennahe Felder. Nahrung: Samen, Insekten. Brut: V–VI, 4–5 Eier, B 13–14 Tage, N 10–12 Tage. Bodenbrüter.

2 Rohrammer

Emberiza schoeniclus (Ammern)

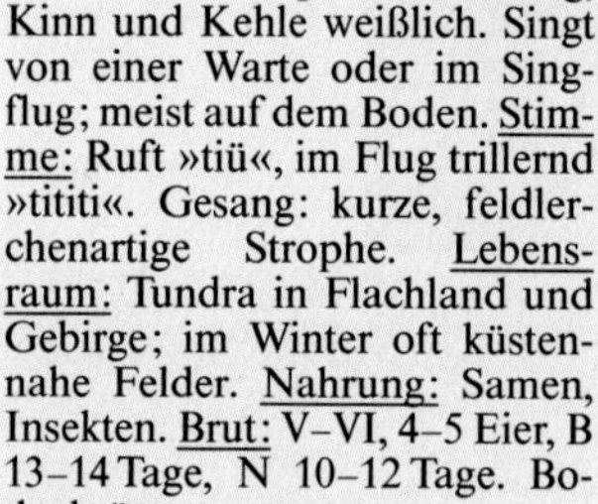

In Mitteleuropa: III–X. Kennzeichen: 15 cm/20 g. Kopf, Schnabel und Kehle schwarz, weißer Bartstreif, Oberseite rotbraun, schwarz längsgefleckt. Im Winter Kopf und Kehle graubraun. ♀ und Jungvögel Kopf braun, schwarz-weißer Bartstreif, heller Überaugenstreif, Kehle weißlich. Singt auf Schilfhalmen; zuckt mit den Flügeln. Stimme: Ruft scharf, abwärts gezogen »zieh«. Gesang: kurze, stammelnde Strophe »zje zje zje tui zirri«. Lebensraum: Verlandungszonen und Flußufer mit Schilf und Weidengebüsch, Sumpfgebiete, Strauchtundra. Nahrung: Samen, Insekten. Brut: V–VII, 5–6 Eier, B 12–14 Tage, N 13 Tage; 2 Bruten/Jahr. Bodennahes, napfförmiges Nest.

3 Ortolan

Emberiza hortulana (Ammern)

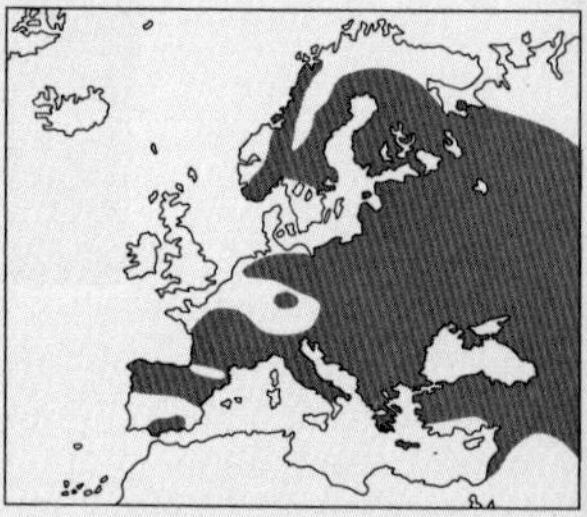

In Mitteleuropa: IV–X. Kennzeichen: 16,5 cm/25 g. Kopf grau, Bartstreif, Kinn und Kehle gelblich, gelblicher Augenring; Oberseite und Bürzel braun, Unterseite zimtbraun. ♀ und Jungvögel blasser gefärbt, an Oberkopf und Brust dunkel längsgestrichelt. Singt von erhöhter Warte. Stimme: Ruft »zia« oder »ziä«. Gesang: kurze, goldammerähnliche Strophe mit melancholischem Klangcharakter »jif jif jif jif tjör tjör«. Lebensraum: Offenes, trockenes Gelände, Kulturland mit einzelnen Bäumen und Büschen, Buschsteppe, Macchia; bis über 2000 m. Nahrung: Samen, Insekten. Brut: V–VII, 4–6 Eier, B 13 Tage, N 9–13 Tage. Bodennahes, napfförmiges Nest.

1

2|3

1/2 Schneeammer

Plectrophenax nivalis (Ammern)

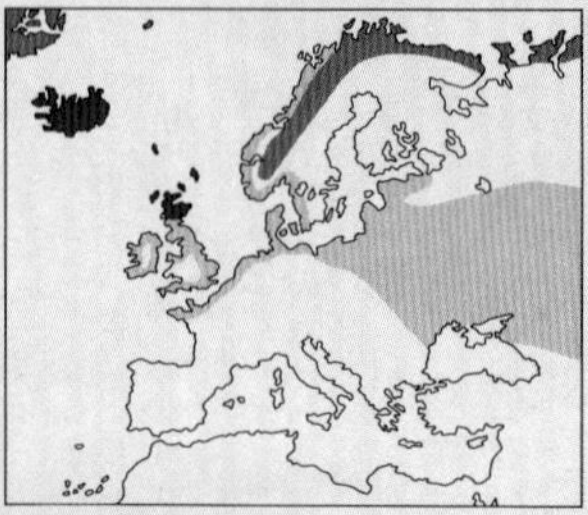

In Mitteleuropa: X–III. Kennzeichen: 16,5 cm/35 g. Sommerkleid kontrastreich schwarz-weiß (Bild 1). ♀ und Jungvögel ober seits verwaschengrau, unterseits schmutzigweiß. Winterkleid (Bild 2) Kopf sandfarben, Oberseite bräunlich gefleckt, Unterseite rahmfarben. ♀ kleineres weißes Flügelfeld. Singt oft im Singflug. Stimme: Ruft klirrend »birrr«, »djü« oder »tsrr«. Gesang: kurze, lerchenartig tirilierende Strophe. Lebensraum: Karge, steinige Tundra, Felsküste, felsige Berge; auch in Siedlungen; im Winter oft in Schwärmen an Nord- und Ostseeküste. Nahrung: Samen, Insekten. Brut: V–VII, 5–6 Eier, B 12–14 Tage, N 10–14 Tage. Nest in Felsspalten.

3 Zippammer

Emberiza cia (Ammern)

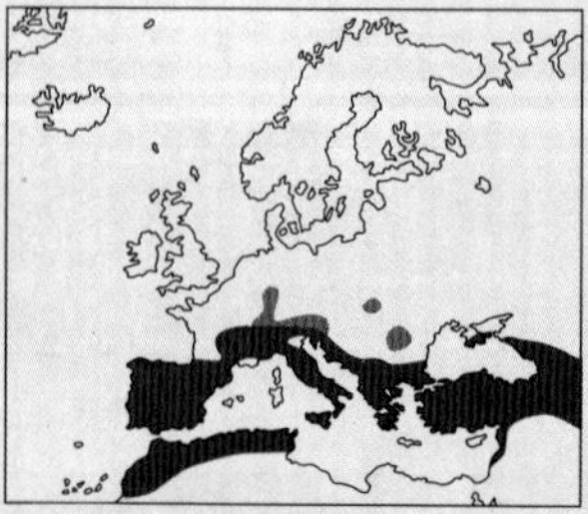

In Mitteleuropa: IV–IX. Kennzeichen: 16 cm/25 g. Kopf aschgrau mit schwarzen Längsstreifen, Bauch zimtbraun, Oberseite zimtbraun, dunkel längsgestrichelt. ♀ und Jungvögel kontrastärmer, Kopf bräunlich, Brust dunkel gestrichelt. Singt von erhöhter Warte; spreizt oft den Schwanz. Stimme: Ruft hoch »zip« oder »zihp«. Gesang: kurze, helle, eilige Strophe, an Heckenbraunelle erinnernd. Lebensraum: Sonnige, felsige Berghänge, Weinberge. Nahrung: Samen, Insekten. Brut: V–VII, 3–5 Eier, B 12–13 Tage, N 10–13 Tage; 1–2 Bruten/Jahr. Napfförmiges Nest, meist auf dem Boden.

4 Zaunammer

Emberiza cirlus (Ammern)

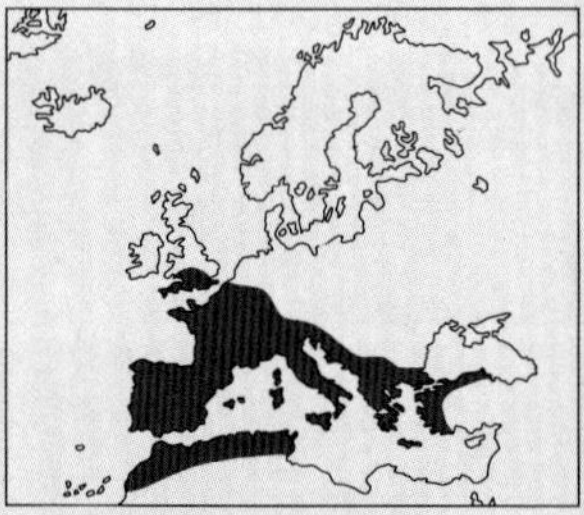

In Mitteleuropa: I–XII. Kennzeichen: 16,5 cm/25 g. Kopf schwarz-gelb gestreift, Kinn und Kehle schwarz, Bürzel olivbraun; im Winter Kehle grau. ♀ und Jungvögel ohne auffällige Kopfzeichnung. Singt von erhöhter Warte. Stimme: Ruft hoch »zieh« oder »zip«. Gesang: kurze, scheppernde Strophe »zezezezeze«, ähnlich dem Klappern der Klappergrasmücke. Lebensraum: Offenes Gelände mit einzelnen Bäumen und Büschen, Waldränder, Berghänge; wärmeliebend; im Süden auch lichte Eichenwälder, Macchia und Weinberge. Nahrung: Insekten, Samen. Brut: V–VIII, 3–5 Eier, B 13 Tage, N 10–13 Tage; 2 Bruten/Jahr. Nest in Bodennähe.

1|2

3

4

1/2 Buchfink

Fringilla coelebs (Finken)

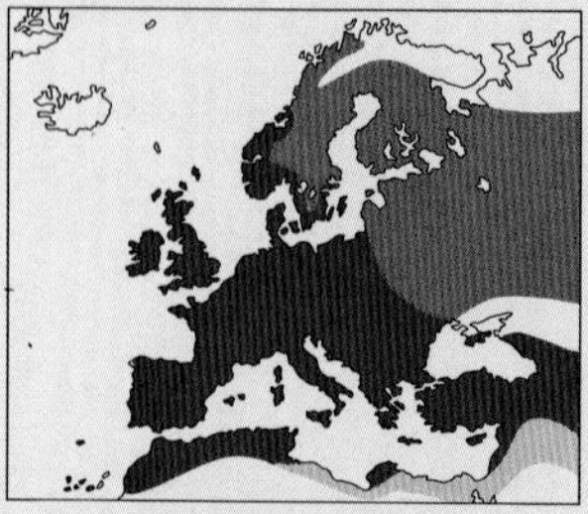

In Mitteleuropa: I–XII. Kennzeichen: 15 cm/20 g. Oberkopf, Hinterkopf und Schnabel blaugrau, Unterseite rötlichbraun, 2 weiße Flügelbinden, Schwanzaußenkanten weiß, Bürzel olivgrün (Bild 1). ♀ (Bild 2) und Jungvögel oberseits olivbraun, unterseits hell. Trippelt auf dem Boden mit ruckartigen Kopfbewegungen. Stimme: Ruft »pink«, weich »fuid« oder »trrüb«, abfliegend »jüp«. Gesang: laut schmetternde Strophe wie »zizizizjezje zjazjazja-zoritju-kick«. Lebensraum: Wälder, Feldgehölze, Gärten und Parks. Nahrung: Insekten, Samen. Brut: IV–VII, 3–6 Eier, B 13 Tage, N 13–14 Tage; 2 Bruten/Jahr. Baumbrüter.

3 Bergfink

Fringilla montifringilla (Finken)

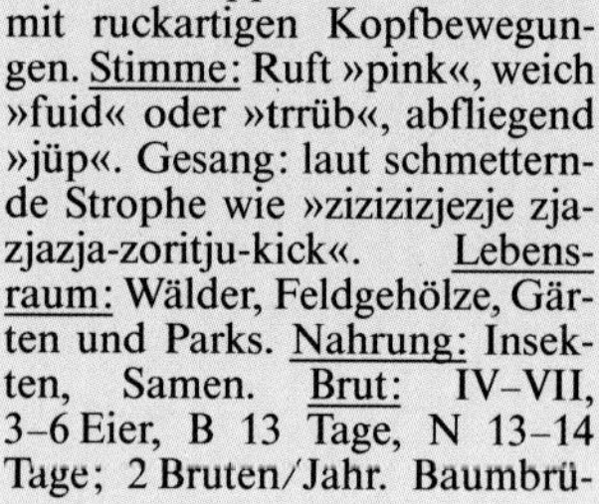

In Mitteleuropa: X–III. Kennzeichen: 15 cm/23 g. Brust und Schultern orangefarben, Kopf und Rücken schwarz, Bürzel weiß. ♀ und Winterkleid (Bild 3) kontrastärmer, Kopf und Rücken bräunlich geschuppt. Im Winter in großen Scharen in Buchenwäldern; auch an Futterhäuschen. Stimme: Ruft quäkend »quäih«, abfliegend »jäkjäk«. Gesang: klirrend-kreischend mit gedehnten Quäklauten. Lebensraum: Laub-, Misch- und Nadelwälder. Nahrung: Insekten, Samen, vor allem Bucheckern. Brut: V–VII, 5–7 Eier, B 13 Tage, N 12–14 Tage. Baumbrüter.

4 Fichtenkreuzschnabel

Loxia curvirostra (Finkenvögel)

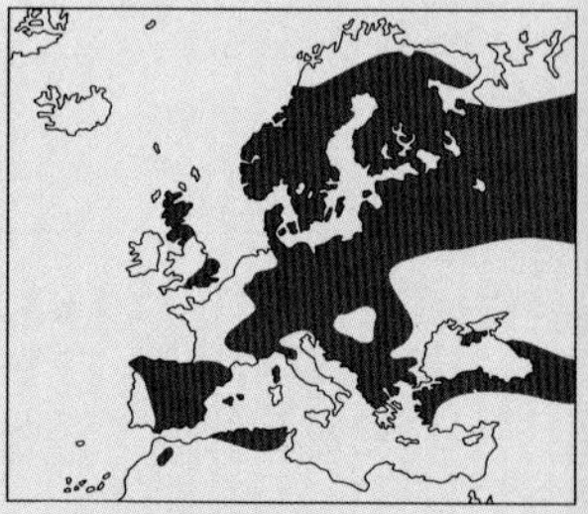

In Mitteleuropa: I–XII. Kennzeichen: 16,5 cm/40 g. Ziegelroter, gedrungener Finkenvogel mit überkreuzten Schnabelspitzen. ♀ olivgrün. Gesellig; klettert an zapfentragenden Nadelzweigen. Stimme: Flugruf hart »kipp kipp«. Gesang: pfeifende und klirrende Touren, mit Flugrufen untermischt. Lebensraum: Fichten- und Tannenwälder, vorwiegend im Gebirge. Nahrung: Nadelbaumsamen. Brut: Brutzeit richtet sich nach dem Nahrungsangebot, meist II–V, 3–4 Eier, B 14–16 Tage, N 14 Tage; 1–2 Bruten/Jahr. Baumbrüter.
Ähnliche Art: **Kiefernkreuzschnabel,** *Loxia pytyopsittacus*. Etwas größer und mit kräftigerem Schnabel als Fichtenkreuzschnabel. Rufe etwas tiefer; in Kiefernwäldern Nordeuropas; Invasionsflüge gelegentlich bis nach Südeuropa.

1|2

3

4

1 Hakengimpel

Pinicola enucleator
(Finkenvögel)

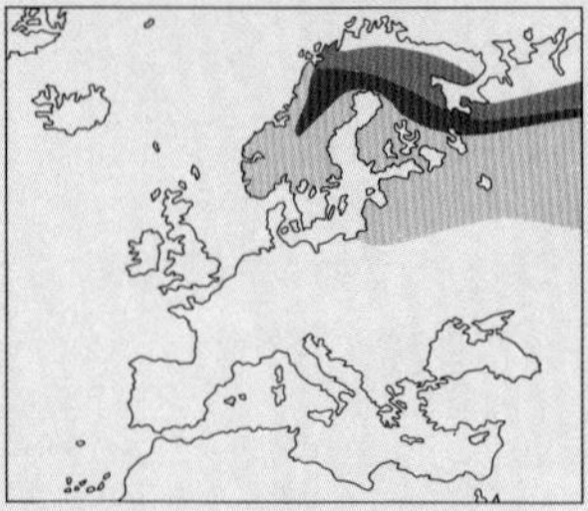

In Mitteleuropa: Im Winter, invasionsartig (sehr selten). Kennzeichen: 20 cm/60 g. Groß und langschwänzig, 2 weiße Flügelbinden, Schnabel »hakig«, ♂ rötlich, ♀ olivgrünlich bis goldbraun. Im Winter gesellig; Flug wellenförmig. Stimme: Ruft flötend »tih-tih-tiu«, Warnruf pfeifend »tschiwieh«. Gesang: kurze, laut pfeifende und flötende Strophen. Lebensraum: Nadel- und Mischwälder, Birkenwälder. Nahrung: Knospen, Koniferennadeln, Samen, Beeren, Insekten. Brut: V–VII, 3–5 Eier, B 13–14 Tage, N 14 Tage. Baumbrüter.

2 Karmingimpel

Carpodacus erythrinus
(Finkenvögel)

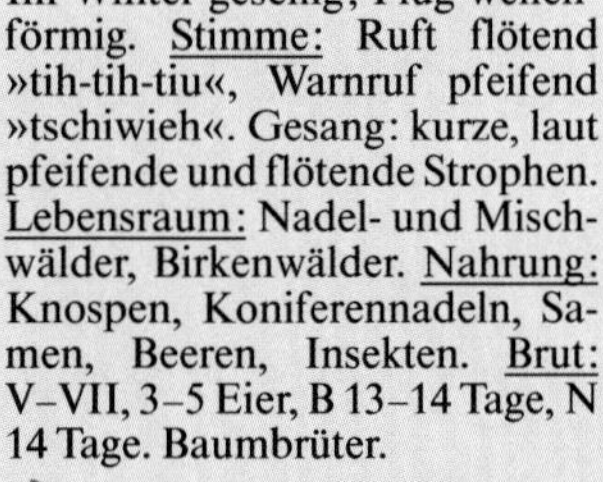

In Mitteleuropa: V–IX. Kennzeichen: 14,5 cm/21 g. Kopf, Brust und Bürzel karminrot, Oberseite braun, Bauch rötlich rahmfarben. ♀ bräunlich, ohne Rot. Flug wellenförmig. Stimme: Ruft »zlit« und gepreßt »tschüi«, bei Gefahr rauh »rrä«. Gesang: kurze, pirolähnlich flötende Strophe, wie »dü-dü-di-düidju«. Lebensraum: Feuchtbiotope mit Birken, Erlen, Weidengebüsch; Ufergebüsch, lockere Mischwälder, Parklandschaft. Nahrung: Knospen, Samen, Insekten. Brut: VI–VII, 4–6 Eier, B 13–14 Tage, N 14–17 Tage. Nest in Gebüsch.

3 Gimpel, Dompfaff

Pyrrhula pyrrhula (Finkenvögel)

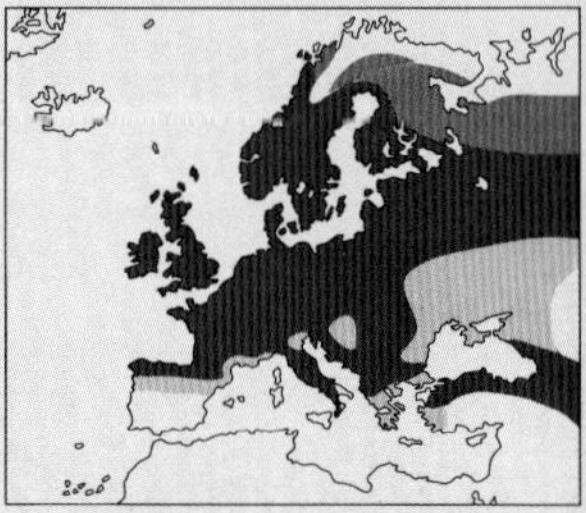

In Mitteleuropa: I–XII. Kennzeichen: 15 cm/26 g. Gedrungen mit schwarzer Kopfkappe; Oberseite blaugrau, Flügel schwarz mit weißer Binde, Bürzel leuchtendweiß; Unterseite und Wangen beim ♂ leuchtend rosenrot, beim ♀ rötlichbraun. Jungvögel bräunlich, ohne schwarze Kappe. Behäbig, wenig scheu; meist paarweise oder im Familienverband, im Winter häufig in kleinen Trupps. Stimme: Ruft melancholisch, weich, absinkend »djü« oder »wüp«, Stimmfühlungslaut leise »bit-bit«. Gesang: leise, lokkere Folge aus pfeifenden und gepreßten Lauten. Lebensraum: Nadel- und Mischwälder, Fichtenschonungen, Parks und Gärten. Nahrung: Samen, Beeren, Knospen, Insekten. Brut: IV–VIII, 4–6 Eier, B 13 Tage, N 16 Tage; 2–3 Bruten/Jahr. Baumbrüter.

1

2|3

1 Grünling

Chloris chloris (Finkenvögel)

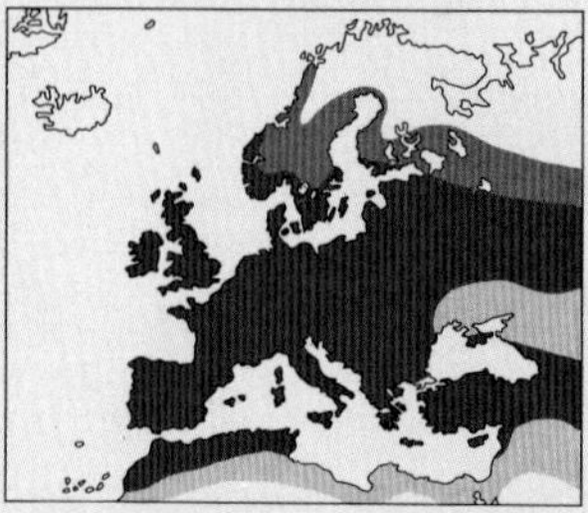

In Mitteleuropa: I–XII. Kennzeichen: 14,5 cm/30 g. Gelbgrüner Fink mit gelbem Flügelspiegel und seitlich gelber Schwanzwurzel. ♀ graugrün. Jungvögel dunkel längsgestrichelt. Singt von erhöhter Warte oder in fledermausartigem Singflug. Stimme: Ruft »djui«, beim Abfliegen klingelnd »gügügü«. Gesang: trillernde und klingelnde Touren, dazwischen gedehnte Quetschlaute. Lebensraum: Lichte Misch- und Auwälder, Parks, Gärten, Alleen. Nahrung: Samen, Knospen, Beeren; oft an Futterhäuschen. Brut: IV–VIII, 4–6 Eier, B 13 Tage, N 13–16 Tage; 2–3 Bruten/Jahr. Nest in Nadelbäumen und Büschen.

2 Stieglitz

Carduelis carduelis (Finkenvögel)

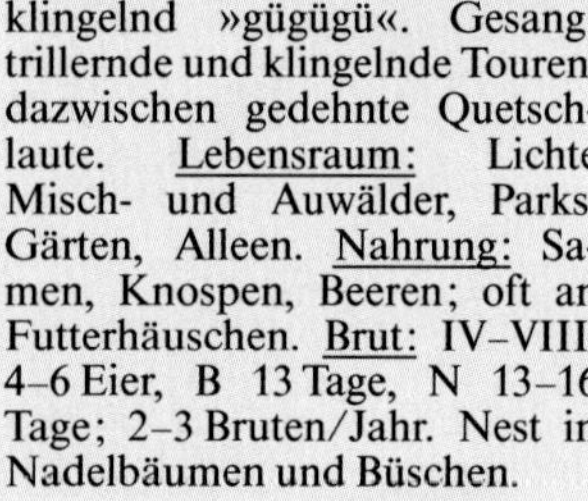

In Mitteleuropa: I–XII. Kennzeichen: 12 cm/16 g. Schwarzweißer Kopf mit leuchtendroter Gesichtsmaske, leuchtendgelbe Flügelspiegel. ♀ wie ♂. Jungvögel graubraun, ohne Rot am Kopf, unterseits gefleckt. Im Herbst und Winter in kleinen Schwärmen. Stimme: Ruft klingelnd »didlit«, auch im Flug. Gesang: lebhaft zwitschernd mit eingestreuten Rufen und »zerr«-Lauten. Lebensraum: Obstgärten, Dörfer, Gärten, Parks, Alleen. Nahrung: Distel-, Löwenzahn- und Baumsamen, Blattläuse. Brut: V–VIII, 4–6 Eier, B 13 Tage, N 14–15 Tage; 2 Bruten/Jahr. Baumbrüter.

3 Erlenzeisig

Carduelis spinus (Finkenvögel)

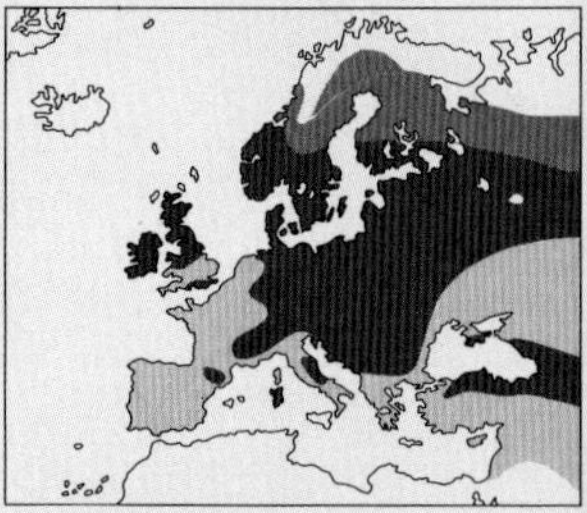

In Mitteleuropa: I–XII. Kennzeichen: 12 cm/12 g. Kleiner, gelbgrüner Fink mit schwarzem Scheitel; Flügel schwarz mit gelbgrüner Binde und gelbem Feld. ♀ graugrün, Scheitel grau, Unterseite schwarz längsgefleckt. Jungvögel auch oberseits stark gefleckt. Fledermausartiger Singflug. Im Winter in Trupps. Stimme: Flugruf heiser »diäh«, Stimmfühlungsruf »tettettett«. Gesang: kurze, eilig zwitschernde Strophe mit langgezogenem, quätschendem Endlaut. Lebensraum: Fichten- und Mischwälder, Parks; bis 1800 m. Nahrung: Samen von Korbblütlern, Koniferen, Erlen und Birken, Insekten. Brut: IV–VII, 4–6 Eier, B 13 Tage, N 13–15 Tage; 2 Bruten/Jahr. Baumbrüter.

1

2

3

1 Girlitz

Serinus serinus (Finkenvögel)

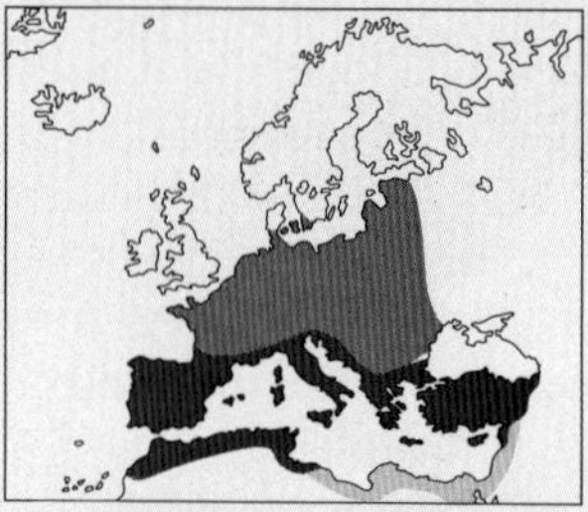

In Mitteleuropa: III–X. Kennzeichen: 11,5 cm/12 g. Sehr klein, Kopf, Kehle und Brust gelb, Wangen und Hinterkopf graubräunlich, Oberseite und Flanken dunkel längsgestrichelt. ♀ und Jungvögel graugrün, unterseits gestrichelt. Singt von erhöhter Warte oder in fledermausartigem Singflug. Stimme: Ruft trillernd »trititititü«, bei Gefahr gedehnt »trui«, im Flug »girlitt«. Gesang: anhaltendes, klirrendes Zwitschern in nahezu gleichbleibender Tonlage. Lebensraum: Lichte Laub- und Mischwälder, Gärten, Parks, Weinberge. Nahrung: Samen, grüne Pflanzenteile. Brut: IV–VII, 3–5 Eier, B 13 Tage, N 14–16 Tage; 2 Bruten/Jahr. Baumbrüter.

2 Birkenhänfling

Acanthis flammea (Finkenvögel)

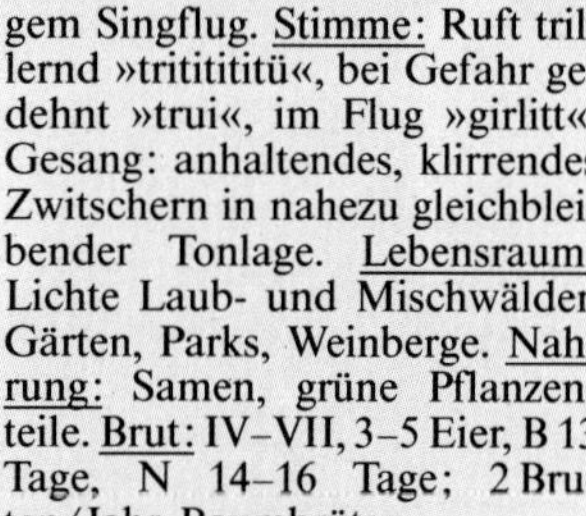

In Mitteleuropa: I–XII. Kennzeichen: 13 cm/14 g. Ähnlich wie Hänfling (Seite 236), aber Vorderstirn und Kinn schwarz, Oberseite und Flanken dunkel längsgestreift, Scheitel rot, Brust rötlich getönt. ♀ Brust ohne Rot; Jungvögel bräunlich. Gelegentlich Singflug. Im Winter gesellig. Stimme: Ruft nasal »dsäi«, im Flug »dschädschädschä«. Gesang: anhaltendes Gezwitscher aus klingelnden und schwirrenden Touren »irr djidjidji dschrrr dschädschä«. Lebensraum: Strauchtundra, Nadelwälder, Birken-, Erlen- und Weidengehölze; in den Alpen vorwiegend an der Baumgrenze. Nahrung: Samen, Insekten. Brut: V–VII, 4–5 Eier, B 13 Tage, N 12 Tage. Baumbrüter.

3 Zitronengirlitz

Serinus citrinella (Finkenvögel)

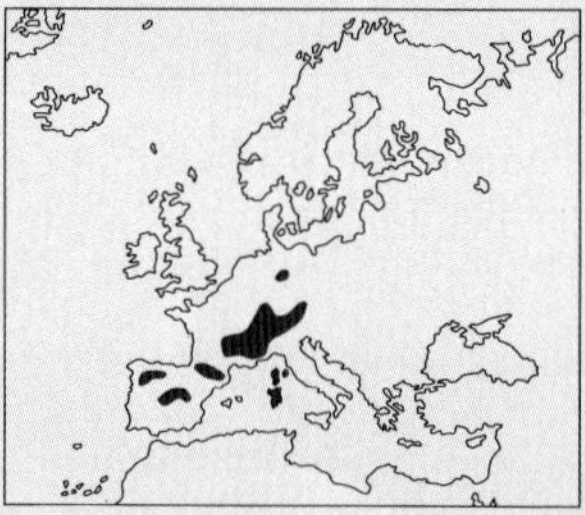

In Mitteleuropa: I–XII. Kennzeichen: 12 cm/15 g. Klein, ungestrichelt; Gesicht und Unterseite gelb, Nacken, Wangen und Halsseiten grau. ♀ grünlichgrau; Jungvögel gestrichelt. Singt häufig in fledermausartigem Singflug. Stimme: Im Flug näselnd »dä dä« »dädlidädä«. Gesang: girlitzähnlich, aber nicht so hoch, mit gedehnten Quetschlauten. Lebensraum: Lockere Nadelwälder der Gebirge bis zur Baumgrenze; im Winter in Tallagen. Nahrung: Koniferen-, Kräuter- und Grassamen, Insekten. Brut: V–VIII, 4–5 Eier, B 13 Tage, N 17–18 Tage; 2 Bruten/Jahr. Baumbrüter.

1|2

3

1 Hänfling

Acanthis cannabina
(Finkenvögel)

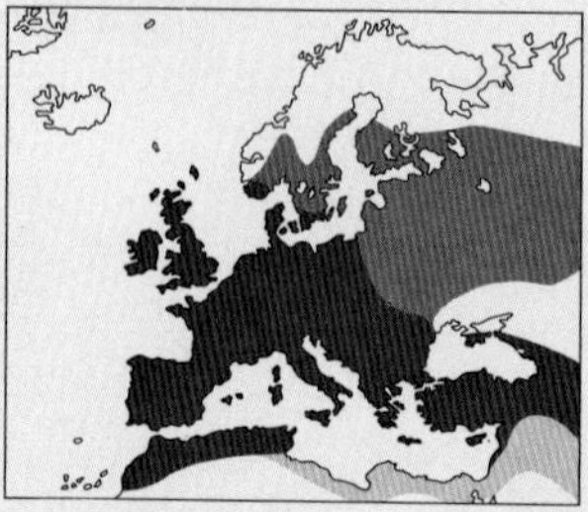

In Mitteleuropa: I–XII. Kennzeichen: 13,5 cm/18 g. Vorderscheitel und Brust rot, Kinn weißlich, Rücken rotbraun. Im Winter nur Brust zartrötlich. ♀ und Jungvögel ohne Rot, dunkelbraun längsgestrichelt. Gesellig; im Winter in Schwärmen. Stimme: Flugruf »gegege«, Warnruf nasal »djäh« oder »dlüh«. Gesang: wohlklingend, nasal geckernd, meist mit krähendem Schlußton. Lebensraum: Kulturlandschaft mit Hecken und Gehölzen, Wacholderheide, Gärten, Parks; Gebirge bis zur Baumgrenze. Nahrung: Samen. Brut: IV–VIII, 4–6 Eier, B 12–13 Tage, N 14–16 Tage; 2–3 Bruten/Jahr. Nest in Gebüsch, meist in lockeren Kolonien.

2 Kernbeißer

Coccothraustes coccothraustes
(Finkenvögel)

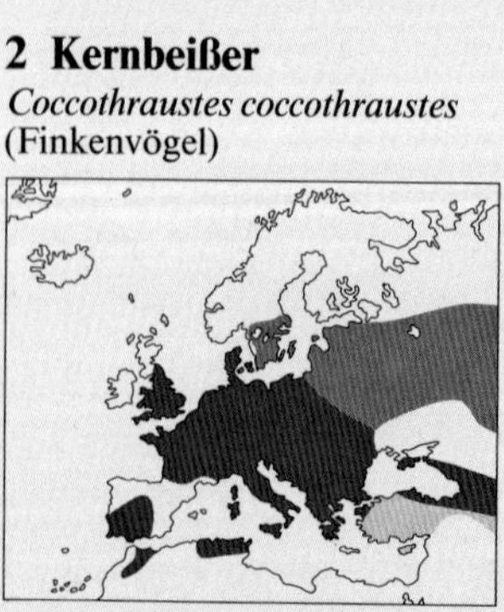

In Mitteleuropa: I–XII. Kennzeichen: 18 cm/55 g. Groß, gedrungen und kurzschwänzig mit klobigem, blaugrauem Schnabel; im Flug weiße Flügelbinde und weißes Schwanzende auffallend. ♀ blasser gefärbt. Im Winter mit gelblichem Schnabel. Meist hoch in Bäumen; gesellig; im Winter in Trupps. Stimme: Ruft scharf »zicks«, »zittitt« oder »zieh«. Gesang: klirrend-stammelnd mit locker gereihten Rufen. Lebensraum: Laub- und Mischwälder, Parks und Gärten. Nahrung: Kirschkerne, Samen von Laubbäumen, Insekten; oft an Futterhäuschen. Brut: IV–VI, 4–6 Eier, B 14 Tage, N 14 Tage; 1–2 Bruten/Jahr. Baumbrüter.

3 Schneefink

Montifringilla nivalis (Sperlinge)

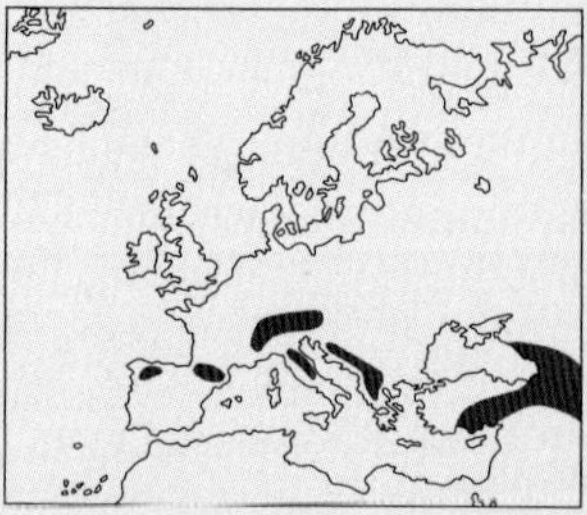

In Mitteleuropa: I–XII. Kennzeichen: 18 cm/40 g. Kopf grau, Schnabel, Kinn und Kehle schwarz, großes weißes Flügelfeld, Schwanz weiß, mittlere Steuerfedern schwarz. Winterkleid (Bild) und ♀ Kehle weißfleckig, Schnabel gelb. Singt auf dem Boden oder im Singflug; zuckt mit dem Schwanz. Stimme: Ruft quäkend »quä« oder »zjih«, im Flug »jüb« oder »dididi«. Gesang: tschilpend aus wiederkehrenden Motiven wie »bize«, »sittitsche«, »twiju«. Lebensraum: Berglagen oberhalb der Baumgrenze. Nahrung: Samen, Insekten. Brut: V–VII, 4–6 Eier, B 13–14 Tage, N 18–21 Tage. Brütet in kleinen Kolonien in Felsspalten.

1

2

3

1 Steinsperling

Petronia petronia (Sperlinge)

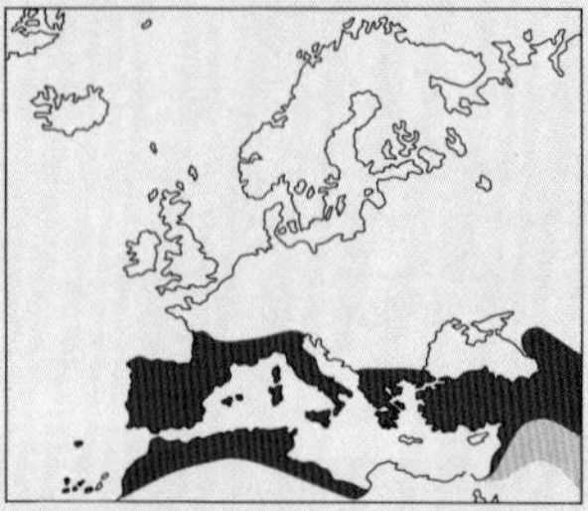

Kennzeichen: 14 cm/35 g. Unscheinbar graubraun, streifig, ähnlich wie Haussperlings-♀, aber gedrungener, kurzschwänziger, mit kräftigerem Schnabel und gelbem Kehlfleck; Schwanzfedern mit weißen Spitzen. ♀ wie ♂. Jungvögel ohne gelben Kehlfleck. Stimme: Ruft nasal quäkend »wäih«, zeternd »errr«. Gesang: lockere Reihe nasal quäkender, meist 2silbiger Laute. Lebensraum: Sonnige Felswände, Ruinen, Siedlungen. Nahrung: Samen, Insekten. Brut: IV–VI, 4–7 Eier, B 12–14 Tage, N 20–21 Tage; 2 Bruten/Jahr. Koloniebrüter, Nester meist in Felsspalten, Mauerlöchern.

2 Feldsperling

Passer montanus (Sperlinge)

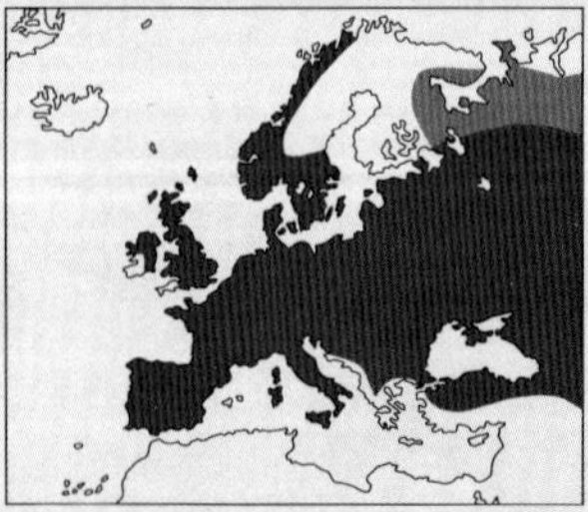

In Mitteleuropa: I–XII. Kennzeichen: 14 cm/23 g. Oberkopf kastanienbraun, Wangen weiß mit schwarzem Fleck, kleiner, schwarzer Kehllatz. ♀ wie ♂. Gesellig; fliegt gewandter als Haussperling. Stimme: Ruft hart »tschick-tschick-tschock« oder zeternd, Flugruf »teckteckteck«. Gesang: stammelnde Reihe tschilpender Motive. Lebensraum: Offenes Gelände mit Bäumen, Feldgehölze, Stadtränder, Gärten, Parks. Nahrung: Samen, Insekten. Brut: IV–VIII, 4–6 Eier, B 13–14 Tage, N 14–16 Tage; 2–3 Bruten/Jahr. Höhlenbrüter, auch in Nistkästen, selten an Gebäuden.

3 Haussperling

Passer domesticus (Sperlinge)

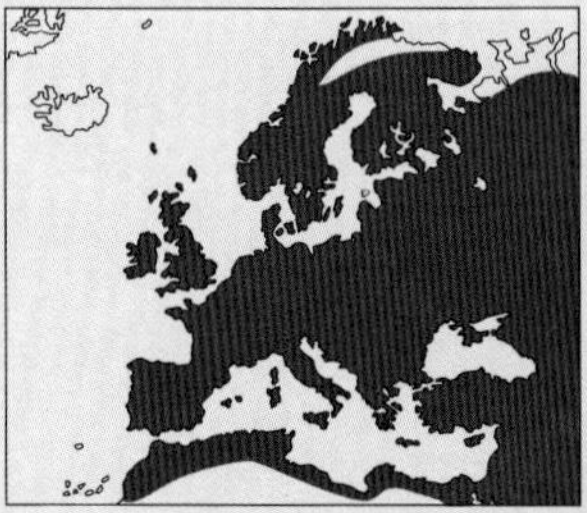

In Mitteleuropa: I–XII. Kennzeichen: 15 cm/30 g. Scheitel grau, beiderseits rotbraun eingefaßt, Wangen weißlichgrau, ausgedehnter, schwarzer Latz über Kinn, Kehle und Kropf. ♀ schlicht graubraun. Jungvögel wie ♀. Das ♂ umwirbt das ♀ laut tschilpend, aufgeplustert, mit hängenden Flügeln und gestelztem Schwanz. Sehr gesellig; hüpft auf dem Boden. Stimme: Tschilpende Rufe und zeterndes »tetetet«. Gesang: geschwätziges, tschilpendes Geplauder »tschilp-tschelp-tschilip«. Lebensraum: Städte und Dörfer. Nahrung: Knospen, Samen, Beeren, Insekten, Abfälle. Brut: IV–VIII, 4–6 Eier, B 11–14 Tage, N 13–14 Tage; 3–4 Bruten/Jahr. Koloniebrüter, meist in Höhlungen an Gebäuden.

1|2

3

1 Star

Sturnus vulgaris (Stare)

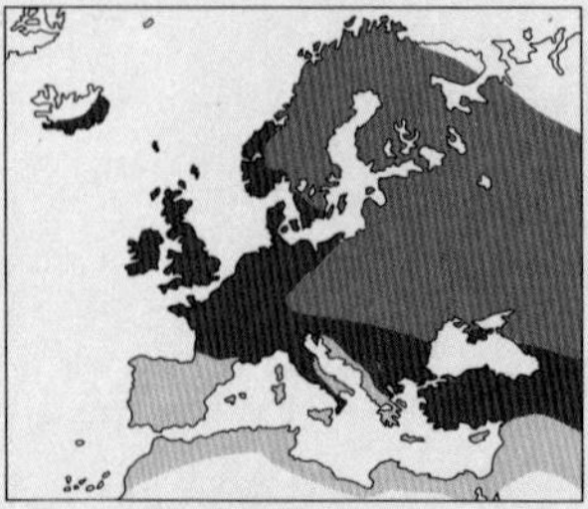

In Mitteleuropa: II–XI. Kennzeichen: 21,5 cm/75 g. Kleiner und kurzschwänziger als Amsel (Seite 208); schwarzes, grün und violett schillerndes Gefieder, im Herbst, Winter und Vorfrühling durch cremeweiße Federspitzen stark weiß getupft; Schnabel gelb, im Winter dunkel; im Flug 3eckige, spitze Flügel. ♀ wie ♂, aber mit hellerer Iris und meist stärker getupft. Jungvögel graubraun. Gesellig; im Herbst in riesigen Schwärmen; Nahrungssuche meist auf dem Boden (»Zirkeln«, siehe Zeichnung). Stim-

me: Ruft schrill »schrien«, warnt hart »spett-spett«, »rräh« oder fauchend »bchrr«. Gesang: sehr abwechslungsreich aus pfeifenden, schnalzenden, schwätzenden und schnurrenden Lauten, gemischt mit vielen Nachahmungen anderer Vogelstimmen. Lebensraum: Laub- und Mischwälder, Auwälder, Parks und Gärten. Nahrung: Insekten, Würmer, Schnecken, Kirschen, Weintrauben und anderes Obst. Brut: IV–VII, 4–6 Eier, B 12–14 Tage, N 18–22 Tage; 1–2 Bruten/Jahr. Höhlenbrüter, vorwiegend in Buntspechthöhlen und Nistkästen.

2 Pirol

Oriolus oriolus (Pirole)

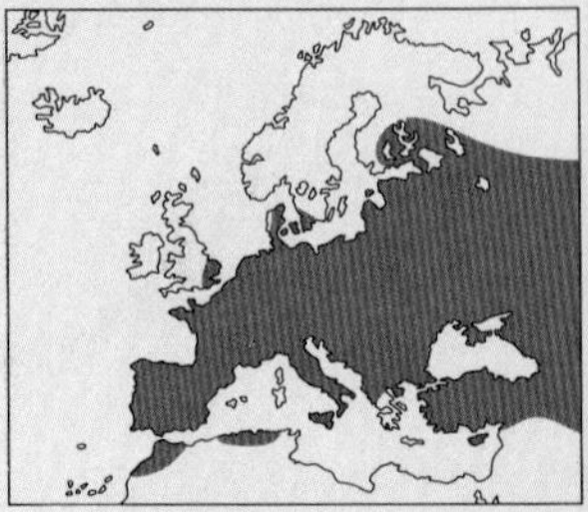

In Mitteleuropa: IV–IX. Kennzeichen: 24 cm/72 g. Drosselähnlich; ♂ Kopf, Rücken und Unterseite leuchtend gelb, Flügel, Schwanz und Zügel schwarz, Schnabel rötlich (im Bild rechts). ♀ oberseits gelbgrün, unterseits hellgrau, dunkel längsgestrichelt, Flügel und Schwanz braunschwarz (im Bild links). Jungvögel ähnlich wie ♀, aber oberseits fleckig. ♂♂ werden erst im 3. Lebensjahr leuchtendgelb; alte ♀♀ eher gelb als grün, aber weniger leuchtend und kontrastärmer als ♂♂. Fast nie auf dem Boden; schneller Flieger. Stimme: Bei Beunruhigung gequetscht »krrää« oder »gwää«. Gesang: laut, klangvoll flötend »didüalüo« oder »düdlioh«. Lebensraum: Auwälder, lichte Laubwälder, große Parkanlagen, Obstplantagen, Kiefernwälder. Nahrung: Insekten, Beeren, Obst, Brut: V–VII, 3–5 Eier, B 14–15 Tage, N 14–15 Tage. Napfförmiges Hängenest in Astgabeln.

1

2

1 Unglückshäher

Perisoreus infaustus
(Rabenvögel)

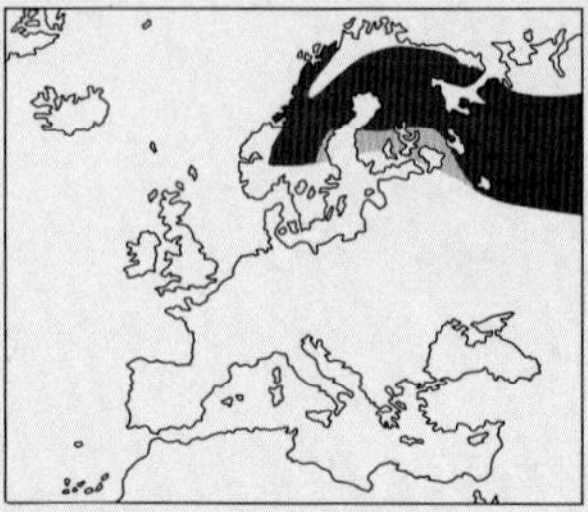

Kennzeichen: 30,5 cm / 90 g. Klein, graubraun, dunkelbraune Kopfkappe; Handdecken, äußere Schwanzfedern und Bürzel rostrot. ♀ wie ♂. Klettert meisenartig im Gezweig; gesellig; außerhalb der Brutzeit sehr zutraulich. Stimme: Ruft »tschärr«, »guk guk«, »skri«, fein wispernde Laute, häufig Stimmenimitationen von Greifvögeln und Eulen. Lebensraum: Fichtentaiga; im Winter auch Birkenwald, Dörfer, an Fütterungen. Nahrung: Insekten, Nadelbaumsamen, Vogeleier, Jungvögel, Beeren. Brut: IV–V, 3–4 Eier, B 16–17 Tage, N 21–23 Tage. Baumbrüter.

2 Tannenhäher

Nucifraga caryocatactes
(Rabenvögel)

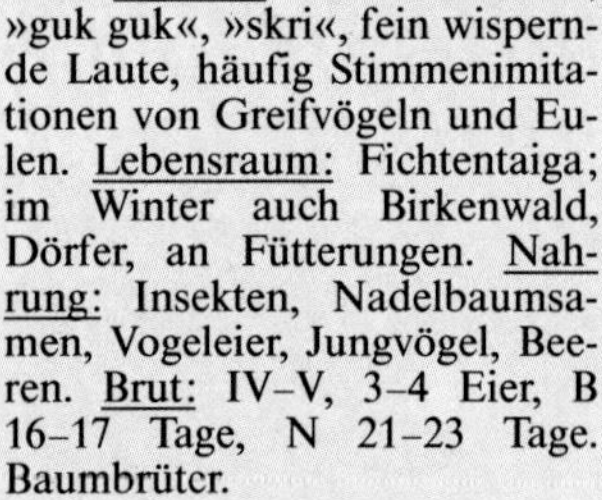

In Mitteleuropa: I–XII. Kennzeichen: 32 cm/170 g. Schlank, kräftiger, langer, schwarzer Schnabel; Gefieder dunkel schokoladebraun mit weißen Tropfenflecken, Unterschwanzdekken leuchtendweiß. ♀ wie ♂. Sitzt oft auf Baumspitzen. Stimme: Ruft laut schnarrend »gräärr gräärr« »jäk jäk jäk«; außerdem schwatzendes Geplauder. Lebensraum: Nadel- und Mischwald der Mittelgebirge und Alpen; Taiga. Nahrung: Nadelbaumsamen (oft Arve), Bucheckern, Nüsse, Insekten. Brut: III–V, 3–4 Eier, B 16–21 Tage, N 21–25 Tage. Baumbrüter.

3 Eichelhäher

Garrulus glandarius
(Rabenvögel)

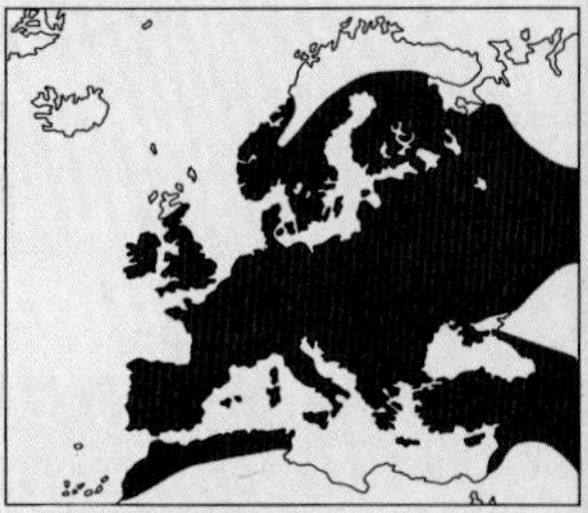

In Mitteleuropa: I–XII. Kennzeichen: 34 cm/170 g. Hell rötlichbraun, mit blau-schwarz gebänderter Flügelzeichnung, Bürzel und Unterschwanzdecken weiß, Schwanz schwarz. ♀ wie ♂. Zur Zugzeit in kleinen, locker zusammenhaltenden Trupps umherstreifend; versteckt als Wintervorrat Eicheln und Bucheckern. Stimme: Ruft leise »ga-hi«, Warnruf laut, kreischend »rrährräh«, »rrätsch«. Gesang: leise schwatzend, mit rauhen, schnalzenden Lauten; abwechslungsreich. Lebensraum: Alle Arten von Wald bis 1600 m Höhe; Parkanlagen, Gärten mit Baumbestand. Nahrung: Eicheln, Bucheckern, Früchte, Insekten, Vogeleier, Jungvögel. Brut: IV–VI, 5–6 Eier, B 16–17 Tage, N 19–20 Tage. Baumbrüter.

1|2

3

1 Elster

Pica pica (Rabenvögel)

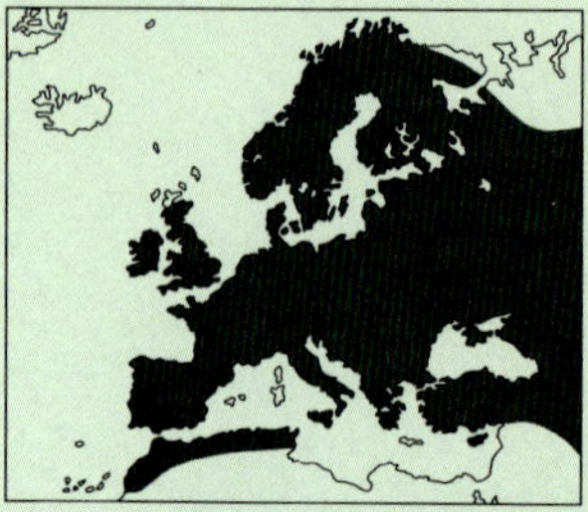

In Mitteleuropa: I–XII. Kennzeichen: 46 cm/210 g. Schwarzweiß gezeichneter Rabenvogel mit sehr langem, stufigem Schwanz; Oberflügel blauschillernd, Schwanz grünschillernd. ♀ wie ♂. Jungvögel mit kürzerem Schwanz und mattem Gefieder. Fliegt mit unregelmäßigen Flügelschlägen; scheu; außerhalb der Brutzeit oft in größeren Trupps. Stimme: Ruft rauh »schackackack«, »tscharrackackack«, hell »jäckjäck«. Gesang: halblaut schwatzend mit krächzenden und nasalen Lauten. Lebensraum: Offene Kulturlandschaft, Auwald, Gärten, Parks. Nahrung: Würmer, Schnecken, Insekten, Eier, Jungvögel. Brut: III–V, 5–8 Eier, B 17–18 Tage, N 22–24 Tage. Großes Nest in Bäumen, Büschen.

2 Alpendohle

Pyrrhocorax graculus (Rabenvögel)

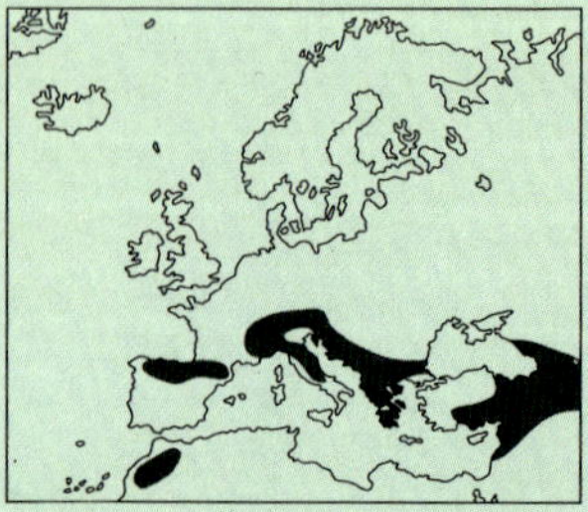

In Mitteleuropa: I–XII. Kennzeichen: 38 cm/230 g. Etwas größer und schlanker als Dohle (Seite 246), schlanker, schwach gebogener, gelber Schnabel, Beine orangerot; Gefieder einfarbig glänzendschwarz. ♀ wie ♂. Gesellig; segelt oft in Schwärmen; häufig Flugspiele; nicht scheu, besucht Berghütten, vielbegangene Berggipfel, läßt sich füttern. Stimme: Ruft scharf und schrill »zja«, »tschrirr«, Stimmfühlung »prüit«. Lebensraum: Hochgebirge, im Winter auch Tallagen. Nahrung: Insekten, Würmer, Schnecken, Früchte, Aas, Abfälle. Brut: IV–VII, 4–5 Eier, B 18–21 Tage, N 31–38 Tage. Felsbrüter, oft in Kolonien.

3 Alpenkrähe

Pyrrhocorax pyrrhocorax (Rabenvögel)

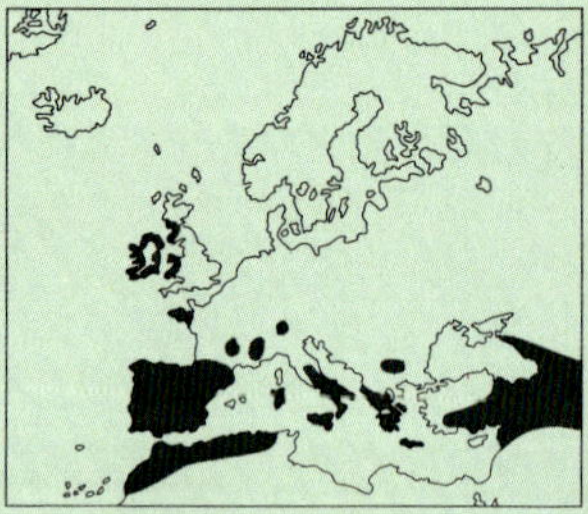

In Mitteleuropa: I–XII (selten). Kennzeichen: 40 cm/300 g. Sehr ähnlich wie Alpendohle, aber etwas größer, Schnabel orangerot und viel länger; Gefieder schwarz, bläulich glänzend. ♀ wie ♂. Hervorragender Segelflieger; bei der Balz geschickte Flugspiele. Stimme: Oft gereihte Rufe wie »piärr«, »kijar«, »chrää«. Lebensraum: Hochgebirge mit schroffen Felswänden, Felsküste; im Winter auch Tallagen. Nahrung: Insekten, Würmer, Schnecken, Samen, Beeren. Brut: IV–VI, 3–6 Eier, B 21–23 Tage, N 37–40 Tage. Koloniebrüter.

1|2

3

1 Dohle

Corvus monedula (Rabenvögel)

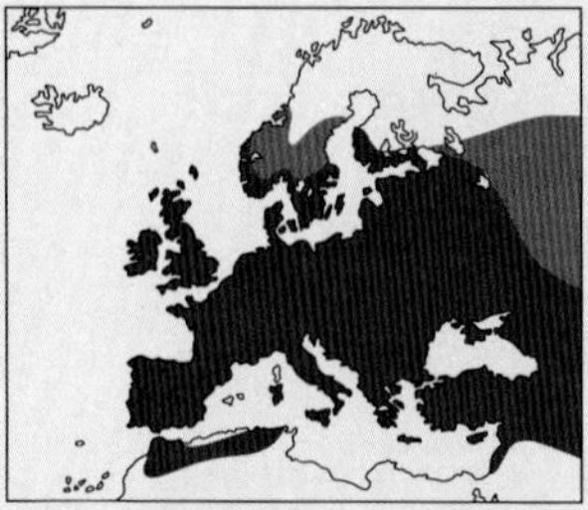

In Mitteleuropa: I–XII. Kennzeichen: 33 cm/240 g. Taubengroßer, grauschwarzer Rabenvogel; Oberseite schwarz mit blauem Schimmer, Nacken und Ohrdecken grau; Iris hellblau. ♀ wie ♂. Jungvögel leicht bräunlich getönt. Flug gewandter als bei Krähen; sehr gesellig, häufig auch mit Saatkrähen in gemischten Schwärmen; Nahrungssuche meist in Trupps am Boden in offenem Gelände. Stimme: Ruft klangvoll und hell »kiack« oder »kja«, schnarrend »kjärr«, bei Gefahr hoch »jüp«. Gesang: Reihen aus weichen, schwätzenden Lauten wie »gjau-gjü«. Lebensraum: Parklandschaften und Gehölze mit alten Bäumen, Kirchtürme, Ruinen, Felswände; auch in Laubwäldern mit Schwarzspechthöhlen. Nahrung: Insekten, Würmer, Schnecken, Mäuse, Beeren, Samen, Abfälle. Brut: IV–VI, 4–6 Eier, B 17–18 Tage, N 28–35 Tage. Koloniebrüter; Nester in Gebäuden, Baum- oder Felshöhlen.

2 Saatkrähe

Corvus frugilegus (Rabenvögel)

In Mitteleuropa: I–XII. Kennzeichen: 46 cm/480 g. Ähnlich wie Rabenkrähe (Seite 248), aber mit stärker blauschillerndem, schwarzem Gefieder, Scheitel höher aufgewölbt; langer, schlanker Schnabel, Schnabelwurzel weißlich, unbefiedert, Bauch- und Schenkelgefieder locker abstehend. ♀ wie ♂. Jungvögel mit schwarz befiederter Schnabelwurzel. Flügelschlag schneller als bei der Rabenkrähe. Im Winter oft in sehr großen Schwärmen auf Wiesen, Feldern und mitten in der Großstadt; fliegen abends geschlossen zu ihren traditionellen Schlafbäumen. Stimme: Tiefer und rauher als bei der Rabenkrähe, »kroh«, »korr«, »krah«, »gag«, dohlenartig »kju«. Gesang: mit schnarrenden und schwatzenden Ab-

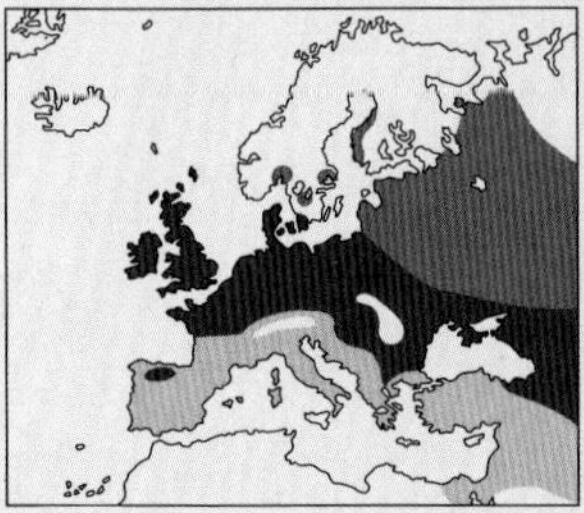

schnitten. Lebensraum: Laub- und Nadelwälder, meist am Rand offener Flächen, oft Kulturland mit Gehölzen. Nahrung: Käferlarven, Raupen, Drahtwürmer, Schnecken, Mäuse, Samen, junge Saat. Brut: III–V, 3–6 Eier, B 17–20 Tage, N 28–35 Tage. Koloniebrüter; Nester aus Reisig, Halmen, Erde, zu mehreren in Baumkronen.

1

2

1 Rabenkrähe

Corvus corone corone
(Rabenvögel)

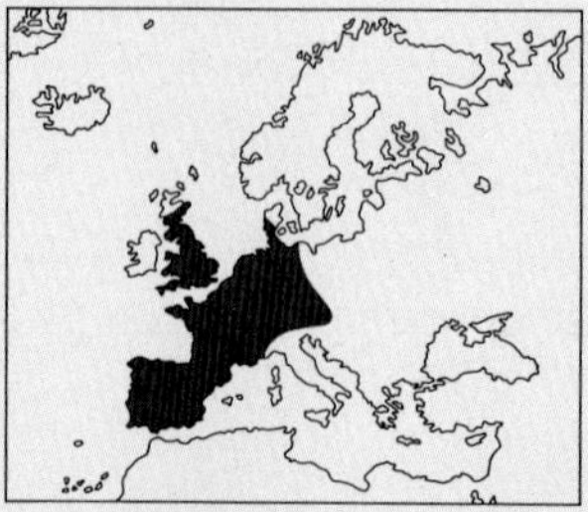

In Mitteleuropa: I–XII. Kennzeichen: 47 cm/550 g. Gedrungen und kräftig, starker, schwarzer Schnabel; Gefieder tiefschwarz mit schwachem Glanz. ♀ wie ♂. Jungvögel matter. Meist einzeln oder paarweise; fliegt mit langsamen, gleichmäßigen Flügelschlägen; segelt nur selten. Stimme: Ruft »wärr«, »kräh«, »krah«, »konk«, meist mehrfach wiederholt; kurz »krrrkrrr« beim Verfolgen von Greifvögeln. Gesang: leises, bauchrednerartiges Geplauder. Lebensraum: Offenes Kulturland, Moore, Wälder, Parks, Dörfer, Städte, Meeresküste. Nahrung: Würmer, Insekten, kleine Wirbeltiere, Früchte, Samen, Aas, Abfälle, Eier und Jungvögel. Brut: III–VI, 3–6 Eier, B 17–18 Tage, N 31–32 Tage. Reisignest in Bäumen.

2 Nebelkrähe

Corvus corone cornix
(Rabenvögel)

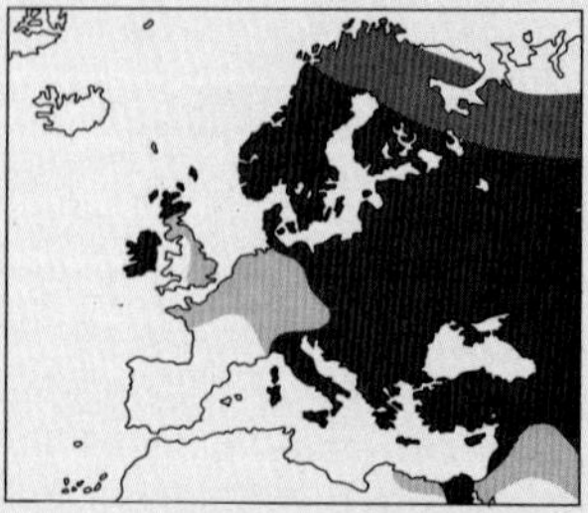

In Mitteleuropa: I–XII. Kennzeichen: Wie Rabenkrähe, aber Nacken, Rücken und Unterseite hellgrau. Stimme, Lebensraum, Nahrung, Brut: Wie bei der Rabenkrähe. Nebelkrähen und Rabenkrähen, Rassen einer Art, bastardisieren in der Kontaktzone ihrer Verbreitungsareale. Aus den »Mischehen« gehen fruchtbare Nachkommen hervor, die in der Gefiederfärbung Mischtypen beider Rassen sind.

3 Kolkrabe

Corvus corax (Rabenvögel)

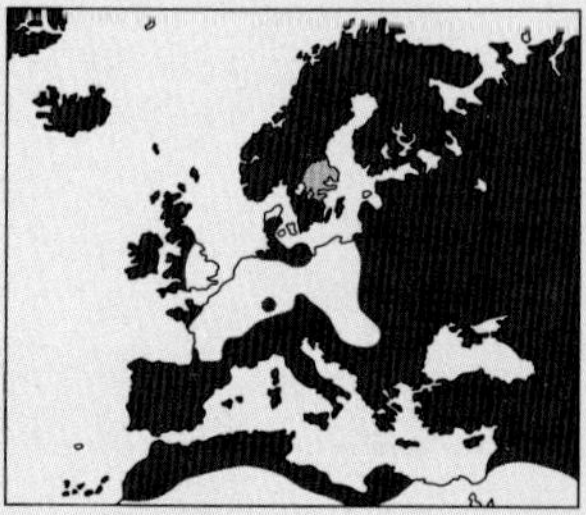

In Mitteleuropa: I–XII. Kennzeichen: 64 cm/1250 g. Sehr ähnlich wie Rabenkrähe, aber deutlich größer, sehr kräftiger Schnabel; Gefieder tiefschwarz, blauschillernd. ♀ wie ♂. Im Flug langer Hals und keilförmiger Schwanz auffallend; segelt oft; während der Balzzeit akrobatische Flugspiele. Stimme: Im Flug mehrmals wiederholtes, tiefes und sonores »krok«, »kroa« oder »kark«; hohl »klong«, hölzern »kuk«, krähenartig »wärr«. Gesang: leise, bauchrednerartig schwatzend, mit Imitationen. Lebensraum: Sehr unterschiedlich; offene Laub- und Nadelwälder, Gebirge, Buschland, Steppe, Felsküste, arktische Tundra. Nahrung: Vielseitig; Insekten, Würmer, Schnecken, kleine Wirbeltiere, Samen, Früchte, Aas, Abfall. Brut: II–V, 3–6 Eier, B 20–21 Tage, N ≈ 40 Tage. Großer Reisighorst.

1|2

3

Arten-Register

In diesem Register finden Sie die deutschen und die wissenschaftlichen Namen der vorgestellten Vogelarten, außerdem die deutschen Namen der Vogelfamilien und anderer Vogelgruppen.

Acanthis cannabina 236
Acanthis flammea 234
Accipiter gentilis 56
Accipiter nisus 56
Acrocephalus arundinaceus 184
Acrocephalus palustris 184
Acrocephalus schoenobaenus 186
Acrocephalus scirpaceus 184
Actitis hypoleucos 112
Adler 52–62
Aegithalos caudatus 212
Aegolius funereus 80
Aegypius monachus 64
Alauda arvensis 166
Alca torda 136
Alcedo atthis 154
Alectoris graeca 146
Alken 134, 136
Alpenbraunelle 180
Alpendohle 244
Alpenkrähe 244
Alpenmeise 216
Alpenschneehuhn 142
Alpensegler 140
Alpenstrandläufer 102
Ammern 222–226
Amsel 208
Anas acuta 36
Anas clypeata 40
Anas crecca 38
Anas penelope 38
Anas platyrhynchos 36
Anas querquedula 38
Anas strepera 36
Anser albifrons 32
Anser anser 30
Anser erythropus 32
Anser fabalis 30
Anthus campestris 174
Anthus pratensis 172
Anthus spinoletta 172
Anthus trivialis 172
Apus apus 140
Apus melba 140
Aquila chrysaetos 62
Aquila clanga 60
Aquila heliaca 62
Aquila pomarina 60
Ardea cinerea 18
Ardea purpurea 18
Ardeola ibis 20
Ardeola ralloides 22
Arenaria interpres 100
Asio flammeus 78
Asio otus 76
Athene noctua 80
Auerhuhn 144
Austernfischer 94
Aythya ferina 40
Aythya fuligula 42
Aythya marila 42
Aythya nyroca 42

Bachstelze 176
Bartgeier 64
Bartkauz 82
Bartmeise 212
Baßtölpel 16
Baumfalke 70
Baumläufer 218
Baumpieper 172
Bekassine 118
Bergente 42
Bergfink 228
Berglaubsänger 194
Beutelmeise 212
Bienenfresser 154
Birkenhänfling 234
Birkhuhn 144
Bläßgans 32
Bläßhuhn 92
Blaukehlchen 204
Blaumeise 214
Blaumerle 200
Blauracke 154
Bombycilla garrulus 176
Bonasa bonasia 146
Botaurus stellaris 24
Brachpieper 174
Brachschwalbe 120
Brachvogel, Großer 114
Brachvogel, Regen- 114
Brandgans 34
Brandseeschwalbe 130
Branta bernicla 34
Branta canadensis 32
Branta leucopsis 34
Braunellen 180
Braunkehlchen 198
Brillengrasmücke 4, U 4
Bruchwasserläufer 110
Bubo bubo 74
Buchfink 228
Buntspecht 160
Burhinus oedicnemus 120
Bussarde 58
Buteo buteo 58
Buteo lagopus 58

Calcarius lapponicus 224
Calidris alba 104
Calidris alpina 102
Calidris canutus 104
Calidris ferruginea 102
Calidris maritima 106
Calidris minutus 102
Calidris temminckii 104
Caprimulgus europaeus 140
Carduelis carduelis 232
Carduelis spinus 232
Carpodacus erythrinus 230
Casmerodius albus 20
Cepphus grylle 134
Certhia brachydactyla 218
Certhia familiaris 218
Charadrius alexandrinus 96
Charadrius dubius 96
Charadrius hiaticula 96
Chlidonias hybrida 132
Chlidonias niger 132
Chloris chloris 232
Ciconia ciconia 26
Ciconia nigra 26
Cinclus cinclus 220
Circaetus gallicus 54
Circus aeruginosus 66
Circus cyaneus 66
Circus pygargus 66
Cistensänger 186
Cisticola juncidis 186
Clangula hyemalis 46
Coccothraustes coccothraustes 236
Columba livia 152
Columba oenas 150
Columba palumbus 152
Coracias garrulus 154
Corvus corax 248
Corvus corone cornix 248
Corvus corone corone 248
Corvus frugilegus 246
Corvus monedula 246
Coturnix coturnix 148
Crex crex 90
Cuculus canorus 152
Cygnus olor 28

Delichon urbica 170
Dendronessa galericulata 46
Dickschnabellumme 136
Dohle 246
Dohle, Alpen- 244
Dompfaff 230
Dorngrasmücke 188
Dreizehenmöwe 128
Dreizehenspecht 162
Drosseln 208, 210
Drosselrohrsänger 184
Dryocopus martius 158
Dunkler Wasserläufer 108

Egretta garzetta 20
Eichelhäher 242
Eiderente 44
Eisente 46
Eismöwe 126
Eissturmvogel 14
Eisvogel 154
Elanus caeruleus 4, U 1
Elster 244
Emberiza calandra 222
Emberiza cia 226
Emberiza cirlus 226
Emberiza citrinella 222
Emberiza hortulana 224
Emberiza melanocephala 222
Emberiza schoeniclus 224
Entenvögel 28–48
Eremophila alpestris 168

Erithacus rubecula 202
Erlenzeisig 232
Eudromias morinellus 98
Eulen 74–82

Falco biarmicus 68
Falco cherrug 70
Falco columbarius 72
Falco naumanni 72
Falco peregrinus 68
Falco subbuteo 70
Falco tinnunculus 72
Falco vespertinus 70
Falken 68–72
Falkenraubmöwe 122
Fasan 148
Feldlerche 166
Feldschwirl 182
Feldsperling 238
Felsenschwalbe 168
Felsentaube 152
Ficedula albicollis 196
Ficedula hypoleuca 196
Ficedula parva 198
Ficedula semitorquata 196
Fichtenkreuzschnabel 228
Finken 228
Finkenvögel 228–236
Fischadler 52
Fitis 192
Flamingo 26
Flughühner 138
Flußregenpfeifer 96
Flußseeschwalbe 130
Flußuferläufer 112
Fratercula arctica 134
Fringilla coelebs 228
Fringilla montifringilla 228
Fulica atra 92
Fulmarus glacialis 14

Galerida cristata 166
Gallinago gallinago 118
Gallinula chloropus 92
Gänse 30–34
Gänsegeier 64
Gänsesäger 48
Garrulus glandarius 242
Gartenbaumläufer 218
Gartengrasmücke 188
Gartenrotschwanz 202
Gavia arctica 12
Gavia stellata 14
Gebirgsstelze 174
Geier 64
Gelbspötter 186
Gimpel 230
Girlitz 234
Glareola pratincola 120
Glaucidium passerinum 80
Glaucionetta clangula 46
Gleitaar 4, U 1
Goldammer 222
Goldhähnchen 194
Goldregenpfeifer 98
Grasmücken 182–194
Grauammer 222
Graugrans 30
Graureiher 18
Grauschnäpper 196
Grauspecht 158
Greife 52–66
Große Rohrdommel 24
Großer Brachvogel 114
Großtrappe 86
Grünling 232
Grünschenkel 110
Grünspecht 158
Grus grus 92
Gryllteiste 134
Gypaetus barbatus 64
Gyps fulvus 64

Habicht 56
Habichtsadler 62
Habichtskauz 82
Haematopus ostralegus 94
Häher 242
Halbringschnäpper 196
Haliaeetus albicilla 52
Halsbandschnäpper 196
Hakengimpel 230
Hänfling 236
Hänfling, Birken- 234
Haselhuhn 146
Haubenlerche 166
Haubenmeise 214
Haubentaucher 10
Hausrotschwanz 202
Haussperling 238
Heckenbraunelle 180
Heidelerche 166
Heringsmöwe 126
Hieraaetus fasciatus 62
Hieraaetus pennatus 60
Himantopus himantopus 94
Hippolais icterina 186
Hippolais polyglotta 186
Hirundo rustica 170
Höckerschwan 28
Hohltaube 150
Hühnervögel 146, 148

Ibisse 24
Ixobrychus minutus 24

Jynx torquilla 156

Kaiseradler 62
Kampfläufer 112
Kanadagans 32
Kappenammer 222
Karmingimpel 230
Käuze 80, 82
Kernbeißer 236
Kiebitz 100
Kiebitzregenpfeifer 98
Kiefernkreuzschnabel 228
Klappergrasmücke 188
Kleiber 218
Kleines Sumpfhuhn 88
Kleinspecht 160
Knäkente 38
Knutt 104
Kohlmeise 214
Kolbenente 40
Kolkrabe 248
Kormoran 16
Kornweihe 66
Krabbentaucher 134
Krähen 244–248
Krähenscharbe 16
Kranich 92
Kreuzschnäbel 228
Krickente 38
Kuckuck 152
Kuhreiher 20
Küstenseeschwalbe 130

Lachmöwe 124
Lagopus lagopus 142
Lagopus lagopus scoticus 142
Lagopus mutus 142
Lanius collurio 178
Lanius excubitor 178
Lanius minor 176
Lanius senator 178
Lanner 68
Lappentaucher 10, 12
Larus argentatus 128
Larus canus 128
Larus fuscus 126
Larus hyperboreus 126
Larus marinus 126
Larus minutus 124
Larus ridibundus 124
Lerchen 166, 168
Limicola falcinellus 106
Limosa lapponica 116
Limosa limosa 116
Locustella fluviatilis 182
Locustella luscinoides 182
Locustella naevia 182
Löffelente 40
Löffler 24
Loxia curvirostra 228
Loxia pytyopsittacus 228
Lullula arborea 166
Luscinia luscinia 204
Luscinia megarhynchos 204
Luscinia svecica 204
Lymnocryptes minimus 118
Lyrurus tetrix 144

Mandarinente 46
Mantelmöwe 126
Mauerläufer 220
Mauersegler 140
Mäusebussard 58
Meerstrandläufer 106
Mehlschwalbe 170
Meisen 214, 216
Melanitta fusca 44
Melanitta nigra 44
Mergellus albus 48
Mergus merganser 48
Mergus serrator 48
Merlin 72
Merops apiaster 154
Milane 54
Milvus migrans 54
Milvus milvus 54
Misteldrossel 210
Mittelmeersteinschmätzer 200
Mittelsäger 48
Mittelspecht 160
Moorente 42
Moorschneehuhn 142
Mönchsgeier 64
Mönchsgrasmücke 190
Monticola saxatilis 200
Monticola solitarius 200
Montifringilla nivalis 236

Mornell 98
Motacilla alba 176
Motacilla cinerea 174
Motacilla flava 174
Möwen 124–128
Muscicapa striata 196

Nachtigall 204
Nachtreiher 22
Nebelkrähe 248
Neophron percnopterus 64
Netta rufina 40
Nonnengans 34
Nucifraga caryocatactes 242
Numenius arquata 114
Numenius phaeopus 114
Nyctea scandiaca 74
Nycticorax nycticorax 22

Odinshühnchen 106
Oenanthe hispanica 200
Oenanthe oenanthe 200
Ohrenlerche 168
Olor bewickii 28
Olor cygnus 28
Oriolus oriolus 240
Orpheusspötter 186
Ortolan 224
Otis tarda 86
Otus scops 76

Pandion haliaetus 52
Panurus biarmicus 212
Papageischnäbel 212
Papageitaucher 134
Parus ater 216
Parus caeruleus 214
Parus cristatus 214
Parus major 214
Parus montanus 216
Parus m. montanus 216
Parus palustris 216
Passer domesticus 238
Passer montanus 238
Pelecanus onocrotalus 18
Pelikane 18
Perdix perdix 146
Perisoreus infaustus 242
Pernis apivorus 58
Petronia petronia 238
Pfeifente 38
Pfuhlschnepfe 116
Phalacrocorax aristotelis 16
Phalacrocorax carbo 16
Phalaropus lobatus 106
Phasanius colchicus 148
Philomachus pugnax 112
Phoenicopterus ruber 26
Phoenicurus ochruros 202
Phoenicurus phoenicurus 202
Phylloscopus bonelli 194
Phylloscopus collybita 192
Phylloscopus sibilatrix 192
Phylloscopus trochilus 192
Pica pica 244
Picoides leucotos 162
Picoides major 160
Picoides medius 160
Picoides minor 160
Picoides tridactylus 162
Picus canus 158
Picus viridis 158
Pieper 172, 174
Pinicola enucleator 230
Pirol 240
Platalea leucorodia 24
Plautus alle 134
Plectrophenax nivalis 226
Pluvialis apricaria 98
Pluvialis squatarola 98
Podiceps cristatus 10
Podiceps grisegena 10
Podiceps nigricollis 12
Porzana parva 88
Porzana porzana 88
Porzana pusilla 90
Prachttaucher 12
Provencegrasmücke 190
Prunella collaris 180
Prunella modularis 180
Pterocles alchata 138
Pterocles orientalis 138
Ptyonoprogne rupestris 168
Puffinus puffinus 14
Purpurreiher 18
Pyrrhocorax graculus 244
Pyrrhocorax pyrrhocorax 244
Pyrrhula pyrrhula 230

Rabenkrähe 248
Rabenvögel 242–248
Racken 154
Rallen 88–92
Rallenreiher 22
Rallus aquaticus 88
Raubmöwen 122
Raubwürger 178
Rauchschwalbe 170
Rauhfußbussard 58
Rauhfußhühner 142–146
Rauhfußkauz 80
Rebhuhn 146
Recurvirostra avosetta 94
Regenbrachvogel 114
Regenpfeifer 96–100
Regulus ignicapillus 194
Regulus regulus 194
Reiher 18–24
Reiherente 42
Remiz pendulinus 212
Ringdrossel 208
Ringelgans 34
Ringeltaube 152
Riparia riparia 168
Rissa tridactyla 128
Rohrammer 224
Rohrdommeln 24
Rohrschwirl 182
Rohrweihe 66
Rosapelikan 18
Rotdrossel 210
Rötelfalke 72
Rotfußfalke 70
Rothalstaucher 10
Rotkehlchen 202
Rotkopfwürger 178
Rotmilan 54
Rotrückenwürger 178
Rotschenkel 108
Rotschwänze 202

Saatgans 30
Saatkrähe 246
Säbelschnäbler 94
Säger 48
Samtente 44
Samtkopfgrasmücke 190
Sanderling 104
Sandflughuhn 138
Sandregenpfeifer 96
Sänger 196–210
Saxicola rubetra 198
Saxicola torquata 198
Schafstelze 174
Schelladler 60
Schellente 46
Schilfrohrsänger 186
Schlagschwirl 182
Schlangenadler 54
Schleiereule 76
Schmarotzerraubmöwe 122
Schmutzgeier 64
Schnäpper 196, 198
Schnatterente 36
Schneeammer 226
Schnee-Eule 74
Schneefink 236
Schneehühner 142
Schnepfen 102–118
Schottisches Moorschneehuhn 142
Schreiadler 60
Schwalben 168, 170
Schwäne 28
Schwanzmeise 212
Schwarzhalstaucher 12
Schwarzkehlchen 198
Schwarzmilan 54
Schwarzschnabel-Sturmtaucher 14
Schwarzspecht 158
Schwarzstirnwürger 176
Schwarzstorch 26
Schwirle 182
Scolopax rusticola 118
Seeadler 52
Seeregenpfeifer 96
Seeschwalben 130, 132
Seetaucher 12, 14
Segler 140
Seidenreiher 20
Seidenschwanz 176
Serinus citrinella 234
Serinus serinus 234
Sichelstrandläufer 102
Silbermöwe 128
Silberreiher 20
Singdrossel 210
Singschwan 28
Sitta europaea 218
Skua 122
Somateria mollissima 44
Sommergoldhähnchen 194
Spechte 158–162
Sperber 56
Sperbereule 78
Sperbergrasmücke 190
Sperlinge 236, 238
Sperlingskauz 80
Spießente 36
Spießflughuhn 138
Spinte 154
Spornammer 224
Spötter 186
Sprosser 204
Star 240
Steinadler 62

Steinhuhn 146
Steinkauz 80
Steinrötel 200
Steinschmätzer 200
Steinsperling 238
Steinwälzer 100
Stelzen 172–176
Stelzenläufer 94
Stercorarius longicaudus 122
Stercorarius parasiticus 122
Stercorarius skua 122
Sterna albifrons 132
Sterna hirundo 130
Sterna paradisaea 130
Sterna sandvicensis 130
Sterntaucher 14
Stieglitz 232
Stockente 36
Störche 26
Strandläufer 102–106
Strandpieper 172
Streptopelia decaocto 150
Streptopelia turtur 150
Strix aluco 82
Strix nebulosa 82
Strix uralensis 82
Sturmmöwe 128
Sturmtaucher, Schwarzschnabel- 14
Sturmvögel 14
Sturnus vulgaris 240
Sula bassana 16
Sumpfläufer 106
Sumpfmeise 216
Sumpfohreule 78
Sumpfrohrsänger 184
Surnia ulula 78
Sylvia atricapilla 190
Sylvia borin 188
Sylvia cantillans 188
Sylvia communis 188
Sylvia conspicillata 4, U 4
Sylvia curruca 188
Sylvia melanocephala 190
Sylvia nisoria 190
Sylvia undata 190

Tachybaptus ruficollis 12
Tadorna tadorna 34
Tafelente 40
Tannenhäher 242
Tannenmeise 216
Tauben 150, 152
Taucher 10–14
Teichhuhn 92
Teichrohrsänger 184
Teichwasserläufer 108
Temminckstrandläufer 104
Terekwasserläufer 108
Tetrao urogallus 144
Tetrax tetrax 86
Tichodroma muraria 220
Tölpel 16
Tordalk 136
Trappen 86
Trauerente 44
Trauerschnäpper 196
Trauerseeschwalbe 132
Triel 120
Tringa erythropus 108
Tringa glareola 110
Tringa nebularia 110
Tringa ochropus 110
Tringa stagnatilis 108
Tringa totanus 108
Troglodytes troglodytes 220
Trottellumme 136
Tüpfelsumpfhuhn 88
Turdus iliacus 210
Turdus merula 208
Turdus philomelos 210
Turdus pilaris 208
Turdus torquatus 208
Turdus viscivorus 210
Türkentaube 150
Turmfalke 72
Turteltaube 150
Tyto alba 76

Uferschnepfe 116
Uferschwalbe 168
Uhu 74
Unglückshäher 242
Upupa epops 156
Uria aalge 136
Uria lomvia 136

Vanellus vanellus 100

Wacholderdrossel 208
Wachtel 148
Wachtelkönig 90
Waldbaumläufer 218
Waldkauz 82
Waldlaubsänger 192
Waldohreule 76
Waldschnepfe 118
Waldwasserläufer 110
Wanderfalke 68
Wasseramsel 220
Wasserläufer 108, 110
Wasserpieper 172
Wasserralle 88
Weidenmeise 216
Weihen 66
Weißbartgrasmücke 188
Weißbartseeschwalbe 132
Weißrückenspecht 162
Weißstorch 26
Wendehals 156
Wespenbussard 58
Wiedehopf 156
Wiesenpieper 172
Wiesenweihe 66
Wintergoldhähnchen 194
Würger 176, 178
Würgfalke 70

Xenus cinereus 108

Zaunammer 226
Zaunkönig 220
Zeisig, Erlen- 232
Ziegenmelker 140
Zilpzalp 192
Zippammer 226
Zitronengirlitz 234
Zwergadler 60
Zwergbläßgans 32
Zwergmöwe 124
Zwergohreule 76
Zwergrohrdommel 24
Zwergsäger 48
Zwergschnäpper 198
Zwergschnepfe 118
Zwergschwan 28
Zwergseeschwalbe 132
Zwergstrandläufer 102
Zwergsumpfhuhn 90
Zwergtaucher 12
Zwergtrappe 86

Ein GU-Naturführer

CIP-Titelaufnahme der Deutschen Bibliothek

GU-Naturführer Vögel : die wichtigen Vogelarten Europas erkennen und bestimmen / Jürgen Nicolai ... Zeichn.: Hermann Kacher. – 5. Aufl. – München : Gräfe und Unzer, 1991
ISBN 3-7742-3816-2
NE: Nicolai, Jürgen [Mitverf.]; Kacher, Hermann [Ill.]

5. Auflage 1991

Redaktionsleitung: Hans Scherz
Redaktionelle Bearbeitung: Doris Schimmelpfennig-Funke
Lektorat: Ursula Osswald
Herstellung: Helmut Giersberg

Karten: Kartographie Gert Oberländer
Einbandgestaltung: Heinz Kraxenberger
Druck: Druckerei G. Appl
Bindung: Conzella, Verlagsbuchbinderei Urban Meister
ISBN 3-7742-3816-2

Die Fotografen:
Aichhorn: 163/2, 221/1. Allen: 79/2. Andersen: 99/1, 105/1, 111/1, 133/1. Aquila: 49/3 (Blossom), 91/2 (Mills). Ardea: 37/3 (Roberts), 47/3 (Beames), 69/2 (Steyn), 117/2 (Bailey). Becker: 91/1. Bethge: 143/1, 185/2, 233/1. Billé: 81/1, Blesch: 175/1. Christiansen: 17/3, 119/3. Coleman: 13/4 (Green), 15/2 (Skomer), 43/2 (Lankinen), 61/3 (Grande), 63/3 (Reinhard), 65/1 (Tidmann), 75/2 (Burton), 119/1 (Green), 123/3 (Krasemann), 127/1 (Murton), 131/1 (Hirsch), 131/2 (Langsbury), 139/1 (Duscher), 153/2 (Dawson), 177/2 (Helo), 201/3 (Murton), 213/3 (Ziesler), 245/3 (Hinchcliffe), 247/1 (Langsbury). Czimmeck: 219/3. Danegger: U1, U4, 13/2, 19/3, 23/2, 25/3, 33/2, 61/2, 145/1, 161/2, 175/3, 221/2, 233/2, 241/1, 243/2, 245/1. Diedrich: 45/3, 57/3, 89/2, 107/2, 161/1, 2, 189/3, 203/3, 211/1, 243/3. Eichhorn/Zingel: 89/3, 205/1, 227/3. Hawkes: 11/2, 63,2. Helo: U4, 53/1, 67/3, 79/1, 81/2, 101/2, 103/4, 111/3, 125/1, 3, 145/3, 231/1, 249/2. Hemerka: 119/2. Hosking: 29/2, 67/1, 83/1, 87/1, 227/2. Humperdinck: 237/3. Kankel: Buchrücken, 53/2, 77/2, 245/2. Laßwitz: 101/1, 179/1. Layer: 29/1, 151/3, 175/4, 239/2. Leckebusch: 187/2. Leinonen: U1, 15/1, 31/2, 75/1, 83/2, 3, 215/2, 225/3, 229/4, 243/1. Limbrunner: 25/1, 33/1, 39/1, 55/1, 65/3, 67/4, 77/3, 139/2, 143/3, 147/2, 167/2, 179/3, 201/1, 219/1. Markmann: 57/2. Meyers: U4, 11/1, 149/2. Moosrainer: 55/2, 3, 71/1, 95/2, 3, 109/1, 157/2, 235/2. Nagel: 107/1. NHPA: 89/1 (Dalton), 137/1 (Bain), 153/1 (Janes), 155/1 (Dalton), U4 (Dalton). Nicolai: 65/2. Partsch: 121/1. Pforr: U4, 71/[illegible], 4. Pott: 17/1, 33/3, 35/1, 43/3, 45/4, 97/1, 117/1, 123/1, 127/2, 131/3, 149/3, 161/3. Quedens: 45/1, 2. Reinhard: 57/1. Reinichs: 163/1. Rüppel: 21/2, 135/3. Ryden: 103/2, 227/1. Schrempp: 63/1, 235/3. Schulze: U1, 175/2, 217/2, 241/2. Siegel: 145/4, 219/2. Silvestris/Arndt: 179/2. Singer: U4, 21/3, 39/3, 107/3, 151/1, 197/1. Steinberger: 209/2. Storsberg: 121/2, 133/3, 225/1. Synatzschke: 67/2, 155/3, 191/3, 199/4. Thielemann: U1. Tröt-schel: Buchrücken, 155/3, 4, 183/3. Weber: 35/3, 37/1, 95/1, 99/3, 115/1, 123/2. Wernicke: 49/2. Wisniewski: 15/3, 19/1. Wothe: U1, U4, 2, 3, 13/3, 21/1, 23/1, 25/2, 27/3, 29/3, 31/3, 37/2, 41/1, 2, 3, 43/1, 47/1, 49/1, 73/2, 3, 81/3, 87/2, 93/2, 3, 97/2, 3, 103/3, 105/2, 3, 111/2, 113/1, 125/2, 129/1, 2, 141/1, 2, 3, 143/2, 145/2, 147/3, 149/1, 151/2, 155/2, 157/1, 159/3, 167/1, 3, 169/1, 2, 3, 171/2, 173/2, 3, 177/1, 3, 181/1, 2, 183/1, 2, 185/3, 187/1, 189/1, 2, 191/1, 193/1, 2, 3, 195/1, 2, 3, 199/1, 2, 3, 203/1, 207/1, 211/2, 3, 213/1, 2, 215/1, 217/1, 221/3, 223/1, 2, 225/2, 229/1, 2, 231/3, 235/1, 237/1, 2, 239/1, 3, 247/2, 249/3. Zeininger: U1, 13/1, 19/2, 27/1, 2, 59/1, 2, 3, 61/1, 71/2, 73/1, 77/1, 79/3, 99/2, 103/1, 109/2, 115/2, 133/2, 147/1, 159/1, 171/1, 173/1, 187/3, 191/2, 197/3, 201/2, 205/2, 3, 209/3, 215/3, 217/3, 227/4, 231/2, 249/1. Ziesler: 17/2, 39/2, 113/2, 3, 129/3, 135/2, 203/2. Zoller: 69/1, 135/1, 137/2, 197/2.

Bildtafel Singvögel 3

Silhouetten der Vögel.

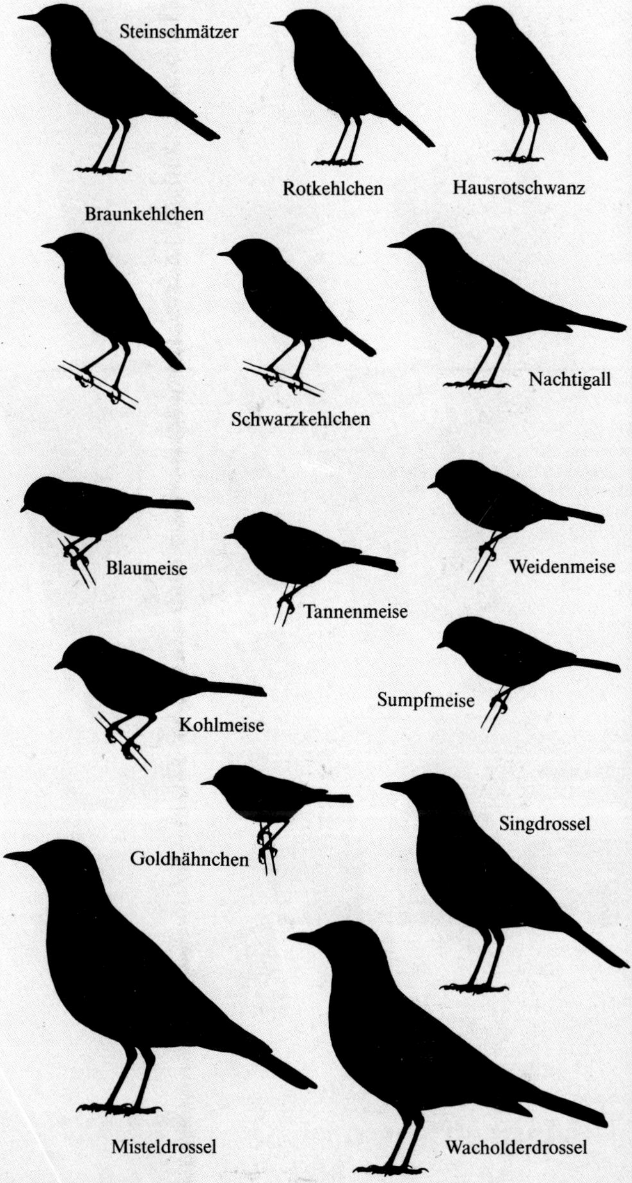

Mehr wissen. Mehr sehen. Mehr erleben.

Den Blick schärfen für die Lebensweise unserer Singvögel – heißt sie schützen! 160 Seiten, 210 Farbfotos. 34,– DM.

Kunterbunte Blütenpracht ... Bestimmen heißt die Devise. Je 26,80 DM.

Stand: 1.9.1991

GU Kompasse:

Natur ganz neu entdecken. Mit den Kompassen von GU. Je 9,80 DM.

Die wichtigsten Wiesenblumen und schönsten Blumenwiesen. Extra: wichtige Ratschläge für den Artenschutz – und Tips für die Wildblumenwiese im eigenen Garten. 160 Seiten, 250 Farbfotos. 34,– DM.

Mehr draus machen. Mit GU.

GRÄFE UND UNZER